U0636596

畜禽生产经营与疫病防治

刘升宝　王雷之　宋毓民　主编

汕頭大學出版社

图书在版编目（CIP）数据

畜禽生产经营与疫病防治 / 刘升宝，王雷之，宋毓民主编.-- 汕头：汕头大学出版社，2019.4
ISBN 978-7-5658-3903-0

Ⅰ. ①畜… Ⅱ. ①刘… ②王… ③宋… Ⅲ. ①畜禽－饲养管理②畜禽－动物疾病－防治 Ⅳ. ①S815
②S851.3

中国版本图书馆 CIP 数据核字(2019)第 058465 号

畜禽生产经营与疫病防治
CHUQIN SHENGCHAN JINGYING YU YIBING FANGZHI

主　　编：刘升宝　王雷之　宋毓民
责任编辑：汪小珍
责任技编：黄东生
封面设计：瑞天书刊
出版发行：汕头大学出版社
　　　　　广东省汕头市大学路 243 号汕头大学校园内　邮政编码：515063
电　　话：0754-82904613
印　　刷：北京市天河印刷厂
开　　本：710 mm×1000 mm　1/16
印　　张：20.5
字　　数：317 千字
版　　次：2019 年 4 月第 1 版
印　　次：2019 年 4 月第 1 次印刷
定　　价：83.00 元
ISBN 978-7-5658-3903-0

版权所有，翻版必究

如发现印装质量问题，请与承印厂联系退换

前　言

　　建设社会主义新农村，实现农业现代化，是党中央做出的重大决策，是现阶段中国社会发展的重大历史任务，是关系现代化建设全局的根本性问题。农业生产发展依靠农业政策、资金投入和解放生产力的驱动，粮食产量实现九连增，农民收入持续增长，农业发展出现了前所未有的好形势。但随着农村改革的逐步深入，从事农业生产的劳动者出现了老龄化、女性化，未来农业的持续发展存在劳动力短缺、科技缺乏的问题，谁来种地、怎样种地已成为制约农业发展的主要问题。紧紧围绕新农村建设需要，转变农业发展方式，发展农业专业合作社和建立健全基层农技推广体系，实施农业科技创新，提升务农农民的从业技能和综合素质，是保证农业持续发展，建设社会主义新农村的有效措施。

　　我国畜牧业生产进入了快速发展阶段，数以千计的集约化、规模化畜禽养殖场像雨后春笋般地涌现出来，肉蛋产量已跃居世界首位。随着人民生活水平的日益提高，特种经济动物、野生动物及宠物饲养量也日益增多，实现了养殖结构的多样化。畜禽养殖模式从过去的散养过渡到以规模化为主的集约化养殖方式，新模式对科学技术的依赖程度逐步提高。随着畜禽养殖业的发展，畜禽常见疫病时有发生，而新发生疾病又不断出现。因此，加强畜禽疫病防治工作是当务之急，建立快速、灵敏、简便的诊断方法，研制实用有效的符合国情的防治技术，可以减少动物疾病的发生，降低发病动物的死亡率，以保障畜牧业生产的健康发展。

　　本书共六章，合计三十二万字。由来自临沂动植物园的刘升宝担任第一主编，负责第一章和第二章的内容，合计 10 万字以上。由来自临沂市动物疫病预防控制中心的王雷之担任第二主编，负责第三章和第四章、第六章第六节的内容，合计 10 万字。由来自临沂市兰山区畜牧兽医局的宋毓民担任第三主编，负责第五章、第六章第一节至第五节的内容，合计 10 万字以上。由来自临沂经济技术开发区农林水务局的李迎红担任第一副主编，来自临沂经济技术开发区农林水务局的葛祥军担任第二副主编，来自临沂市兰山区畜牧发展促进中心的李文恩担任第三副主编，都对本书的编写做出了贡献。

本书在编写过程中参考借鉴了一些专家学者的研究成果和资料，在此特向他们表示感谢。由于编写时间仓促，编写水平有限，不足之处在所难免，恳请专家和广大读者提出宝贵意见，予以批评指正，以便改进。

目　录

第一章 猪养殖技术

第一节 主要品种

一、杜洛克猪

杜洛克猪原产于美国东北部，由不同红色猪种组成基础群，其中，纽约红毛杜洛克猪和新泽西州的泽西红毛猪对该品种的育成贡献最大。杜洛克猪适应性强、喜食青绿饲料，耐低温，但对高温耐力较差。近20年来，我国从美国、加拿大、丹麦和我国台湾引进了大量的杜洛克猪，如图1-1和图1-2所示。

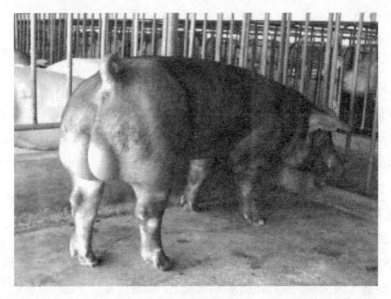

图 1-1　杜洛克猪

图 1-2　杜洛克猪

（一）外貌特征

全身被毛棕红，结构匀称紧凑，四肢粗壮，体躯深广，肌肉发达，属瘦肉型肉用品种。

（二）生产性能

1.繁殖性能

母猪初情期 170～200 日龄，适宜配种日龄 220～240 天，体重 120kg 以上。母猪总产仔数，初产 8 头以上，经产 9 头以上；21 日龄窝重，初产 35kg 以上，经产 40kg 以上。

2.生长发育

达 100kg 体重日龄 169 天以下，饲料转化率 1:2.2～1:2.6。

3.胴体品质

100kg 体重屠宰时，屠宰率 74%左右，背膘厚 18mm 以下，眼肌面积 42cm^{2}以上，后腿比例 32%，胴体瘦肉率 63%以上，肉质优良、无灰白、柔软、渗水、暗黑、干硬等劣质肉。

2

（三）杂交利用

杜洛克猪具有增重快、饲料报酬高、胴体品质好、眼肌面积大、瘦肉率高等优点，而在繁殖性能方面较差。在与本地猪杂交时经常作为父本。

二、大约克夏猪

大约克夏猪又称大白猪，原产英国，是我国最早从国外引进的优良猪种之一。其优点是瘦肉率高，肢蹄健壮，母性较好，泌乳性能好，生育能力较强。

（一）外貌特征

体型大，成年公猪体重可达 400kg 左右，母猪可达 300kg 左右。全身被毛白色，偶有少量暗黑斑点，头大小适中，鼻面直或微凹，耳竖立，背腰平直。肢体健壮，前胛宽，背阔，后躯丰满。平均乳头数 7 对左右。呈长方形体型。如图 1-3 所示。

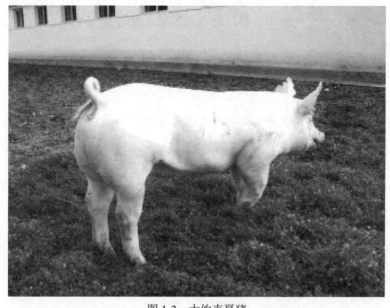

图 1-3　大约克夏猪

（二）生产性能

1.繁殖性能

母猪初情期 165～195 日龄，适宜配种日龄 220～240 天，体重 120kg 以上。母猪总产仔数，初产 9 头以上，经产 10 头以上；21 日龄窝重，初产 43kg 以上，经产 45kg 以上。

2.生长发育

达 100kg 体重日龄 150 天以下，饲料转化率 2.5 以下。

3.胴体品质

100kg 体重屠宰时，屠宰率 74%左右，眼肌面积 40～47cm²，后腿比例 32%以上，胴体背膘厚 13mm 以下，胴体瘦肉率 65%以上。肉质优良、无灰白、柔软、渗水、暗黑、干硬等劣质肉。

（三）杂交利用

大约克夏猪常当作母本,通常利用的杂交方式是杜×长×大或杜×大×长，即用长白公（母）猪与大约克夏母（公）猪杂交生产二元母猪，再用杜洛克公猪（终端父本）杂交生产商品猪。在与本地猪杂交时作为父本。

三、长白猪

长白猪原产丹麦，其优点是产仔数多，生长发育快，省饲料，胴体瘦肉率高，但抗逆性差，对饲料营养要求较高。我国 1964 年开始从瑞典引进第一批长白猪，目前我国饲养较广泛的有英系、法系和丹系等品系。

（一）外貌特征

体躯长、被毛白色，偶有少量暗黑斑点；头小颈轻，鼻嘴狭长，耳较大向前倾或下垂；背腰平直，后躯发达，腿臀丰满，整体呈前轻后重；外观清秀美观，体质结实，四肢坚实。

图 1-4　长白猪（公）

图 1-5　长白猪（母）

（二）生产性能

1.繁殖性能

母猪初情期 170～200 日龄，适宜配种日龄 230～250 天，体重 120kg 以上。母猪总产仔数，初产 9 头以上，经产 10 头以上；21 日龄窝重，初产 43kg 以上，经产 45kg 以上。

2.生长发育

达 100kg 体重日龄为 160 天以下，生长育肥期平均日增重 900g 左右，饲料转化率 2.5 以下。

3.胴体品质

100kg 体重屠宰时，屠宰率 74%左右，眼肌面积 40～47cm²，后腿比例 32%以上，胴体背膘厚 18mm 以下，胴体瘦肉率 65%以上，肉质优良、无灰白、柔软、渗水、暗黑、干硬等劣质肉。

（三）杂交利用

常用长白猪作为三元杂交（杜、长、大）猪的第一父本或第一母本。在现有品系中，新美系、新丹系杂交后代生长速度快、饲料报酬高；比利时系后代体型较好，瘦肉率高；法系作为第一母本的杂交后代繁殖性能较好。

四、冀合白猪配套系

冀合白猪由河北省畜牧兽医研究所、河北农业大学、保定市畜牧水产局、定州市猪场和汉沽农场等单位共同参与培育。

（一）外貌特征

A、B 两系全身被毛白色。A 系头中等大小，嘴直长，耳直立，额部无皱纹，背腰平直或微弓，腹部紧凑，乳头 7 对，后躯丰满，四肢粗壮且较高。B 系与 A 系主要区别是 B 系耳稍大前伸，前躯较轻，后躯丰满，乳头 7～8 对，四肢稍矮。C 系被毛棕红色，背腰微弓，腹部紧凑，后躯丰满，整个体躯呈圆筒形。父母代母猪被毛全白，头型、体型、四肢、耳朵的大小与形状均介于 A、B 两系之间。商品代猪被毛白色，有的在腰臀部位的皮肤上存在褐斑。

（二）体尺体重

各系别体尺体重见表 1-1、表 1-2。

表 1-1　成年母猪体尺体重

指标　　　系别	体长（cm）	体高（cm）	胸围（cm）	体重（kg）
A 系	150±5.03	84.8±2.52	141.9±6.75	211.7±22.68
B 系	156.4±5.52	82.3±2.75	137.4±4.03	213.2±17.82
C 系	152.8±6.03	85.8±3.12	140.7±7.67	217.7±26.23
BA 系	149.4±6.39	82.6±4.67	143.1±9.45	225.5±26.08

表 1-2　成年公猪体尺体重

指标　　　系别	体长（cm）	体高（cm）	胸围（cm）	体重（kg）
A 系	162±5.01	94.4±2.41	150.9±6.57	247.4±21.87
B 系	172.5±6.25	86.5±3.05	158.4±5.57	252.2±19.87
C 系	165.8±7.23	93.8±3.22	155.7±6.77	263.7±24.72

（三）生产性能

依据 GB8467-87 的规定测定，冀合白猪的生产性能如表 1-3 所示。

表 1-3　冀合白猪的生产性能

系别、代次　　　性状	A 系		B 系		C 系		父母代母猪	商品猪
	公猪	母猪	公猪	母猪	公猪	母猪	母猪	
成年猪体重（kg）	200～250	150～200	200～250	150～200	250～300	200～250	150～200	—
性成熟月龄	4～5		4～5		7～8		4～5	
窝产仔数（经产）	—	11	—	12	—	8	12.5	
日增重（g）	750		700		800		—	800
料重比	3.1		3.1		2.9		—	2.9
瘦肉率（%）	58		56.5		65		—	61
屠宰率（%）	74		74		75		—	74

（四）繁殖性能

A、B 两系初产母猪产仔数分别为 10.09 头和 11.16 头，35 天断乳窝重为 68.46kg 和 75.46kg。A、B 两系 148 窝和 157 窝；A 系产仔数和产活仔数分别为 11.70 头和 11.27 头，B 系为 12.75 头和 12.64 头。配合力测定中父母代母猪 AB 和 BA 的初产仔数都在 11.5 头左右。901 窝经产母猪产仔数 13.34 头，产活仔数 12.79 头。

五、斯格猪配套系

斯格猪配套系是比利时斯格遗传技术公司选育，主要从欧美等国先后引进 20 多个优良品种或品系作为遗传材料，经过大规模、系统的性能测定、亲缘繁育、杂交试验和严格选择，分别育成了若干个专门化父系和母系。父系主要选育肥育性能、肉质等性状，母系在与父系主要性状同质基础上，主要选择繁殖性能。根据我国市场的实际情况，通过国内合资种猪场选择引进 23、33 两个父系和 12、15、36 三个母系原种，组成了斯格五系配套繁育体系（图 1-6）。

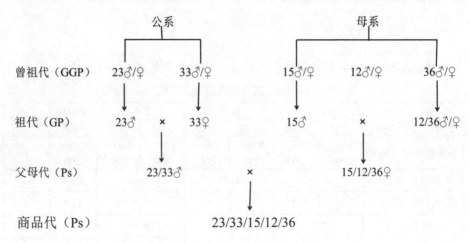

图 1-6　斯格猪配套系繁育示意图

（一）母系和父系的一般特征

母系的选育方向是繁殖性能好，主要表现在：体长、性成熟早、发情症状明显、窝产仔数多、仔猪初生体重大、均匀度好、健壮、生活力强、泌乳力强。

父系的选育方向是产肉性能好，主要表现在：生长速度快，饲料转化率高，屠宰率高，腰、臀、腿部肌肉发达丰满，背膘薄，瘦肉率高。

终端商品育肥猪（又称杂优猪）群体整齐、生长快、饲料转化率高、屠宰率高、瘦肉率高、肉质好、无应激、肌内脂肪 2.7%～3.3%、肉质细嫩多汁。

（二）曾祖代原种各品系猪的特点

1.母系 36

母系的母本，大约克体型，四肢粗壮，背腰宽，体躯长，性情温顺，发情症状明显。

具备高繁殖性能，平均产仔 11.5～12.5 头，母性好，泌乳力强，生长速度快，150 日龄达到 100kg 体重，100kg 体重背膘厚 11～14mm，育肥期饲料转化率 1:2.2～1:2.4，应激反应阴性。

2.母系 12

母系中第一父本，长白体型，四肢健壮，体躯长，性情温顺。

性能与 36 系产活仔数性状的配合力好，具备高繁殖性能，平均产仔 11～12 头，生长速度快，158 日龄达到 100kg 体重，100kg 体重背膘厚 12～14mm，育肥期饲料转化率 1:2.4，应激反应阴性。

3.母系 15

合成品系，母系中第二父本，体型介于长白猪与大约克夏猪之间，四肢粗壮，体躯长，性情温顺。

性能与祖代母系母猪 12/36 产活仔数性状的配合力好，产活仔数再提高 0.5～1 头，平均产仔 11～12.5 头，生长速度快，153 日龄达到 100kg 体重，100kg 体重背膘厚 12～13mm，育肥期饲料转化率 1:2.3，应激反应阴性。

4.父系 23

父系父本，含皮特兰血缘，四肢、背腰、后臀肌肉发达，具备公系特征和高产肉性能。

166 日龄达到 100kg 休重，瘦肉率 69%，100kg 体重背膘厚 7～8mm，育肥期饲料转化率 1:2.5，100%含有 BgM+基因，应激反应阴性。

5.父系 33

父系母本，大约克夏猪体型，腿臀、前躯发达，背腰宽平，具备公系特征和高产肉性能。

母性好、繁殖力强，平均产仔 10～11 头。156 日龄达到 100kg 体重，瘦肉率 67%，100kg 体重背膘厚 8～9mm，育肥期饲料转化率 1:2.2～1:2.4，应激反应阴性。

（三）祖代母猪

即 12 系公猪与 36 系母猪杂交的后代母猪，发情表现明显，母猪利用年限长，一生产仔平均 6.8 胎。比基础母系 36 系提高 1 头左右，平均产仔 12~13 头。100kg 体重背膘厚 12~13mm，应激反应阴性。

（四）父母代母猪（三无杂交母猪）

体形长，结构匀称，体质强健，泌乳力强。初情期早，发情表现明显，平均产仔 12.5~13.5 头，年产仔 2.3~2.4 胎，每头母猪平均年育成断奶仔猪 23~25 头。100kg 体重背膘厚 12~13mm，抗应激，利用年限长，一生产仔平均可达 6.8 胎。

（五）父母代公猪

由 23 系公猪与 33 系母猪杂交而来，性欲强。前躯、腿臀发达，背腰宽，具有良好的产肉外貌。生长快，153 日龄达到 100kg 体重，瘦肉率 67.5%，100kg 体重背膘厚 7~9mm，育肥期饲料转化率 1:2.2~1:2.4，应激反应阴性。

（六）终端商品猪

被毛全白，肌肉丰满，背宽，腰厚，臀部极发达，整齐度好，外貌美观。生长快，25~100kg 阶段日增重 900g 以上，育肥期饲料转化率 1:2.4，屠宰率 75%~78%，瘦肉率 66%~67.5%，肉质好，肌内脂肪 2.7%~3.3%，应激反应阴性。

第二节　厂区建设

一、选址与布局

（一）厂址选择

1.地势高燥，通风良好

猪场应选择地势高燥、向阳、通风、排水良好的地方。在城镇周围建场时，厂址用地应符合当地城镇发展规划和土地利用规划要求。

2.交通便利，利于防疫

新建猪场应选在交通便利又比较僻静的地方，最好离干线公路、铁路、城镇、居民区、学校和公共场所1000m以上；远离医院、畜产品加工厂、垃圾及污水处理场3000m以上。猪场周围应有围墙或防疫沟，并建立绿化隔离带，禁止在旅游区、畜禽疫病区和污染严重地区建场。

3.水源充足，电力供应稳定

建场时，应首先对水质进行化验，分析水中盐类及其他无机物含量，并考查是否被微生物污染，同时要保证电力的稳定供应。

4.场地面积

生产区面积一般可按每头繁殖母猪40～50m2或每头上市商品猪3～4m2规划。

（二）场地规划与建筑物布局

一般整个猪场的场地规划可分为生产区、管理区、生活区和隔离区四部分，并严格执行生产区与生活区、管理区相隔离的原则，按顺序安排各区（图1-7）；人员、动物和物资运转应采取单一流向。进料和出粪道严格分开，场区净道和污道分开，互不交叉。根据防疫需求应建有消毒室、隔离舍、病死猪无害化处理间等。

图 1-7　猪场场区规划示意图

1.生产区

主要包括各种类型的猪舍、消毒室（更衣室、洗澡间、紫外线消毒通道）、消毒池、饲料加工调配车间、饲料储存仓库、人工授精室等。猪舍的朝向应尽量朝南，冬季可以增大太阳辐照，提高猪舍温度，夏季则可以防止太阳过度照射。保持猪舍纵向轴线与当地常年主导风向成 30°～60° 角。

2.管理区

包括办公室、后勤保障用房、车库、会议室、接待室等，管理区应与生产区隔离。

3.生活区

主要包括职工宿舍、食堂、文化娱乐室、运动场等，位于生产区的上风向。

4.隔离区

包括兽医室、病猪（或购入猪）隔离室、病死猪无害化处理室等，应设在生产区下风向位置，距离猪舍 50m 以上。

5.猪场辅助生产及生活管理区

建筑面积应符合表 1-4 的规定。

表 1-4　猪场辅助生产及生活管理建筑面积参数表（m²）

项　目	面　积	项　目	面　积
更衣、淋浴消毒室	30.0～50.0	锅炉房	10.0～150.0
兽医、化验室	50.0～80.0	仓库	60.0～90.0
饲料加工间	300.0～500.0	维修间	15.0～30.0
变配电室	30.0～45.0	办公室	30.0～60.0
水泵房	15.0～30.0	门卫值班室	15.0～30.0

生活用房按劳动定员人数每人 4m²。养猪场的劳动定员按每人每年平均生产商品猪头数确定：小型猪场为 225～250 头/（人·年）；中型猪场为 275～300

头/（人·年）。其中饲养员应不少于全场定员总数的 70%。

6.公用工程

养猪场可选用水塔、蓄水池、压力罐给自来水管网供水，保证供水压力 1.5～2.0kg/cm^2。养猪场平均日供水量可按表 1-5 给出的参数估算。

表 1-5　每头猪平均日耗水量参数表〔L/（头·日）〕

猪群种类	总耗水量	其中饮用水量
空怀及妊娠母猪	15.0	10.0
哺乳母猪（带仔猪）	30.0	15.0
培育仔猪	5.0	2.0
育成猪	8.0	4.0
育肥猪	10.0	6.0
后备猪	15.0	6.0
种公猪	25.0	10.0

注：总耗水量包括猪饮用水量、猪舍清洗用水量和饲料调制用水量，炎热地区和干燥地区耗水量参数可增加 25%。

场区内的生产和生活污水采用暗沟排放，雨雪等自然降水采用明沟排放。养猪场粪尿排泄量按日饲养的繁殖母猪总头数乘以 46kg/（头·日）计算，即为全场平均日排泄量的估算值；每栋猪舍平均日排泄量按该舍养猪总活重乘以0.065kg/日估算。养猪场电力负荷等级为民用建筑供电等级三级。电力负荷计算采用需用系数法，需用系数为 0.4～0.75，功率因数为 0.75～0.9。

二、猪舍建设

（一）猪舍的形式

猪舍按照屋顶形式、墙壁结构和窗户有无、猪栏排列等可分为多种形式。

1.按屋顶形式划分

可分为单坡式、双坡式、联合式、平顶式、拱顶式、钟楼式等。单坡式跨度较小，结构简单、省料，便于施工，光照、通风较好，但保温性差，适于小型猪场。双坡式用于各种跨度，一般跨度大的双列式、多列式猪舍常采用，保温性好，但投资较多。联合式介于单坡式和双坡式之间。平顶式也用于各种跨度的猪舍，但造价较高。拱顶式猪舍节省木料，保温隔热性能好。钟楼式利于采光和通风，防暑效果好，但不利于保温。

2.按墙壁结构和窗户有无划分

猪舍按墙壁结构可分为开放式、半开放式和密闭式猪舍，密闭式猪舍按窗户有无又可分为有窗式和无窗式。开放式猪舍三面设墙，一面无墙，通风采光好，其结构简单，造价低，但难以解决冬季防寒问题。开放式自然通风猪舍的跨度不应大于15m；半开放式猪舍三面设墙，一面设半截墙，冬季若在半截墙上挂草帘或钉塑料膜，能明显提高保温性能；有窗式猪舍四面设墙，窗设在纵墙上，窗的大小、数量和结构依据当地气候条件而定；无窗式猪舍与外界自然环境隔绝程度较高，墙上只设应急窗，仅供停电应急时用，不作采光和通风用，舍内的通风、光照、舍温全靠人工设备调控，能创造出适合猪群各方面需求的理想环境，这种猪舍适用于我国各地，特别适用于SPF（无特定疫病）猪场。

3.按猪栏排列方式划分

可分为单列式、双列式和多列式。单列式猪舍猪栏排成一列，靠北墙一般设饲喂走道，舍外可设或不设运动场，造价低，适合养种猪；双列式猪舍中间设一走道，有的还在两边设清粪通道，这种猪舍建筑面积利用率较高，管理方便，保温性能好，便于使用机械，但北侧猪栏采光性较差，舍内易潮湿；多列式猪舍猪栏排成三列或四列，利用率高，管理方便，保温性能好；缺点是采光差，舍内阴暗潮湿，通风不良；这种猪舍必须辅以机械，人工控制通风、光照及温湿度。

（二）猪舍基本结构

1.基础和地面

猪舍应能保温隔热，地面和墙壁应便于清洗，并能耐酸、碱等消毒药液清洗消毒。地面必须坚固、平整、防滑。猪的躺卧区必须清洁舒适，易于排水，且不能对猪造成伤害。如，猪舍内使用垫草，则必须洁净、干燥、无毒且经常更换。使用漏缝地板的猪舍应充分考虑猪的体型、体重。

2.墙壁

要求坚固耐用，能防止雨雪侵入，表面要便于清洗和消毒，保温隔热性能好。墙壁的厚度应根据气候条件和所选墙体材料确定。猪舍内表面能避免凝结水汽，并耐酸、碱等消毒药液清洗消毒。

3.门、窗

猪舍门的设置必须保证猪群的自由出入，便于日常生产的顺利进行，应建成斜坡状。窗户用于采光和通风换气，窗户的大小、数量、形状、位置应根据当地气候条件合理设计。

4.屋顶

屋顶要求坚固，有一定的承重能力，不漏水，不透风，具有良好的保温隔热性能。猪舍屋顶必须设隔热保温层，猪舍屋顶的传热系数应不小于 0.23W/ $(m^2 \cdot K)$ 。

（三）不同猪舍的要求

1.公猪舍

公猪通常单栏饲养。每栏使用面积为 8～10m²，隔栏高度一般为 1.2～1.4m，整个公猪舍还应有一个共用的泥土运动场，供公猪经常活动。配种栏的设计有多种形式，可以专门设配种栏，也可以利用公猪栏和母猪栏。

2.空怀、妊娠母猪舍

空怀、妊娠母猪舍可为单列式（带运动场）、双列式、多列式等几种。空怀、妊娠母猪可群养也可单养。群养时，空怀母猪每圈 4～5 头，妊娠母猪每圈 2～4 头。舍内设母猪单体限位栏。

3.哺乳母猪舍

哺乳母猪舍常见为三走道双列式。分娩舍的大小应按每周产仔的母猪头数设计。分娩舍采用全进全出，以周为单位，小间隔离饲养，采用高床网上限位栏饲养。产仔栏规格为长 2.2～2.4m，宽 1.7～1.8m，限位架宽 0.6m，高 1m，分娩栏内另设仔猪保温箱，保温箱内设保温灯或加热板。

4.仔猪培育舍

仔猪断奶后转入仔猪培育舍饲养。这时，仔猪面临断奶和从分娩舍转到培育舍环境变迁的双重应激。仔猪免疫力差，怕冷，易感染疾病，要求仔猪培育舍保温性能要好，屋顶要有天花板，舍内有采暖设备。培育舍可采用双列式或单列式排列，最好采用以周为单位，分隔成小间饲养，便于全进全出。仔猪培育可采用地面或网上群养，每圈8～12头。

5.生长育肥猪舍

生长育肥猪一般在地面饲养，每栏饲养8～10头，每头占地面积0.8～1.0m²，采用双列式饲养，中央设通道，半漏缝地板的圈舍（图1-8）。

猪舍栏面积利用系数用猪栏总面积与猪舍总面积之比表示，各类猪舍栏面积利用系数应不低于下列参数：配种、妊娠猪舍65%；分娩哺乳猪舍50%；培育猪舍70%；育成、育肥猪舍75%。

图1-8 育肥猪舍

表1-6 各类猪的每圈适宜头数、每头猪的占栏面积和采食宽度

猪群类别	大栏群养头数	每圈适宜头数	占栏面积（m²/头）	采食宽度（cm/头）
断奶猪仔	20～30	8～12	0.3～0.4	18～22
后备猪	20～30	4～5	1	30～35
空怀母猪	12～15	4～5	2～2.5	35～40
孕前期母猪	12～15	2～4	2.5～3	35～40
孕后期母猪	12～15	1～2	3～3.5	40～50
设固定防压架的母猪	—	1	4	40～50
带仔母猪	1～2	1～2	6～9	40～50
育肥猪	10～15	8～12	0.8～1	35～40
公猪	1～2	1	6～8	35～45

（四）规模化猪场各类猪栏的数量

以饲养 100 头基础母猪的猪场为例，其各类猪栏的数量如表 1-7。

表 1-7 100 头基础母猪的猪场各类猪栏的数量

猪栏类型	分娩舍	配种舍	妊娠舍	后备猪舍	保育舍	育成舍	肥育猪舍	种公猪舍
数量	27	7	43	2	15	16	40	7

三、主要设施与设备

（一）猪舍地板

1.实体地板

一般由混凝土制成，可以铺草或不铺草，其建筑费用相对便宜，但难以保持清洁和干燥，消除粪尿投入较大。对幼龄猪不适用，尤其分娩舍和保育舍的仔猪，实体地板散热会导致寒冷、潮湿和不卫生的环境。使仔猪体质和生产性能下降。

2.漏缝地板

漏缝地板可以用多种材料制成，常用的有混凝土、木材、金属、玻璃纤维和塑料（图 1-9）。选择漏缝地板的类型要注意：（1）经济性，即地板的价格与安装费要经济适用；（2）安全性，过于光滑或过于粗糙以及具有锋锐边角的地板，会损伤猪蹄与乳头，不能使用；（3）保洁性，劣质地板容易藏污垢，需要经常清洁；同时，脏污的地板容易打滑，还隐藏着肠道病菌和各种寄生虫；（4）耐久性，不宜选用需要经常维修以及很快会损坏的地板；（5）舒适性，地板表面不要太硬，要有一定的保暖性。根据不同猪舍要求选择间隙大小适合的漏缝地板（表 1-8）。

水泥漏缝地板　　　　　　　　　　塑料漏缝地板

图1-9　漏缝地板

表1-8　各种猪栏漏缝地板间隙宽度

猪栏种类 主要参数	公猪栏	母猪栏	分娩栏	培育栏	育成栏	育肥栏
漏缝间隙宽度（mm）	20～25	20～25	10	10	12～20	20～25

（二）猪栏

猪栏的结构形式分栏栅式和实体两种。按饲养猪的类别猪栏分公猪栏、配种栏、母猪单体栏、母猪小群栏、分娩栏、培育栏、育成栏、育肥栏。

1.公猪栏和配种栏

有实体、栏栅式和综合式三种。其配置方式有三种：（1）待配母猪栏与公猪栏紧挨配置，不设专用的配种栏，公猪栏同时也是配种栏；（2）待配母猪栏与公猪栏隔通道相对配置，公猪栏同时也是配种栏；（3）公猪母猪分别设栏饲养，配置专用的配种栏。前两种较常用，省去专用配种栏，配种时只需移动母猪，简化操作。规模较大、集约化程度较高的猪场多采用第一种配置方式。公猪栏栏长、宽可根据猪舍内布置来确定，栏高一般为1.2～1.4m，栅栏结构可以是金属或混凝土，但栏门应采用金属结构，便于通风和观察。

2.母猪栏

繁殖母猪的饲养主要有大栏分组群饲、小栏个体饲养和大小栏相结合群养三种方式，其中小栏个体饲养占地面积小，易于观察母猪发情，母猪相互隔离，不打架、不争食，防止机械原因引起的流产。但投资大，母猪运动量小。其结构有实体、栏栅式、综合式三种。栏栅结构可以是金属，也可以是混凝土结构，但栏门应采用金属结构。

3.分娩栏

分娩栏分高床和地面两种形式，高床分娩栏采用金属或塑料等漏缝地板将分娩栏架设在粪沟或地面上（图1-10）。分娩栏尺寸与母猪品种、体型有关，长一般为2.2～2.3m，宽1.7～2.0m，母猪限位栏的宽度为0.6～0.65m，多采用长为0.6m，高为1m，母猪限位栅栏，离地高度为30cm。

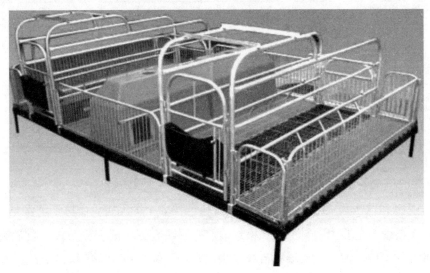

图1-10　产床

4.仔猪保育栏

保育栏一般采用金属、塑料漏缝地板，采用高床离地饲养。目前，猪场多采用高床网上保育栏，其长、宽、高应视猪舍结构而定，常用的有栏长2～2.2m，宽1.8m，高0.6m，侧栏间隙6cm，离地面高度25～30cm，可养10～25kg的仔猪10～12头。在生产中，可采用金属与水泥混合结构，也可全部采用水泥结构。

5.生长育肥猪栏

生长育肥猪多用大栏饲养，其结构与公猪栏类似，只是面积大小稍有差异，其结构有实体、栏栅式、综合式三种。

6.栏栅式猪栏

其基本参数应符合表1-9的规定。

表 1-9 栏栅式猪栏的基本参数

项目＼猪栏种类	每头猪占用面积（m²）	栏高（mm）		栅格间隙（mm）	
公猪栏	5.5～7.5	1200		100	
配种栏	5.5～7.5	1200		100	
母猪单体栏	1.2～1.4	1000		栏长	2000～2200
				栏宽	550～650
母猪小猪栏	1.8～2.5	1000		90	
分娩栏	3.5～4.2	母猪	1000	栏长	2000～2200
				栏宽	550～650
		仔猪	550～600	35	
培育栏	0.3～0.4	700		55	
育成栏	0.5～0.7	800		80	
育肥栏	0.7～1.0	900		90	

（三）喂料设备和饮水设备

1.喂料设备

喂料和饮水设备必须建造合理，材料坚固、无毒无害，且易于清洗消毒。

喂料设备主要由喂料机和食槽组成。喂料机有固定式和移动式，固定式喂料机主要由饲料塔、饲料输送机等组成；移动式喂料机即为手推饲料车。养猪业中使用的饲槽种类繁多，分普通食槽和自动食槽。自动采食饲槽常用于仔猪培育和生长育肥猪，普通食槽多用于饲喂母猪和公猪。各种食槽的基本参数应符合表 1-10 的要求。

表 1-10 食槽的基本参数

型式	猪群种类主要尺寸	高度（mm）	采食间隙（mm）	前缘高度（mm）
长方形金属自动落料食槽	培育仔猪	700	140～150	100～120
	育成猪	800	190～210	150～170
	育肥猪	900	240～260	170～180
圆形金属自动落料食槽	培育仔猪	620	140	150
	育成猪	950	160	160
	育肥猪	1100	200～240	200
水泥自动落料食槽	培育仔猪	655	135	210
	育肥猪	850	210	210
铸铁半圆弧食槽	分娩母猪	500	310	
限量地面食槽	前缘高度（mm）	宽度（mm）	外缘高度（mm）	前栏距外缘内距离（mm）	前栏距前缘内距离（mm）
	150	460	250	110	230

2.饮水设备

猪舍内的供水系统包括猪的饮用水和冲洗用水。水源丰富的猪场可用一套供水系统。猪场的饮水设备有水槽和自动饮水器两种形式。规模化养猪场常用鸭嘴式饮水器，猪场根据不同阶段的猪来选择饮水器的大小和安装高度。一般规模化猪场多采用自动饮水设备。

（四）通风降温和供热保温设备

1.通风换气设备

猪舍的通风换气有负压通风、常压通风及管道压力通风等形式。负压通风设备简单、最廉价。负压通风有纵向通风与横向通风之分；常压通风是利用窗口自然通风；管道压力通风即利用风机通过管道向猪舍内输送新鲜空气，根据进气口设备可输送热空气也可输送冷空气。

2.降温设备

降温有冷风机降温和喷雾降温两种，当舍内温度不太高时，采用小蒸发式冷风机，降温效果良好。在封闭式猪舍，可在进气口处加湿降温。

3.供热设备

猪舍供热有整体供热和局部供热两种。整体供热需要的供热设备有锅炉、热风炉、电热器或地暖等，通过煤、天然气或电能加热水或空气，再通过输送管道将热量送到猪舍。局部供热主要用于分娩舍仔猪箱内保温和仔猪培育栏内躺卧区域的供热，常用的设备有红外线灯泡、加热板和仔猪电热板，也可用天然气或沼气灯来进行局部供暖。

（五）消毒及粪便处理设施

1.消毒设施

猪场大门入口处要设置宽与大门相同，长等于进场大型机动车车轮一周半长的水泥结构消毒池，深度要能浸没汽车轮胎，池内应放有消毒液并经常更换。生产区门口设有更衣间、消毒室或淋浴室。猪舍入口处设置长 1m 的消毒池或消毒盆供进入人员消毒。养猪场应备有清洗消毒设施，对养猪场及其相应设施，如车辆等应进行定期清洗消毒，防止疫病传播。

2.粪便处理设施

养猪场必须设置防止渗漏、径流、飞扬且具一定容量的专用储粪设施和场所或有效的粪便和污水处理系统，猪场粪便须及时进行无害化处理并加以合理利用。新建猪场的粪便和污水处理设施须与猪场同步设计、同期施工、同时投产，其处理能力、有机负荷和处理效率按本场或当地其他场实测数据计算和设计。以下参数可供参考：存栏猪全群平均每天产粪和尿各 3kg；水冲清粪、水泡粪和干清粪的污水排放量平均每天每头分别为 50L、20L、12L。

猪场设计时，最好采用干清粪方式。粪尿混合的在粪污处理时可用机器设备分离，主要设备有粪尿固液分离机、刮板式清粪机。粪尿固液分离机应用最多的有倾斜筛式粪水分离机、压榨式粪水分离机、螺旋回转滚筒式粪水分离机、平面振动筛式粪水分离机。刮板式清粪机有单面闭合回转的刮板机和步进式往复循环刮板机。

（六）其他设施、设备

1.生物防护设施

养猪场应配备对害虫和啮齿动物等的生物防护设施。

2.其他设施

规模化猪场还应备有地面冲洗喷雾消毒机和火焰消毒器。生产设备主要包括妊娠测定仪、背膘测定仪、称重用的各种秤、切齿钳、耳号钳、耳标、各种车辆等。饲养场应设有与生产相适应的兽医室所需的仪器设备。

第三节　营养与饲料生产技术

一、营养需要

现在猪饲养标准是国家 2004 年修订版（NY/T 65-2004），各猪场可根据各自的具体情况参考使用（表 1-11 至表 1-16）。

表 1-11　瘦肉型生长育肥猪每千克饲粮养分含量（自由采食，88%干物质）[a]

体重（kg）	3～8	8～20	20～35	35～60	60～90
采食量（kg/d）	0.30	0.74	1.43	1.90	2.50
饲料/增重	1.21	1.59	2.34	2.75	3.13
饲粮消化能含量〔MJ/kg（卡/kg）〕	14.02（3.35）	13.60（3.25）	13.39（3.20）	13.39（3.20）	13.39（3.20）
粗蛋白质 CP（%）	21.0	19.0	17.8	16.4	14.5
能量蛋白比〔MJ/%（卡/%）〕	668（0.16）	716（0.17）	752（0.18）	817（0.20）	923（0.22）
赖氨酸能量比〔g/MJ（g/卡）〕	1.01（4.24）	0.85（3.56）	0.68（2.83）	0.61（2.56）	0.53（2.19）
主要氨基酸[c]，%					
赖氨酸	1.42	1.16	0.90	0.83	0.70
蛋氨酸	0.40	0.30	0.24	0.22	0.19
蛋氨酸+胱氨酸	0.81	0.66	0.51	0.48	0.40
亮氨酸	1.42	1.13	0.85	0.78	0.63
精氨酸	0.56	0.46	0.35	0.30	0.21
主要矿物元素[d]，%或每千克饲粮含量					
钙（%）	0.88	0.74	0.62	0.55	0.49
总磷（%）	0.74	0.58	0.53	0.48	0.43
非植酸磷（%）	0.54	0.36	0.25	0.20	0.17
铁（mg）	105	105	70	60	50
硒（mg）	0.30	0.30	0.30	0.25	0.25
锌（mg）	110	110	70	60	50
主要维生素和脂肪酸[e]，%或每千克饲粮含量					
维生素 A（IU[f]）	2200	1800	1500	1400	1300
维生素 D_3（IU[g]）	220	200	170	160	150
维生素 B_{12}（μg）	20.00	17.50	11.00	8.00	6.00
胆碱（g）	0.60	0.50	0.35	0.30	0.30

注：a.瘦肉率高于 56.0%的公母混养猪群（阉公猪和青年母猪各一半）；b.假定代谢能为消化能的 96.0%；c.3.0～20.0kg 猪的赖氨酸百分比是根据试验和经验数据的估测值，其他氨基酸需要量是根据其与赖氨酸的比例（理想蛋白质）的估测值；d.矿物质需要量包括饲料原料中提供的矿物质量；对发育公猪和后备母猪，钙、总磷和有效磷的需要量应提高 0.05～0.1 个百分点；e.维生素需要量包括饲料原料中提供的维生素量；f.1IU 维生素 A＝0.344μg 维生素 A 醋酸酯；g.1IU 维生素 D_3＝0.025μg 胆钙化醇。

表 1-12　瘦肉型生长育肥猪每日每头养分需要量（自由采食，88%干物质）[a]

体重（kg）	3～8	8～20	20～35	35～60	60～90
采食量（kg/d）	0.30	0.74	1.43	1.90	2.50
饲料/增重	1.25	1.59	2.34	2.75	3.13
饲粮消化能摄入量〔MJ/kg（卡/kg）〕	4.21（1.01）	10.06（2.41）	19.15（4.58）	25.44（6.08）	33.48（8.00）
粗蛋白质（g）	63.0	141.0	255.0	312.0	363.0
主要氨基酸 [c]，g/d					
赖氨酸	4.3	8.6	12.9	15.6	17.5
蛋氨酸	1.2	2.2	3.4	4.2	4.8
蛋氨酸+胱氨酸	2.4	4.9	7.3	9.1	10.0
亮氨酸	4.3	8.4	12.2	14.8	15.8
精氨酸	1.7	3.4	5.0	5.7	5.5
主要矿物元素 [d]，g 或 mg/d					
钙（g）	2.64	5.48	8.87	10.45	12.25
总磷（g）	2.22	4.29	7.58	9.12	10.75
非植酸磷（g）	1.62	2.66	3.58	3.80	4.25
钠（g）	0.75	1.11	1.72	1.90	2.50
铁（mg）	31.50	77.70	100.10	114.00	125.00
硒（mg）	0.09	0.22	0.43	0.48	0.63
锌（mg）	33.00	81.40	100.10	114.00	125.00
主要维生素和脂肪酸 [e]，IU、g、mg 或μg/d					
维生素 A（IU[f]）	660	1330	2145	2660	3250
维生素 D_3（IU[g]）	66	148	243	304	375
维生素 B_{12}（μg）	6.00	12.95	15.73	15.20	15.00
胆碱（g）	0.18	0.37	0.50	0.57	0.75

注：a.瘦肉率高于 56.0%的公母混养猪群（阉公猪和青年母猪各一半）；b.假定代谢能为消化能的 96.0%；c.3.0～20.0kg 猪的赖氨酸每日需要量是用表中的百分率采食量的估测值，其他氨基酸需要量是根据其与赖氨酸的比例（理想蛋白质）的估测值；20.0～90.0kg 猪的赖氨酸需要量是根据生长模型的估测值，其他氨基酸需要量是根据其与氨基酸的比例（理想蛋

白质）的估测值；d.矿物质需要量包括饲料原料中提供的矿物质量；对于发育公猪和后备母猪，钙、总磷和有效磷的需要量应提高 0.05～0.1 个百分点；e.维生素需要量包括饲料原料中提供的维生素量；f.1IU 维生素 A＝0.344μg 维生素 A 醋酸酯；g.1IU 维生素 D₃＝0.025μg 胆钙化醇。

表 1-13　瘦肉型妊娠母猪每千克饲粮养分含量（88%干物质）[a]

妊娠期	妊娠前期			妊娠后期		
配种体重（kg[b]）	120～150	150～180	>180	120～150	150～180	>180
预期窝产仔数	10	11	11	10	11	11
采食量（kg/d）	2.10	2.10	2.00	2.60	2.80	3.00
饲粮消化能〔MJ/kg（卡/kg）〕	12.75（3.05）	12.35（2.95）	12.15（2.95）	12.75（3.05）	12.55（3.00）	12.55（3.00）
粗蛋白质 CP（%[d]）	13.0	12.0	12.0	14.0	13.0	12.0
主要氨基酸[c]，%						
赖氨酸	0.53	0.49	0.46	0.53	0.51	0.48
蛋氨酸	0.14	0.13	0.12	0.14	0.13	0.12
蛋氨酸+胱氨酸	0.34	0.32	0.31	0.34	0.33	0.32
亮氨酸	0.45	0.41	0.37	0.45	0.42	0.38
精氨酸	0.06	0.02	0.00	0.06	0.02	0.00
主要矿物元素[e]，%或每千克饲粮含量						
钙（%）	0.68					
总磷（%）	0.54					
非植磷酸（%）	0.32					
钠（%）	0.14					
铁（mg）	75.0					
锌（mg）	45.0					
硒（mg）	0.14					
主要维生素和脂肪酸（%）或每千克饲粮含量 f						
维生素 A（IU[g]）	3620					
维生素 D₃（IU[h]）	180					
维生素 E（IU[i]）	40					
主要维生素和脂肪酸（%）或每千克饲粮含量 f						
叶酸（mg）	1.20					
维生素 B₁₂（μg）	14					
胆碱（g）	1.15					

注：a.消化能、氨基酸是根据国内试验报告、企业经验数据和 NRC（1988）妊娠模型得到的；b.妊娠前期指妊娠前 12 周，妊娠后期指妊娠后 4 周；"120.0～150.0 kg"阶段适用于初产母猪和因泌乳期消耗过度的经产母猪，"150.0～180.0 kg"阶段适用于自身尚有生长潜力的经产母猪，"180.0kg 以上"指达到标准成年体重的经产母猪，其对养分的需要量不随体重增长而变化；c.假定代谢能为消化能的 96.0%；d.以玉米-豆粕型日粮为基础确定的；e.矿

物质需要量包括饲料原料中提供的矿物质；f.维生素需要量包括饲料原料中提供的维生素量；g.1IU 维生素 A=0.344μg 维生素 A 醋酸酯；h.1IU 维生素 D_3=0.025μg 胆钙化醇；i.1IU 维生素 E=0.67mgd-α-生育酚或 1.0mgdL-α-生育酚醋酸酯。

表 1-14　配种公猪每千克饲粮和每日每头养分需要量（88%干物质）[a]

	每千克饲粮中含量	每日需要量
饲粮消化能〔MJ/kg（kcal/kg）〕	12.95（3100）	12.95（3100）
饲粮代谢能〔MJ/kg[b]（kcal/kg）〕	12.45（2975）	12.45（2975）
消化能摄入量〔MJ/kg（kcal/kg）〕	21.70（6820）	21.70（6820）
代谢能摄入量〔MJ/kg（kcal/kg）〕	20.85（6545）	20.85（6545）
采食量（kg/d[d]）	2.2	2.2
粗蛋白质（%）[e]	13.50	13.50
能量蛋白比〔kJ/%（kcal/%）〕	959（230）	959（230）
赖氨酸能量比〔g/MJ（g/cal）〕	0.42（1.78）	0.42（1.78）
赖氨酸	0.55%	12.1g
蛋氨酸	0.15%	3.31g
蛋氨酸+胱氨酸	0.38%	8.4g
亮氨酸	0.47%	10.3g
精氨酸	0.00%	0
主要矿物元素[e]		
钙	0.70%	15.4g
总磷	0.55%	12.1g
有效磷	0.32%	7.04g
钠	0.14%	3.08g
铁	80.0mg	176.0mg
硒	0.15mg	0.33mg
锌	75.0mg	165.0mg
主要维生素和脂肪酸[f]		
维生素 A[g]	4000 IU	8800 IU
维生素 D_3[h]	220 IU	485 IU
维生素 E[i]	45 IU	100 IU
维生素 B_{12}	15.0 μg	33.0 μg
胆碱	1.25g	2.75g

注：a.需要量的制定以每日采食 2.2kg 饲粮为基础，采食量需根据公猪的体重和期望的增重进行调整；b.假定代谢能为消化能的 90.0%；c.以玉米-豆粕日粮为基础；d.配种前 1 个月采食量增加 20.0%～25.0%，冬季严寒期采食量增加 10.0%～20.0%；e.矿物质需要量包括饲粮原料中提供的矿物质；f.维生素需要量包括饲粮原料中提供的维生素量；g.1IU 维生素 A=0.334μg 维生素 A 醋酸酯；h.1IU 维生素 D_3＝0.025μg 胆钙化醇；i.1IU 维生素 E＝0.67mg d-α-生育酚或 1.0mg dL-α-生育酚醋酸酯。

表 1-15 各阶段猪饲料配方参考表（%）

原料名称	仔猪（断奶至 60 日龄）	育肥		母猪		
		前期	后期	空怀	妊娠	泌乳
玉米	66.2	65	66.75	57.2	57.92	63.73
麦麸	2	10	15	21	25	15
草粉	0	0	0	8	0	0
豆粕	24.7	20.3	14.4	10	12.7	16.5
鱼粉	3	1.0	0.5	0	0.5	1.0
原料名称	仔猪（断奶至 60 日龄）	育肥		母猪		
		前期	后期	空怀	妊娠	泌乳
磷酸氢钙	1.7	1.2	0.95	0.9	0.98	1.14
石粉	0.8	1.0	1.0	1.5	1.5	1.23
食盐	0.3	0.3	0.3	0.3	0.3	0.3
赖氨酸	0.3	0.2	0.1	0.1	0.1	0.1
预混料	1	1	1	1	1	1
合计	100	100	100	100	100	100

表 1-16 种公猪饲料配方（%）

原料 / 类别	配种期	非配种期
玉米	56.0	48.0
大麦	9.0	5.0
高粱	3.0	0
豆饼	16.0	8.0
麸皮	4.0	20.0
叶粉	3.5	3.0
鱼粉	4.0	0
食盐	0.5	0.5
骨粉	3.0	1.5
次粉	0	9.0
棉仁粉	0	4.0
预混料	1	1
合计	100	100

二、饲料

（一）饲料原料选择的基本要求

一是原粮产地环境、原料生产、加工运输过程符合无公害生产要求；二是尽量减少饲料原料中的毒性成分（真菌毒素），严禁使用霉变饲料原料；三是了解各种饲料原粮的营养价值，控制抗营养因子（植酸、戊聚糖、β-葡聚糖等）的存在，特别注意的是制药工业副产品不应作为猪饲料原料。

（二）各种原料在猪日粮中的限量

各种单一饲料在饲粮中的一般用量随猪的生长阶段而有所不同。其限量见表1-17。

表1-17 各种原料的一般用量（%）

原料	仔猪	生长猪	育肥猪	妊娠母猪	哺乳母猪
苜蓿草粉	0	5	5	90	10
大麦	25	80	60	80	80
血粉	0	3	3	3	3
玉米	70	80	90	85	85
棉籽饼	0	5～10	5～10	5～10	5～10
鱼粉	5	10	5	10	10
亚麻粉	5～10	5～10	5～10	5～10	5～10
肉骨粉	5	5	5	10	10
高粱	6	8	9	8	8
燕麦	0	20	20	70	15
脱脂粉	40	0	0	0	0
大豆饼	60	5	20	20	20
糟渣	0	5	5	10	6
小麦	60	80	90	85	85
原料	仔猪	生长猪	育肥猪	妊娠母猪	哺乳母猪
菜籽饼	0	8～15	8～15	10	8
骨粉	1.5	20	2.0	1.5	2.0
麸皮	20	30	20	30	20

三、配合饲料调配技术要点

饲料调配要以猪的饲养标准为依据，并结合生产实践经验，考虑饲料原料品质、适口性和消化率等因素，制定出符合要求的最佳日粮配方，满足猪对各种营养（能量、蛋白质、矿物质、维生素等）的需要量。饲料配制应掌握以下原则。

第一，注意饲料的多样化，充分发挥各种饲料原料之间的营养互补作用，以保证营养物质的完善，有利于提高日粮的消化率和营养物质的利用率。

第二，所用饲料的种类力求保持相对稳定，如果必须改变饲料种类和配合比例，应逐渐更换，否则会导致猪的消化系统疾病，影响生产性能。

第三，必须结合当地的饲养经验和自然条件，尽量就地取材，充分利用当地饲料资源，制定出适合本地的猪饲料配方。

第四，除满足猪对各种营养成分的需要外，还要注意各种营养成分的平衡。如，能量蛋白比例要符合饲养标准的规定，日粮中能量高，蛋白质的含量也应高些；能量低，蛋白质的含量也相应低些。还要注意氨基酸之间，特别是必需氨基酸的平衡。

第五，在设计配方时，应考虑饲料的卫生要求，所用饲料应质地良好，发霉变质的饲料不宜做配合饲料的原料。

第六，必须根据各种猪的消化生理特点选择适宜的饲料进行搭配，尤其要注意控制日粮中粗纤维的含量。当日粮中粗纤维的含量增加时，日增重和饲料利用率将降低。粗纤维含量，仔猪不超过 4%，生长育肥猪不超过 6%，种猪不超过 8% 为宜。

第七，必须考虑采食量与饲料体积及饲料养分浓度之间的关系。日粮容积过大，养分浓度低，就会造成营养物质的不足；若是容积过小，养分浓度高，在自由采食时又会出现过饲的情况。

第八，微量元素、维生素、食盐等微量成分不应直接加到饲料中，应先与某种饲料充分预混（如玉米粉、麦麸等），再拌入全部饲料中，反复搅拌均匀。

第四节　饲养管理

一、规模化养猪生产工艺流程

（一）多阶段饲养方式

为了便于封闭管理和防疫，从种猪饲养、繁育仔猪到育肥商品猪划分出多个阶段，每个阶段集中在同一类型的猪舍内，力求做到"全进全出"。根据划分阶段的多少，猪场生产工艺主要有以下几种方式。

1.三段饲养工艺流程

空怀及妊娠期→泌乳期→生长育肥期。三段饲养二次转群比较简单，适用于规模较小的养猪企业，其特点是操作简单，转群次数少，猪舍类型少，节约维修费用，还可以重点采取措施。例如，分娩哺乳期可采用好的环境控制措施，满足仔猪生长的条件，提高成活率，提高生产水平。

2.四段饲养工艺流程

空怀及妊娠期→泌乳期→仔猪保育期→生长育肥期。在三段饲养工艺中，将仔猪保育阶段独立出来就是四段饲养三次转群工艺流程，保育期一般5周，猪的体重达20kg，转入生长肥育舍。断奶仔猪比生长肥育猪对环境条件要求高，这样便于采取措施提高成活率。在生长肥育舍饲养15～16周，体重达90～110kg出栏。

3.五段饲养工艺流程

空怀配种期→妊娠期→泌乳期→仔猪保育期→生长育肥期。与四段饲养工艺相比，把空怀待配母猪和妊娠母猪分开，单独组群，有利于配种，提高繁殖率。空怀母猪配种后观察21天，妊娠后转入妊娠舍饲养至产前7天转入分娩舍。其优点是断奶母猪发情集中，便于鉴定，容易把握适时配种。

4.六段饲养工艺流程

空怀配种期→妊娠期→泌乳期→保育期→育成期→育肥期。与五段饲养工艺相比,将生长肥育期分成育成期和育肥期,各饲养 6～7 周。仔猪从出生到出栏经过哺乳、保育、育成、肥育四段。其优点是可以最大限度地满足其生长发育的营养、环境管理的不同需求,充分发挥其生长潜力,提高养猪效率。

（二）多点式饲养方式

在实际生产中,由于成年猪对某些疾病有较强的抵抗力。本身虽然带毒、带菌却不发病,多为隐性感染,但容易传染给抵抗力较低的仔猪,如,猪轮状病毒感染、猪流行性腹泻、仔猪黄痢、仔猪白痢、仔猪红痢、仔猪先天性震颤等可严重降低仔猪成活率。为了阻断成年猪与仔猪的传播途径,大型猪场可采用多点生产体系,将成年猪与仔猪的生活环境相互隔开,保育阶段和生长育肥阶段的饲养转群到一个单独场区进行,整个生产过程在两个或两个以上不同地点完成,各地点之间保持一定的安全距离（一般为 3km）。主要有以下几种方式。

1.两点式生产方式

将种猪群及断奶前仔猪饲养在一个地点,育肥期放在另一个地点饲养,每个地点相隔一定距离,且必须实行全进全出。又分为两种情况:

地点一:配种及妊娠→分娩→保育;地点二:生长肥育。

地点一:配种及妊娠→分娩;地点二:保育→生长肥育。

2.三点式生产方式

将种猪群饲养在一个地点,断奶后仔猪移到另一地点饲养至 9～10 周龄,再将小猪转移到第三个地点饲养至上市。每个地点相隔一定距离,且必须实行全进全出。

地点一:配种及妊娠→分娩;地点二:保育;地点三:生长肥育。

二、后备及空怀猪饲养管理

（一）后备猪的饲养管理

1.后备猪的饲养

按后备猪不同的生长发育阶段配合饲料,注意能量和蛋白质比例,特别是矿物质、维生素和必需氨基酸的补充。一般采取前高后低的营养水平，配合饲料的原料要多样化，而且原料的种类尽可能稳定不变。若要变更应逐渐进行，防止引起食欲缺乏或消化器官疾病。有条件的种猪场可饲喂一些优质的青绿饲料。后备猪最好采用限量饲喂，育成阶段饲料日喂量占体重的 2.5%～3.0%，体重达到 80kg 以后饲料日喂量占体重的 2.0%～2.5%。

2.后备猪的管理

（1）分群。按性别、体重大小分成小群饲养，每圈可养 4～6 头，饲养密度适当。

（2）运动。为了促进后备猪筋骨发达，体质健康，猪体发育匀称均衡，特别是四肢灵活坚实，就要有适度的运动。

（3）调教。后备猪从小要加强调教管理。建立人与猪的和睦关系，训练良好的生活规律，对耳根、腹侧和乳房等敏感部位触摸训练，以利于未来的操作与管理。

（4）定期称重。通过各月龄体重变化比较生长发育的优劣，适时调整饲料的营养水平和饲喂量。达到品种发育要求。

（5）日常管理。后备公猪达到性成熟后，实行单圈饲养。

（二）空怀母猪的饲养管理

1.空怀母猪的饲养

为了防止断奶后母猪得乳房炎，在断奶后各 3 天要减少配合饲料喂量，给一些青绿饲料充饥，使母猪尽快干乳。断奶母猪干乳后，多供给营养丰富的饲料和保证充分休息，营养水平和饲喂量要和妊娠后期相同，如能增喂动物性饲料和优质青绿饲料更好，可促进空怀母猪发情排卵，为提高受胎率和产仔数奠定物质基础。对那些哺乳后期膘情不好，过度消瘦的母猪，由于泌乳期间消耗很多营养，体重减轻很多，泌乳力高的个体减重更多，对这些瘦弱母猪应加强营养，待恢复体况后再配种。

2.空怀母猪的管理

空怀母猪有单栏饲养和群养两种方式。单栏饲养空怀母猪是工厂化养猪生产常采用的形式，即将母猪固定在栏内实行禁闭式饲养，活动范围很小，母猪后侧养种公猪，以促进发情。小群饲养就是将 4～6 头同时断奶的母猪养在同一栏内，可以自由运动，特别是设有舍外运动场的圈舍，运动的范围较大。

3.产后发情和发情异常

产后发情是指母猪在分娩后的第一次发情。母猪一般在分娩后的 3～6 天内出现发情，但发情症状不明显，且不排卵。在仔猪断奶后 1 周左右，母猪再次出现发情，为正常发情，可以配种受孕。

母猪多见的异常发情是安静发情和孕后发情。异常发情是指母猪在一个发情周期内，卵泡能正常发育而排卵，但无发情症状或发情症状不明显，而失掉配种机会。对发情的母猪，加强在日常饲养管理中的观察，凭借经验亦可观察或借助试情公猪鉴定。孕后发情是指母猪在妊娠后的相当于一个发情周期的时间内又发情，这种发情的症状不规则，亦不排卵，又称"假发情"。假发情的母猪一般不接受交配，强行配种可造成早期流产。

4.促进母猪发情的措施

配种前加强对母猪的饲养管理，使其保持七八成膘；对断奶后体况瘦弱的母猪进行"短期优饲"，提高饲粮中粗蛋白质水平，供给充足的维生素、钙、磷和其他矿物质，使其体况迅速恢复，这是促进母猪正常发情的基本措施。为使母猪达到多胎高产或使不发情的母猪和屡配不孕的母猪正常发情，还可以采取以下措施。

（1）仔猪提前断奶。采取提前断奶的措施，可使母猪在断奶后的 1 周左右出现正常发情，使母猪早配种，缩短繁殖周期。

（2）并窝和控制哺乳时间。并窝是将产仔少的母猪所产仔猪并为一窝，让一头哺乳能力强的母猪哺乳，其余不哺乳仔猪的母猪可以提前发情配种。控制哺乳时间的方法是在仔猪开食后，采取母仔隔离措施，控制哺乳次数，可使母猪提前发情。

（3）公猪诱导法。用试情公猪去追爬不发情的空怀母猪，通过公猪分泌的外激素气味和接触刺激促使母猪发情排卵。还可播放公猪求偶声录音，利用条件反射作用促进母猪发情。

（4）合群并圈。把不发情的空怀母猪合并到有发情母猪的圈内饲养，通过爬跨等刺激，促进空怀母猪发情排卵。

（5）按摩乳房。对不发情的母猪，可按摩乳房促进发情。每天早晨喂食后，对每个乳房进行表层按摩 10 分钟左右，经过几天，母猪有了发情表现后，再每天进行表层和深层按摩乳房各 5 分钟，配种当天深层按摩 10 分钟。

（6）加强运动。对不发情母猪进行驱赶运动，可促进新陈代谢，改善膘情，接受日光的照射，呼吸新鲜空气，能促进母猪发情排卵。如能与放牧相结合则效果会更好。

（7）利用激素催情。给不发情母猪按每 10kg 体重注射孕马血清（PMSG）1mL（每头肌肉注射 800～1000 IU），有促进母猪发情排卵的效果。

（8）同期发情。同期发情的方法：①对一群经产母猪在同一时间内断奶，造成天然的同期发情；②一群母猪在同期断奶后，同时给每头母猪注射孕马血清 750～1500 IU，可提高同时发情效果。

三、种公猪饲养管理

（一）种公猪的饲养

种公猪饲料配方要考虑种公猪营养需要，充分利用当地的饲料资源，选择适合种公猪生产需要的原料，制定科学合理的饲料配方。为了交配方便，延长使用年限，公猪不应太大，这就要求限制饲养。公猪日喂 2 次，每头每天限 2.5～3.0kg。

（二）种公猪的管理

1.形成良好的生活制度

要妥善为种公猪安排饲喂、饮水、运动、休息、配种、洗浴等活动日程，使其制度化，不要轻易变动，使公猪养成良好的习惯。配种宜在早、晚饲喂前进行。配种后不得立即饮水、洗浴和饲喂。

2.运动

加强种公猪运动，可促进食欲、增强体质、避免肥胖、提高性欲和精液品质。种公猪除在运动场自由运动外，每天还应进行驱赶运动，上、下午各运动 1 次，每次行程 2km。

3.刷拭和修蹄

每天定时用刷子刷拭猪体，热天用淋浴冲洗，要注意保护猪的肢蹄，对不良蹄形要进行修蹄。

4.定期检查精液品质

种公猪无论是本交还是人工授精，都要定期检查精液品质，特别在配种期和配种准备期，每 10 天检查 1 次，以便调整营养、运动和配种强度。

5.防止公猪咬架

公猪好斗，相遇时也会咬架。公猪咬架时应迅速放出发情母猪将公猪引走，或者用木板将公猪隔离开，也可用水猛冲公猪眼部将其赶走。

6.防寒防暑

种公猪最适宜的温度为 18～20℃。

7.定期称重

种公猪应定期称量体重，了解其生长发育和体况，以便调整日粮营养水平和饲料喂量。

8.防止自淫和性兴奋

后备公猪一般从 7～8 月龄就要开始配种或采精，如不利用会造成自淫。必须加强运动，改善猪栏环境，定期采精和改变猪栏高度。集中饲养的公猪易发生性兴奋，症状是体温不高，食欲减退或停食，兴奋不安。公猪一旦发生性兴奋，必须调离原栏，迁到偏僻的地方，并用溴化剂药物治疗。要尽量减少对公猪的性刺激，除配种时间外，尽量不要让种公猪嗅到母猪味、听到母猪声、看见母猪样，不准把母猪赶到公猪圈配种。

9.防止应激

种公猪要求稳定优越的饲养管理条件，饲养员对公猪态度一定要和善，不能粗暴。

（三）种公猪的利用

后备公猪开始配种的适宜年龄一般不早于 8～9 月龄，体重不低于 130kg；种公猪的利用强度：公猪在最初使用时，以每周利用 1～2 次为宜，11 月龄以后的公猪性能最好，本交可以每周使用 4～5 次，人工采精每周 2～3 次，人工采精时，如果种公猪是初次使用或有一段时间没有使用，第一次采集的精液应废弃不用，因为长期储存的精子活力较低，精液品质也差。老龄公猪应及时淘汰更换。

四、妊娠猪饲养管理

（一）早期妊娠诊断

1.根据发情周期和妊娠症状诊断

如果母猪配种后约 3 周没出现发情，并且有食欲渐增、被毛光亮、增膘明显、性情温驯、行动稳重、贪睡、尾巴自然下垂、阴户缩成一条线、驱赶时夹着尾巴走路等现象，则初步断定已经妊娠。

2.直肠检查法

体型较大的经产母猪，通过直肠用手触摸子宫动脉，如果有明显波动为妊娠，一般妊娠后 30 天可以检出。

3.超声波测定法

采用超声波妊娠诊断仪对母猪腹部进行扫描，观察胚胞液或心动的变化，这种方法在妊娠 28 天时检出率较高，可直接观察胎儿的心动。不仅可确定妊娠，还可以确定胎儿的数目和性别。实践证明，配种后 20～29 天诊断的准确率为 80%，40 天以后的准确率为 100%。

4.激素测定法

孕酮与硫酸接触会出现豆绿色荧光化合物，此种反应随妊娠期延长而增强，准确率高达 95%，对母猪无任何危害。测定母猪血浆中孕酮或胎膜中硫酸雌酮的浓度来判断母猪是否妊娠，一般血样可在 19～23 天采集测定，测定值较低则说明没有妊娠，如果高，说明已经妊娠。

（二）母猪妊娠期

母猪的妊娠期为 110～120 天，平均为 114 天。

（三）妊娠母猪的饲养

1.抓两头带中间

适合配种时较瘦弱的经产母猪。妊娠前期，一般在妊娠后的20～40天，可适当增加含蛋白质较多的精饲料，使母猪尽快恢复体力与膘情。妊娠中期，由于胚胎的生长发育和母猪的体重增加都较慢，适当增加一些品质好的青绿多汁饲料与粗饲料。妊娠后期，胎儿生长迅速，母猪体重也增加较快，应把精料量加到最大。这样，在整个妊娠期形成"高—低—高"的营养水平。精料给量为：妊娠前期（1～40天）每日每头给精料1.25kg；妊娠中期（41～90天）给精料1kg；妊娠后期（91～114天）给精料2kg。

2.前粗后精方式

这种方式适合配种前膘情较好的经产母猪。因为妊娠前期胚胎发育较慢，母猪膘情又好，不需要另外增加营养，可按一般的饲养水平饲喂，青粗饲料可适当多些。妊娠后期，为了满足胎儿生长发育的需要，再适当增加部分精料。精料给量为：妊娠前期（1～60天）每日每头给精料0.75kg，妊娠后期（61～114天）给精料1.25～1.5kg。

3.步步登高方式

这种方式适合初产母猪与繁殖力特别高的母猪，因为初产母猪不仅需要维持胚胎生长发育的营养，还要供给本身生长发育的营养需要。另外，繁殖力特别高的母猪，不仅胚胎需要的营养较多，而且还要为泌乳做必要的储备。为此，整个妊娠期内的营养水平要根据胚胎增重与母猪体重的增长而逐步提高，到妊娠后期增加到最高水平。精料给量为：妊娠前期（1～60天）每日每头给精料1.25kg，妊娠中期（61～90天）给精料1.5kg，妊娠后期（90～114天）给精料2kg。

（四）妊娠母猪的管理

1.饲养方式

日粮必须具有一定体积，即含一定量的青粗饲料，使母猪吃后有饱感，也可喂稠粥料或干粉料，但必须供给充足、清洁的饮水。

2.环境条件

保持猪舍的清洁卫生，注意防寒、防暑和通风换气，上、下坡度不要太陡。

3.饲料质量

妊娠母猪不能吃冰冻、发霉变质和有毒的饲料，要供给清洁饮水。后期适当增加饲喂次数，减少每次喂量。

4.管理

饲养人员要增强责任心、耐心、细心照顾。每天要仔细观察母猪吃食、饮水、粪尿和精神状态等。

5.单圈饲养

妊娠母猪最好单圈饲养或限位栏饲养。

6.运动

妊娠后的第一个月，为了恢复体力与膘情，要少运动。母猪妊娠后期应适当运动，这样有利于增强体质和胎儿的正常生长发育。产前1周应停止运动。

五、分娩期母猪饲养管理

（一）分娩母猪的饲养管理

1.母猪分娩前准备与护理

（1）分娩前准备。结合母猪的预产期和临产症状综合预测产期。在产前3~5天做好准备工作。首先准备好产房，将待产母猪移入产房内待产。产房要求宽敞、清洁干燥、光线充足、冬暖夏凉、安静，温度在22~25℃，相对湿度在65%~75%。产房打扫干净后，用3%~5%的苯酚、2%~5%的来苏水或3%的火碱溶液消毒，围墙用20%石灰乳涂刷。在寒冷地区，冬季和早春做好防风保暖工作。产房内准备好所需药品、器械及用品，如来苏水、酒精、碘酊、剪刀、秤、耳号钳，以及灯、仔猪保温箱、火炉等。

（2）分娩前护理。母猪进入产房前，将其腹部、乳房及阴户附近的污泥清洗干净，再用2%~5%的来苏水溶液消毒，清洗消毒进入产房待产。产房内昼夜均应有专人值班，防止意外事故发生。对膘情与乳房发育良好的母猪，产前3~5天应减料1/2或1/3，并停喂青绿多汁饲料。对那些膘情与乳房发育不好的母猪，产前不仅不应减料，还应加喂一些含蛋白质较多的饼类饲料或动物性饲料。

2.母猪临产前症状

（1）乳房的变化。产前15～20天，乳腺从后向前逐渐膨大下垂，接近临产时乳房膨大有光泽，两侧乳头向外张，呈"八"字形分开，乳房的皮肤发红发亮。产前3天左右，可在中部两对乳头挤出少量清亮液体；产前1天，可以挤出1～2滴初乳；产前半天，可以从前部乳头挤1～2滴初乳。如果从后部乳头挤出1～2滴初乳，在中、前部挤出更多的初乳，表示将在6小时左右分娩。

（2）外阴部的变化。临产前3～5天，外阴部开始红肿下垂，阴唇逐渐柔软、肿胀增大、皱褶逐渐消失，阴户充血而发红，骨盆韧带松弛变软，尾根两侧出现凹陷，这是骨盆开张的标志。临产前，子宫栓塞软化，从阴道流出。

（3）神经症状。临产前母猪神经敏感，行动不安，在圈内来回走动，起卧不定，但其行动谨慎缓慢。待出现吃食不好、叼草絮窝、性情急躁、频频排粪、排尿等情况，说明即将产仔。

3.分娩的接助产

（1）顺产。母猪一般是侧卧分娩，少数为伏卧或站立分娩。仔猪娩出时，正生和倒生均属正常，一般无须帮助，让其自然娩出。临产前先用0.1%的高锰酸钾水溶液擦洗乳房及外阴部。接产人员的手臂应洗净，可用2%的来苏水消毒。

（2）助产。

①当仔猪娩出时，接产人员用一手捉住仔猪肩部，另一手迅速将仔猪口鼻腔内的黏液掏出，并用毛巾擦净，以免仔猪呼吸时黏液阻塞呼吸道或进入气管和肺，引起病变；然后再擦干全身，如天气较冷应立即将仔猪放入保温箱烤干。如果发现胎儿包在胎衣内产出，应立即撕破胎衣，再抢救仔猪。

②当仔猪脐带停止波动时即可断脐，方法是先使仔猪躺卧，把脐带中的血反复向猪腹部方向挤压，在距仔猪腹部5～6cm处剪断。断面用5%的碘酒消毒。如果断脐后流血较多，可以用手指捏住断端，直至不流血，或用线结扎断端。

③在分娩结束之前，让先出生的仔猪吃奶。哺乳之前，先用湿热毛巾将母猪乳房、乳头擦拭干净，挤掉前几滴初乳，再将初生仔猪放在母猪身旁哺乳。

④在新生仔猪第一次哺乳之前，称量仔猪初生重，全窝仔猪初生重的总和为初生窝重。对初生仔猪编号，便于记载和鉴定。将称得的初生重、初生窝重以及仔猪个体特征等进行登记。

⑤在接产过程中，有时会遇到新生仔猪全身发软，不呼吸，但心脏和脐带基部仍有波动，为假死仔猪。假死仔猪的救助方法：

A.迅速用毛巾、拭布将仔猪鼻端、口腔内的黏液擦去，对准仔猪的鼻孔吹气，或往口中灌点水，以破坏黏液在鼻、口中形成黏膜，使仔猪呼吸道变得通畅。

B.倒提仔猪后腿，促使黏液从鼻腔和口中排出，并用双手连续拍打仔猪胸部，直到仔猪发出叫声为止。

C.使仔猪仰卧，用手拉住前肢令其前后伸屈，一紧一松地压迫两侧肋部，进行人工呼吸。

D.接产人员左、右手分别托住假死仔猪肩部和臀部，将其腹部朝上，两手向腹中心方向回折，并迅速复位，反复进行，手指同时按压胸肋。一般经过几次，可以听到仔猪猛然发出声音，表示肺脏开始呼吸。再反复进行，直至呼吸正常为止；也可连续屈伸仔猪的身体，每分钟25～30次，直到仔猪正常呼吸。

E.将仔猪浸在40℃的温水中，口鼻和脐带断端露在水面上，约30分钟，也能救活仔猪；或在温水中按摩仔猪胸部，使其尽快恢复呼吸，仔猪呼吸后立即擦干皮肤，放在温暖处。

F.被胎衣包裹的仔猪，应立即撕开胎衣，以免死亡。如果为假死，可立即采用上述方法进行救助。

G.用酒精刺激假死猪鼻部或针刺其人中穴，或向假死仔猪鼻中吹气等方法，促使呼吸恢复。

H.在紧急情况时，可以注射尼可刹米或用0.1%肾上腺素1mL，直接注入假死仔猪进行心脏急救。

⑥母猪产仔完毕休息一段时间后，阵缩和努责又起，预示胎衣将排出。胎衣排出后立即拿开，不能让母猪吃掉胎衣，否则会使母猪养成吃仔猪的恶癖。检查排出的胎衣，如果胎衣完整，胎衣上残留的脐带数与仔猪数相符，表明胎衣全部排出，否则胎衣未完全排出，应及时处理。检查后的胎衣可以洗净后煮

熟喂给母猪，既补充蛋白质，又有催乳作用。

4.母猪分娩后的护理

在母猪分娩过程中一般不喂食，如果分娩时间过长，可喂些稀的热麸皮盐水，可增强体力，利于分娩，也可防止母猪因过于口渴而吃仔猪。母猪分娩后，身体极度疲乏，会口渴，没有食欲，也不愿活动，这时，可喂些稀的热麸皮盐水，千万不可马上喂给大量浓厚的混合精料。产后 7 天内可根据其食欲与膘情逐渐增加精料量，产后 1 周左右可转入哺乳期的正常饲养。分娩 3～4 天内，只能让它在圈内休息与活动。分娩 4 天后如天气好又无风，可让母猪到运动场自由活动。圈内勤打扫，做到清洁卫生，舍内通风良好，冷暖适宜，安静无干扰。

（二）哺乳母猪的饲养管理

1.母猪的泌乳规律

（1）泌乳量。产仔后，母猪的泌乳量前期是增加趋势，至 21 天时达到顶峰，之后逐渐下降。母猪乳头前边的 4 对比后边的 4 对泌乳量多。一般带仔 10 头的母猪，整个泌乳期可分泌乳汁 250kg 以上，平均每天产奶 4kg。

（2）泌乳次数。由于母猪乳房没有乳池，每次放奶时间又短，所以哺乳次数多。前期泌乳次数多、间隔时间短，后期泌乳次数少、间隔时间长，白天泌乳次数少，夜间泌乳次数多。

2.哺乳母猪的饲养

泌乳量高的母猪，应千方百计增加营养物质的摄取量，否则母猪减重过多，体耗过大，造成极度衰弱，营养不良。轻者会影响下次发情配种，重者会生病死亡。母猪刚分娩后体力消耗很大，极度疲劳，消化机能较弱，所以，开始应喂些稀料，2～3 天后饲料喂量逐渐增多。5～7 天改喂潮拌料，饲料量可达到饲养标准规定量。哺乳母猪要饲喂优质饲料，配合日粮时原料要多样化，尽量选择营养丰富、保存良好、无毒的饲料。配合饲料的体积不能太大，适口性要好，以增加采食量。哺乳母猪应增加饲喂次数，每次要少喂勤添，一般日喂 3～4 次，每次间隔时间要均匀，做到定时、定量。有条件的猪场可加喂一些优质青绿饲料，胡萝卜最好。

3.哺乳母猪的管理

保持猪舍清洁干燥和良好的通风，粪便随时清扫。保护母猪的乳房和乳头，要使所有的乳头都能均匀利用，以免未被吸吮利用的乳房发育不好，影响泌乳量。圈栏应平坦，特别是产床要去掉突出的尖物，防止损伤乳头。保持猪身和乳房清洁。保证充足的饮水，产房内最好设置自动饮水器和储水装置，保证母猪随时都能喝到充足清洁的饮水。

4.提高母猪泌乳量的措施

初产母猪在产前 15 天按摩乳房，或产后用 40℃左右温水浸湿抹布，按摩乳房 1 个月左右，效果良好。哺乳期母猪应多喂些青绿多汁饲料及根茎类饲料，以增加泌乳量并防止便秘。要供给充足、清洁的饮水。适当增加运动和多晒太阳。在产后 3～4 天，如果天气良好，可以每天运动几十分钟，半个月以后可带仔猪一起运动。

六、仔猪饲养管理

哺乳和断奶后的仔猪是生长发育最快、饲料利用效率最高的阶段，加快仔猪的增重，提高哺育率和成活率是提高养猪生产水平和降低生产成本的关键。

（一）哺乳仔猪的饲养管理

一般分娩过程和哺乳期损失活产仔猪 2～3 头。仔猪的死亡 85%以上是产后 30 天内，出生后 1 周内的死亡占 60%，仔猪死亡的主要原因是冻死、压死、饿死和下痢死亡。因此，仔猪出生后 1 周内的主要管理工作是保温防压，使仔猪吃足初乳，固定奶头，补铁，寄养与并窝等，其中，保温是关键。仔猪出生后需立即擦干全身，清除口腔和鼻腔中的黏液，使仔猪能自由呼吸，然后放入温暖、干燥的地方。

1.防寒保温

初生仔猪调节体温适应环境冷应激能力差。仔猪的体温调节机能从 9 日龄才得到改善，20 日龄时才接近完善，所以保温是提高仔猪育成率的关键。仔猪最适宜的环境温度是，1～7 日龄 32～28℃，8～30 日龄 28～25℃，31～60 日龄 25~23℃。为了满足这个温度要求，可采用 250W 的红外线灯泡育仔箱。把红外线灯泡安放在约 1 立方米的育仔箱内或育仔室的中央，或在仔猪箱内铺一块保温板（电热板）。

2.吃足初乳

初乳含有大量免疫球蛋白，产后 3 天内初乳中免疫球蛋白从每 100mL 含 7~8g 降到 0.5g。此外，初乳酸度较高，含有较多的镁盐（有轻泻作用），其他营养成分也比常乳高。仔猪随产出随放到母猪身边吃初乳，能刺激消化器官的活动，并促进胎便排出，增加营养产热，提高对寒冷的抵抗能力。

3.固定奶头

初生仔猪有抢占多乳奶头、并固定为己有的习性。如果乳头不固定，则势必发生抢夺弱食，也干扰母猪正常放奶，仔猪发育不齐，死亡率高。为避免发生这种现象，仔猪出生后 2~3 天内必须人工辅助固定奶头。其方法如下。

（1）人工辅助固定。当仔猪个体间差异不大，有效奶头足够时，生后 2~3 天绝大多数自行固定奶头吮乳，不必干涉。如果个体间体重差异大，应把个体小的放在前 3 对乳头吮乳，因为前面的奶头泌乳量高。方法是把母猪后躯垫高些，使前躯低些，因为初生仔猪有"向高性"，这样体大的仔猪先去占领后躯的几对乳头，人工辅助个体小的仔猪放在前几对乳头吮乳，这样两天后就能固定好。

（2）完全人工固定。从仔猪出生后第一次吮奶就开始人工固定。用橡皮膏贴到仔猪身上，写上它所固定的奶头顺序号，仔猪吮奶时人为控制，不允许串位。并把多余奶头用胶布贴住封严，仔猪很快按固定奶头吃奶、不抢奶。这种方法效果好，但比较费事。

4.寄养

仔猪寄养就是给仔猪找奶妈，在有多头母猪同期产仔时，对那些产仔头数过多、无奶或少奶、母猪产后因病死亡的仔猪采取寄养，是提高仔猪成活率的有效措施。当母猪产仔头数过少时需要并窝合养，以使部分母猪尽早发情配种。仔猪寄养时要注意以下几方面的问题。

（1）母猪产期接近。实行寄养时母猪产期应尽量接近，最好不超过 3~4 天。后产的仔猪向先产的窝里寄养时，则挑体重大的寄养，而先产的仔猪向后产的窝里寄养时，则要挑体重小的寄养。以避免仔猪体重相差较大，影响体重小的仔猪发育。

（2）被寄养的仔猪一定要吃初乳。仔猪吃到初乳才易成活，如因特殊原因仔猪没吃到生母的初乳，可吃养母的初乳。这必须将先产的仔猪向后产的窝里寄养，这称为顺寄。

（3）寄养母猪必须是泌乳量高、性情温顺、哺乳性能强的母猪，只有这样的母猪才能哺育好多头仔猪。

（4）使被寄养仔猪与养母仔猪有相同的气味。猪的嗅觉特别灵敏，母仔相认主要靠嗅觉来识别。多数母猪追咬别窝仔猪（严重的可将仔猪咬死），不给哺乳。为了使寄养顺利，可在被寄养的仔猪身上涂抹养母猪的奶或尿，也可将被寄养的仔猪和养母所生仔猪关在同一个仔猪箱内，经过一定时间后同时放到母猪身边，使母猪分不出被寄养仔猪的气味。

（5）寄养时常发生寄养仔猪不认"妈妈"而拒绝吃奶的情况，要用饥饿和强制训练的办法才能成功。

5.补铁

为防止仔猪贫血给生产造成损失，仔猪生后 3～4 日龄时补铁，补铁的方法有口服和肌肉注射两类。把 2g 硫酸亚铁和 1g 硫酸铜溶于 100mL 水装入奶瓶中，当仔猪吸乳时滴于母猪乳头上令其吸食，也可用奶瓶直接滴喂，每天 1～2 次，每头每天约 10mL。在仔猪生后 2～3 天内颈部肌肉注射右旋糖苷铁、血多素、牲血素、葡萄糖铁钴合剂等 100～150mg，2 周龄时再注射 1 次。尽早给仔猪开食，从饲料中得到铁的补充。

6.仔猪人工乳喂养

母猪产后死亡，仔猪无寄养可能，可配制人工乳喂养。人工乳配方：鲜牛奶或 10%奶粉液 1000mL，鲜鸡蛋 1 个，葡萄糖 20g，微量元素溶液 5mL（$FeSO_4 \cdot 7H_2O$ 49.8g、$CuSO_4 \cdot 5H_2O$ 3.9g、$ZnSO_4 \cdot 7H_2O$ 9.0g、$MnSO_4 \cdot 4H_2O$ 3.6g、KI 0.26g、$CoCl_2$ 0.2g 加水 1000 mL 配成），鱼肝油适量，复合维生素适量。先将牛奶煮沸消毒，待凉至 40℃时，加入葡萄糖和鲜鸡蛋、复合维生素、微量元素盐溶液和母猪血清（占人工乳 10%～20%）。1～3 日龄日喂 200mL（20次），4～5 日龄日喂 27mL（18 次），6～8 日龄日喂 360mL（16 次），9～11 日

龄日喂 430mL（15 次），以后可加喂糕干粉，两次饲喂间隔饮水。

7.补硒

我国大部分地区饲料中硒的含量均较低，而仔猪对硒的日需要量为 0.03～0.23mg。因此，仔猪补硒也非常重要。可在仔猪出生后 3～5 天肌肉注射 0.1% 亚硒酸钠溶液或硒维生素 E 合剂 0.5mL，断乳前后再注射 1mL。对已开食的仔猪可按每千克饲料中添加 0.1mg 的硒补给。注意，硒是剧毒元素，过量使用极易引起中毒，用时应谨慎小心。

8.补水

哺乳仔猪新陈代谢旺盛，生长发育迅速，母猪奶的含脂率高，所以需水量较大，若不及时补水，会因喝脏水而造成下痢。如果没有自动饮水装置，一般生后 3 天开始补给清洁的饮水，水槽要常刷洗，水要勤更换，冬季可供给温热水。

9.称重、打耳号

仔猪初生体重的大小不仅是衡量母猪繁殖力的重要指标，而且也是仔猪健康程度的重要标志。种猪场必须称量初生仔猪的个体重，商品猪场可称量窝重。为了随时查找猪的血缘关系，便于管理记录，必须给每头猪进行编号，在称量初生体重的同时进行。编号的方法很多，最简便易行的就是剪耳法。

10.剪掉獠牙

仔猪生后就有成对的上下门齿和犬齿（俗称獠牙）共 8 枚，这些牙齿对仔猪哺乳没有不良影响，但哺乳时由于争抢乳头而咬痛母猪乳头或同窝仔猪的颊部，造成母猪起卧不安容易压死仔猪。所以，在仔猪生后打耳号的同时用锐利的钳子从根部切除这些牙，注意断面要剪平整。

11.防止压踩

初生仔猪被压踩致死的比例相当大，防压措施有以下几方面：使用母猪限位架，限制母猪大范围的运动和躺卧，以免仔猪被母猪压死。保持环境安静，防止母猪烦躁不安、起卧不定，可减少压踩仔猪的机会。

12.去势

商品猪场的小公猪和种猪场不能做种用的小公猪，一般在 7 日龄左右去势，去势时要彻底，切口不要太大，术后用 5%碘酊消毒，注意下痢仔猪需等健康后方可去势。

（二）哺乳仔猪的开食与补料

1.早期开食

仔猪在 5～7 日龄时开始用教槽料诱食，从开始训练到仔猪认料，一般需要 1 周左右。

2.补饲全价配合饲料

从仔猪认食开始，就应改用全价配合饲料，饲料应是高营养水平的全价饲料，尽量选择营养丰富、容易消化、适口性好的原料配制。配合饲料时需要良好的加工工艺，粉碎要细、搅拌均匀，最好制成经膨化处理的颗粒饲料，保证松脆、香甜等良好的适口性。

仔猪以颗粒料为好，所有养分能均匀食入，料损也少。用饲槽饲喂则以半干粉料（干粉料:水=1:0.5，拌匀）为好，也可喂干粉料。不宜用稀料和熟粥料喂仔猪。在按顿用饲槽饲喂仔猪时，每日至少喂 5～6 次。无论按顿饲喂还是自由采食，都必须保证充足的饮水，并保持饮水清洁卫生。

七、保育猪饲养管理

（一）仔猪的早期断奶

仔猪早期断奶是指仔猪生后 3～5 周龄离开哺乳母猪，开始独立生活。仔猪生后 2 周龄以内离开哺乳母猪的称为超早期断奶。当前多采用 4 周龄断奶。仔猪早期断奶的优点是：①要充分利用母猪的繁殖力；②提高饲料利用效率；③有利于仔猪的生长发育；④提高分娩猪舍和设备的利用率。

1.早期断奶需注意的问题

要抓好仔猪早期开食训练，使其尽早适应独立采食。早期断奶仔猪日粮要高能量、优质蛋白，并有较高的全价性。断奶后第一周要适当控制采食量，以免引起消化不良而下痢。断奶仔猪留原圈饲养，并注意保温及圈舍卫生。在断奶前 3～4 天，减少母猪饲料喂量，降低母猪泌乳量，防止母猪乳房胀痛，引起不安或发生乳房炎。此外，仔猪圈应保持温暖、干燥和通风良好。

2.断奶方法

断奶前几天，母猪如果膘情好，可适当减少精料量、青绿饲料量并控制饮水，以免断奶后发生乳房炎。如果母猪膘情不好，则不减精料量，适当控制青饲料量和饮水，以免母猪过分消瘦，影响断奶后发情配种。断奶方法有以下几种：

（1）逐渐断奶法。断奶时 3～4 天减少母猪和仔猪的接触与哺乳次数，并减少母猪饲粮的日喂量，使仔猪由少哺乳到不哺乳有一个适应过程，以减轻断奶应激对仔猪的影响。但此种断奶方法不仅麻烦还费人力。

（2）分批断奶法。是将一窝中体重较大的仔猪先断奶，使弱小仔猪继续哺乳一段时间，以便提高其断奶体重。但此种方法会延长哺乳期，影响母猪的繁殖成绩，目前一般不采用。

（3）一次断奶法。断奶前 3 天减少哺乳母猪饲粮的日喂量，到断奶日龄一次将仔猪与母猪全部分开。此种断奶方法来得突然，会引起仔猪应激和母猪的烦躁不安。但此种断奶方法省工省时，便于操作，所以多被工厂化养猪生产所采用。

（二）断奶仔猪的饲养管理

1.饲料的过渡

仔猪断奶后，从 29～42 日龄，用两周的时间，从教槽料过渡到保育期饲料，从 61～70 天，从保育期饲料过渡到育肥前期饲料。

2.保证充足清洁的饮水

断奶仔猪栏内最好安装自动饮水器，保证随时供给仔猪清洁的饮水。断奶仔猪采食大量干饲料，常会感到口渴，需要饮用较多的水，如供水不足不仅影响仔猪正常的生长发育，还会因饮用污水造成下痢等消化道疾病。

3.不换圈不混群

为了稳定仔猪断奶的不安情绪，减轻应激损失，最好采取不调离原圈、不混群并窝的"原圈培育法"。

4.温度

断奶幼猪适宜的环境温度是：35 日龄时室内温度以 28℃为宜，以后每周下降 1℃，直至常温。

5.湿度

断奶仔猪猪舍适宜的相对湿度为 65%～75%。

6.清洁卫生

猪舍内外要经常清扫，定期消毒，杀灭病菌，防止传染病。

7.保持空气新鲜

对舍栏内粪尿等有机物及时清除处理，减少氨气、硫化氢等有害气体的产生，控制通风换气量，排除舍内污浊的空气，保持空气清新。

8.调教管理

新断奶转群的仔猪吃食、卧位、饮水、排泄区尚未形成固定位置，所以要加强调教训练，使其形成理想的睡卧和排泄区。

9.设铁环等玩具

刚断奶仔猪常出现咬尾和吮吸耳朵等现象，防止的办法是在改善饲养管理条件的同时，为仔猪设立玩具，分散注意力，这不仅可预防仔猪咬尾等恶癖的发生，也满足了仔猪好动玩耍的需求。

10.预防注射

仔猪 60 日龄注射猪瘟、猪丹毒、猪肺疫和仔猪副伤寒等疫苗，并在转群前驱除内外寄生虫。

11.饲喂次数

断奶仔猪一昼夜宜喂 6～8 次，以后逐渐减少饲喂次数，至 3 月龄改为日喂 4 次。

八、育肥猪饲养管理

（一）育肥猪饲养

1.饲料调制

全价配合饲料的加工调制一般分为颗粒料、干粉料和湿拌料三种饲料形态。颗粒料优于干粉料，湿喂优于干喂。

（1）湿拌料。分为稠料和稀料，饲喂稠料比稀料好。料水的比例以 1:0.5～1:2 或饲料含水率在 60%～70% 以内为宜，用手能捏成团，撒手能散开的程度。

料水比例 1:4 适于管道输送和自动给食。

（2）干粉料。饲喂干粉料增重和饲料利用率均比饲喂稀粥料好，特别是在自由采食自动饮水的条件下，可大大提高劳动生产率和圈栏的利用率。饲喂干粉料时，体重 30kg 以下的猪粉料颗粒直径在 0.5～1.0mm 为宜；体重 30kg 以上的猪粉料颗粒直径以 2～3mm 为宜，过细的粉料易粘于舌上较难咽下，影响采食量，同时细粉易飞扬而引起肺部疾病。

（3）颗粒饲料。便于投食，损耗少，不易发霉，并能提高营养物质的消化率。目前我国规模化猪场已广泛利用颗粒饲料。颗粒饲料在增重速度和饲料转化率方面都比干粉料好。

2.饲喂方法

在生产中要兼顾增重速度、饲料利用率和瘦肉率三项指标。前期采用自由采食，后期限制饲喂，则全期日增重高、胴体脂肪也不会沉积太多。育肥猪的饲喂次数，需根据猪的年龄、体重、饲料形态、日粮组成而定。日粮的营养物质浓度不高，容积大，可适当增加饲喂次数；相反，则可适当减少饲喂次数。在小猪阶段，日喂次数可适当增加，以后逐渐减少。体重在 35kg 以下的幼猪，每日至少喂 3～4 次，体重在 35kg 以上的猪，如果日粮是精料型的，每日喂 2～3 次，如果日粮中包含较多的青饲料或糟渣类饲料，每日应喂 3 次。

（二）育肥猪管理

1.分群

最好原窝饲养，原窝猪在 7 头以上 12 头以下的都应原窝饲养。分群时要根据猪群来源、体重大小和体质强弱合理分群。同一群猪个体间体重差异不能过大，在小猪阶段群内体重差异不宜超过 2～3kg。当猪大小不均、体格强弱不等时，应把较弱的猪组成一群，单独饲喂和看护。分群后要保持猪群的稳定，不应任意变动。将不同窝的仔猪合并，最常见的方法是把较弱的仔猪留在原圈不动，把体质好的仔猪并入；把数量少的群留在圆圈不动，而把数量多的群并入，并群最好在夜间进行。如果条件允许，可预先在需要合并的猪身上喷洒一些药水，使小猪彼此不易分辨，减少争斗的机会，并加强观察、管理和调教。

2.密度

每头猪应占 0.8m² 的猪圈面积，每群 10 头左右。

3.温度和湿度

猪舍温度过高或过低对猪的生长都不利。体重 15～50kg 的猪，适宜的猪舍温度为 20～23℃；体重 50～90g 的猪为 18～20℃；体重 100kg 以上的猪为 15～18℃。饲养商品瘦肉猪，要求猪舍清洁、干燥、空气新鲜，舍内相对湿度在 50%～80%。

4.调教

让猪养成在固定地点排泄粪尿、睡觉、进食和互不争食的习惯，这不仅可简化日常管理工作，减轻劳动强度，还能保持猪舍的清洁干燥、猪体卫生等舒适的群居环境。做好调教工作，关键在于抓得早，抓得勤（勤守候、勤赶、勤调教）。

第五节　废弃物处理与资源化利用

一、粪便的处理与利用

（一）猪粪处理工艺流程

随着养猪业的发展，猪粪尿及污物对环境的污染越来越大，为了保证人类有一个良好的生存空间，对猪排泄的粪尿及污物进行无害化处理是养猪生产中的一个重要环节。其工艺流程见图 1-11。

图 1-11　猪粪处理工艺流程图

1.猪粪收集

猪场的清粪方式常见的有手工清粪、刮粪板清粪和水冲清粪等方式。快速清粪的最好办法是采用漏缝地板、用刮粪板清粪和水冲清粪。

2.粪便向贮粪池的转运

如果贮粪坑直接坐落在漏缝地板下面，粪便的转运问题就比较简单。但直接在猪舍地下贮粪有其严重缺点。猪粪在漏缝地板下贮存 5～7 天后由于微生物大量繁殖会产生大量气体和臭味，这会影响猪群和饲养员的健康。如果每周 1～2 次将舍内粪便转运到舍外的贮粪场所，猪舍内环境会大大好转。转移猪粪的基本方法有两种，即刮粪法和冲洗法。

刮粪工作可以采用人工或机械，将相对固态的猪粪集中堆积在集粪区，在水源充足、粪池容积大时，采用外洗法。

3.化粪池生物处理

用化粪池处理粪便有赖于微生物活动，因此化粪池设计要合理，以便不断地为有益细菌提供良好的生存环境。化粪池可以设计成适合厌氧菌或需氧菌的良好环境，但大多数化粪池是厌氧池，因为其成本很低。需氧化粪池只用于严禁臭气的地方或还田面积有限的地区。这些化粪池必须很浅（不超过1.5m），以保证整个池中氧气的扩散和阳光的透入，这样才能使整个池中产生氧气的藻类能够繁衍生息。需氧化粪池需要的容积应为厌氧化粪池的2倍多。如果池中有机械供氧条件，需氧化粪池可以设计得小些，但启动和运作成本较高。

厌氧化粪池要有一定的深度以确保无氧条件，可以减少池表面积和占地面积。典型的厌氧池达6m深，但深度不得低于正常地下水位。池壁和池底应有防漏功能，以免污染地下水。粪便在池中长期贮存后本身会形成一层自然封闭层。但对沙性土质池可能需要一层黏土层或人工衬里防漏。多数化粪池属于一级池，即只有一个粪池。但是如果需要冲刷用水需要有二级池，二级化粪池由两个粪池组成，第一个粪池较大，池满后溢到第二个较小的次级池中。次级池的水澄得较清，循环水可以送回猪舍供冲洗用。

为了给池中大多数有益细菌提供一个良好的环境，厌氧化粪池应有充足的容量。如果容量过小，池中会滋生苍蝇并有强烈的臭味。厌氧化粪池所需总容量等于细菌生存所需的最低容量加上排入一年猪粪的容量，再加上淤泥的积累和雨水及冲刷液的容量。表1-18给出了低臭化粪池最低容量的参考值。温暖气候下的最低容量可以通过夏冬之间的线性推导求出。淤泥沉积量可按每头猪体重乘以全场饲养量再乘以$0.012m^3$，最后乘以每两次挖走淤泥之间的年数。雨水和冲刷液容量则要根据当地气象资料和粪池相应的猪场引流面积来计算。表1-19给出了猪的日产粪量参考值。

表1-18　低臭化粪池最低容量的建议值

化粪池类型		寒冷气候容量（m^3/kg 猪）	炎热气候容量（m^3/kg 猪）
一级池		0.177	0.089
二级池	初级池	0.133	0.066
	次级池	0.044	0.023

表 1-19　猪的平均产粪量

猪的类型	猪的体重（kg）	每猪每天产粪量（kg）	每猪每天产粪量（m³）
培育仔猪	16	1.3	0.0014
生长猪	30	2.5	0.0026
肥育前期猪	68	5.7	0.0058
肥育后期猪	90	7.6	0.0077
妊娠母猪	125	10.5	0.0106
哺乳母猪	170	15.0	0.0152
公猪	160	13.4	0.0136

注：设粪便的含水量为 90.8%，限饲的妊娠母猪和公猪产粪较少（往往不到表中数据的一半）。

（二）粪便的无害化处理与有效利用

1.粪便的消毒

实践中最常用的粪便消毒方法是生物热消毒法，分为两种：第一种为发酵池法；第二种为堆粪法。

（1）发酵池法。此法适用饲养大量畜禽的农牧场，多用于稀薄粪便的发酵。其设备为距农牧场 200～250m 以外无居民、河流、水井的地方，挖筑两个或两个以上的发酵池（池的数量与大小决定于每天运出的粪便数量）。池可筑成圆形或方形，其边缘与池底用砖砌后再抹上水泥，使其不透水。待倒入池内的粪便快满时，在粪便表面铺一层干草，上面盖一层泥土封严，经 1～3 个月即可掘出做肥料用。几个发酵池可依次轮换使用。

（2）堆粪法。此法适用干粪便的处理。在距农牧场 100～200m 以外的地方设一堆粪场。其方法是在地面挖一浅沟，深约 20cm，宽 1.5～2m，长度不限，随粪便多少而定。先将非传染性的粪便或蒿秆等堆至 25cm 厚，其上堆放欲消毒的粪便、垫草等，高达 1～1.5m，然后在粪堆外面再铺上 10cm 厚的非传染性的粪便或谷草，并覆盖 10cm 厚的沙子或泥土。如此堆放 3 个星期到 3 个月，即可当作肥田。

2.作为肥料

固体粪便可采用堆肥的形式加以利用。在粪堆的底层垫有木屑、稻草或麦秸等,用以吸收尿素和废渣。一般经 4～5 天即可使堆肥内温度升高至 60～70℃,2 周即可达均匀分解、充分腐熟的目的。粪便经腐熟处理后,其无害化程度通常用两项指标来评定:(1)肥料质量。外观呈暗褐色,松软、无臭,如测定其中总氮、磷、钾的含量,肥效好,速效氮有所增加,总氮和磷、钾不应过多减少;(2)卫生指标。首先观察苍蝇滋生情况,如成蝇的密度、蝇蛆死亡率和蝇蛹羽化率;其次是大肠杆菌值及蛔虫卵死亡率;此外尚需定期检查堆肥的温度。一般堆肥湿度最高可达 50～55℃ 以上,维持 5～7 天,蛔虫卵死亡率为 95%～100%,大肠杆菌群值为 1 万～10 万个/kg,能有效地控制苍蝇滋生。堆肥不仅能够产生较好的经济效益,并且由于污物是固状的肥料,其处理方式也较为方便,且可以减少对环境的污染,是一种较为经济的污物处理方式。但是这种方式只能分批处理少量的粪便,因此只适用规模小的猪场。

3.生产沼气

(1)沼气的产生。使粪便产生沼气的条件:①保持无氧环境,可以建造四壁不透气的沼气池,上面加盖密封;②需要充足的有机物,以保证沼气菌等各种微生物正常生长和大量繁殖,一般认为每立方米发酵池容积,每天加入 1.6～4.8kg 固形物为宜;③有机物中碳氮比适当,在发酵原料中,碳氮比一般为 25:1 时,产气系数较高,这一点在进料时须注意,适当搭配,综合进料;④沼气菌的活动以 35℃ 最活跃,此时产气既快又多,发酵期约为 1 个月,如池温在 15℃,则产生沼气少而慢,发酵期约为 1 年。沼气菌生存温度范围为 8～70℃;⑤沼气池保持在 pH 值 6.4～7.2 时产气量最高,酸碱度可用 pH 试纸测试。一般情况下发酵液可能过酸,可用石灰水或草木灰中和。

发酵连续时间一般为 10～20 天,然后清出废料。在发酵时粪便应进行稀释,稀释不足会增加有害气体(如氨等)或积聚有机酸而抑制发酵,但过稀则耗水量增加,并增大发酵池容积。通常发酵干物质与水的比例以 1:10 为宜。在发酵过程中,对发酵液进行搅拌,能大大促进发酵过程,增加能量回收率和缩短发酵时间,如果能在发酵池上安装搅拌器,则产气效果好,搅拌可连续或间歇进行。

每头 68kg 体重的猪,每天的排泄物能产生 0.05～0.1m³ 沼气。沼气是甲烷产气菌在沼气池物料中发酵产生的甲烷气体，理想的发酵用粪尿含固型物应为8%～12%。而漏缝地板下收集的粪尿含固型物3%～6%，冲刷性粪便含固型物约0.5%。因此，猪粪尿通常还需浓缩脱水才能用于沼气生产。甲烷产气菌的生长繁殖需要有特定的温度、水分等环境条件，不同类型的甲烷产气菌所需温度也不同，嗜温菌最适合的生长温度为35℃，嗜热菌最适合的生长温度为57℃。甲烷产气菌的生长繁殖需要消耗能量，在一定范围内，温度越高其自身能耗越大，产气速度就会越快，嗜温菌消化猪粪平均需要12～18天；嗜热菌相应为5～6天。生产沼气的容器，有隔热良好的钢质发酵罐，也有埋在地下的水泥沼气池。发酵过程中需要每天补充投入新的物料。投料率用单位发酵罐容量的可气化固型物重量表示。嗜温菌发酵罐的投料率是每立方米容积，每天投入3～5kg可气化固体猪粪。嗜热菌发酵罐的相应值为16kg。

（2）沼气发酵残渣的综合利用。粪便经沼气发酵，其残渣中约95%的寄生虫卵被杀死，钩端螺旋体、大肠杆菌全部或大部分被杀死，同时残渣中还保留了大部分养分。粪便中的碳素大部分变为沼气，而氮素损失较少，发酵前蛋白质占干物质的16.08%，蛋氨酸为0.104%，发酵后蛋白质为36.89%，蛋氨酸为0.715%，使氨基酸营养更丰富。因此，沼气发酵残渣可作为饲料。直接做鱼的饲料，可促进水中浮游生物的繁殖，从而增加了鱼饵；还可做蚯蚓的饲料。另外，发酵残渣是高效肥，无臭味，不滋生苍蝇，施于农田肥效好，沼渣中含有植物生长素类物质，可作为果树和花的肥料，做食用菌培养料增产效果亦佳。

二、病死猪无害化处理

（一）尸体的运送

尸体运送前，工作人员应穿戴工作服、口罩、风镜、胶鞋及手套。运送尸体应用特制的运尸车。装车前应将尸体各天然孔用蘸有消毒液的湿纱布、棉花严密填塞，在尸体躺过的地方，应用消毒液喷洒消毒，如为土地面，应铲去表层土，连同尸体一起运走。运送过尸体的用具、车辆应严加消毒，工作人员用过的手套、衣物及胶鞋等应进行消毒。

（二）尸体的处理

1.掩埋法

这种方法虽不够可靠，但比较简单，所以在实际工作中常应用。

（1）墓地的选择。选择远离住宅、农牧场、水源、草原及道路的僻静地方；土质宜干而多孔（沙土最好），以便尸体加快腐败分解；地势高，地下水位低，并避开山洪的冲刷；墓地应筑有 2m 高的围墙，墙内挖一个 4m 深的围沟，设有大门，平时加锁。

（2）挖坑。坑的长度和宽度以能容纳侧卧尸体即可，从坑沿到尸体表面不得少于 1.5～2m。

（3）淹埋。坑底铺 2～5cm 厚的石灰，将尸体放入，使之侧卧，并将污染的土层、捆尸体的绳索一起抛入坑内，然后再铺 2～5cm 厚的石灰，填土夯实。尸体掩埋后，上面应做 0.5m 高的坟丘。

2.焚烧法

这是毁灭尸体最彻底的方法，最好在焚尸炉中进行。如无焚尸炉，则可挖掘焚尸坑。焚尸坑有以下几种：

（1）十字坑。按十字形挖两条沟，沟长 2.6m、宽 0.6m、深 0.5m。在两沟交叉处坑底堆放干草和木柴，沟沿横架数条粗湿木头，将尸体放在架上，在尸体的周围及上面放上干柴，然后在木柴上倒上煤油，并压上砖瓦或铁皮，从下面点火，直到把尸体烧成黑炭为止，并把它掩埋在坑内。

（2）单坑。挖一条长 2.5m、宽 1.5m、深 0.7m 的坑，将取出的土堆在坑沿的两侧。坑内用木柴架满，坑沿横架数条粗湿木头，将尸体放在架上，以后处理如十字坑法。

（3）双层坑。先挖一条长、宽各 2m、深 0.75m 的大沟，在沟的底部再挖一条长 2m、宽 1m、深 0.75m 的小沟，在小沟沟底铺上干草和木柴，两端各留出 18～20m 的空隙，以便吸入空气，在小沟沟沿横架数条粗湿木头，将尸体放在架上，以后处理如十字坑法。

3.化制法

这是一种较好的尸体处理方法，它不仅对尸体做到无害化处理，还保留了有价值的畜产品。如，工业用油脂及骨肉粉。此法要求在有一定设备的化制站进行。化制尸体时，对烈性传染病，如鼻疽、炭疽、气肿疽等病畜尸体可用高压灭菌；对普通传染病病畜尸体可先切成 4～5kg 的肉块，然后在水锅中煮沸 2～3 小时。

4.发酵法

这种方法是将尸体抛入专门的尸体坑内，利用生物热的方法将尸体发酵分解，以达到消毒的目的。这种专门的尸体坑是贝卡里氏设计的，所以叫做贝卡里氏坑。建筑贝卡里氏坑应选择远离住宅、农牧场、草原、水源及道路的僻静地方。尸坑为圆井形，深 9～10m，直径 3m，坑壁及坑底用不透水材料做（多用水泥）。坑口高出地面约 30cm，坑口有盖，盖上有小的活门（平时上锁），坑内有通气管。如有条件，可在坑上修一小屋。坑内尸体可以堆到距坑口 1.5m处。经 3～5 个月后，尸体完全腐败分解，此时可以挖出做肥料。

如果土质干硬，地下水位又低，加之条件限制，可以不用任何材料，直接按上述尺寸挖一深坑即可。但是，需要在距坑口 1m 处用砖头或石头向上砌一层坑缘，盖上木盖。坑口应高出地面 30cm，以免雨水流入。

第二章 蛋鸡养殖技术

第一节 主要养殖品种

一、国外引进蛋鸡品种

（一）海蓝

海蓝蛋鸡是从美国海蓝国际公司引进的著名蛋鸡商业配套系鸡种。分为海蓝褐、海蓝灰、海蓝白三个配套系。

1.海蓝褐

母雏全身红色，公雏全身白色，自别雌雄。成母鸡全身羽毛基本红色，尾部上端带有少许白色。头部较紧凑，单冠，耳叶红色。皮肤、喙和胫的颜色均为黄色，体型结实，呈元宝形（图2-1）。其生产性能见表2-1。

图 2-1 海蓝褐蛋鸡

表2-1　海蓝褐商品代生产性能

项　目		生产性能
0～17周龄	成活率（%）	97
	饲料消耗（kg/只）	5.62
	达50%产蛋率日龄（d）	142
32周龄	体重（kg）	1.91
	蛋重（g）	61.6
	产蛋高峰期产蛋率（%）	94～96
18～80周龄	成活率（%）	94
	入舍母鸡产蛋数（枚）	348～358
	入舍母鸡产蛋总重（kg）	21.7
	料蛋比	2.07:1
	日耗料〔g/（只·天）〕	107

2.海蓝灰

雏鸡全身绒毛为鹅黄色，有小黑点成点状分布，可以通过羽速鉴别雌雄。成年鸡背部成灰浅红色，翅间、腿部和尾部成白色，皮肤、喙和胫的颜色均为黄色，体型轻小清秀。其生产性能见表2-2。

表2-2　海蓝灰商品代生产性能

项　目		生产性能
0～18周龄	成活率（%）	96～98
	饲料消耗（kg/只）	6.0～6.5
18周龄	体重（kg）	1.45
	达50%产蛋率日龄（d）	152
	产蛋高峰期产蛋率（%）	92～94
30周龄	平均蛋重（g）	61.0
72周龄	饲养日产蛋重（kg）	19.1
72周龄	体重（kg）	2.0
19～80周龄	成活率（%）	93～95
	入舍母鸡产蛋数（枚）	331～339
	日耗料〔g/（只·天）〕	105
	蛋料比	2.1:1～2.3:1

（二）伊萨

伊萨蛋鸡是由法国伊萨公司培育的四系配套杂交鸡。

1.伊萨褐

雏鸡根据羽色自别雌雄。成年母鸡羽毛呈深褐色并带有少量白斑（图2-2）。

其生产性能见表2-3。

图 2-2 伊萨褐蛋鸡

表 2-3 伊萨褐商品代生产性能

项 目		生产性能
0～18周龄	成活率（%）	98
	饲料消耗（kg/只）	6.65
18周龄	体重（kg）	1.54～1.60
	产蛋高峰期产蛋率（%）	94～96
72周龄	入舍母鸡产蛋数（枚）	320
	入舍母鸡产蛋总重（kg）	20.03
	平均蛋重（g）	62.8
	日耗料〔g/（只·天）〕	110～118
	料蛋比	2.06:1～2.16:1

2.伊萨婷特

伊萨婷特蛋鸡的羽色全白，蛋壳粉色。其生产性能见表2-4。

表 2-4 伊萨婷特商品代生产性能

项 目		生产性能
20周龄	体重（kg）	1.66～1.74
	达50%产蛋率日龄（d）	140～147
	产蛋高峰期产蛋率（%）	94.5～95
18～72周龄	存活率（%）	94
18～72周龄	入舍母产蛋数（枚）	308～316
72周龄	平均蛋重（g）	65～66
	料蛋比	2.1:1
	产蛋期日均耗料〔g/（只·天）〕	110～115

（三）罗曼

罗曼蛋鸡是德国罗曼家禽育种有限公司培育的褐壳蛋鸡配套系。

1.罗曼褐

雏鸡根据羽色自别雌雄，成年母鸡羽毛呈深褐色（图2-3）。其生产性能见表2-5。

图 2-3　罗曼褐蛋鸡

表 2-5　罗曼褐商品代生产性能

项　目		生产性能
0~20 周龄	成活率（%）	97~98
	饲料消耗（kg/只）	7.4~7.8
20 周龄	体重（kg）	1.7
	达 50%产蛋率日龄（d）	140~150
	产蛋高峰期产蛋率（%）	92~94
	产蛋期成活率（%）	94~96
	平均蛋重（g）	63.5~64.5
72 周龄	入舍母鸡产蛋数（枚）	285~295
	日耗料〔g/（只·天）〕	110~120
	料蛋比	2.15:1

2.罗曼粉

商品代为白色，羽色一致，蛋壳颜色一致是该品种所特有。其生产性能见表2-6。

表2-6　罗曼粉商品代生产性能

项　目		生产性能
0～19周龄	成活率（%）	97～98
	饲料消耗（kg/只）	7.3～7.8
19周龄	体重（kg）	1.40～1.50
	达50%产蛋率日龄（d）	140～150
20～72周龄	成活率（%）	94～96
	总产蛋数（枚）	300～310
	产蛋总重（kg）	19.0～20.0
	耗料量〔g/（只·天）〕	110～118
	料蛋比	2.0:1～2.2:1

二、国内培育蛋鸡品种

（一）京红京粉

北京市华都峪口禽业有限责任公司，利用引进的优秀育种素材和良种基地长期的选育基础，将常规育种技术与数量遗传、现代分子生物学技术有机结合，培育具有自主知识产权、适合我国饲养环境的蛋鸡新配套系——京红1号和京粉1号。

1.京红1号

体型中等结实，呈元宝形。全身羽毛呈红褐色，单冠红色，冠齿4～7个，眼大有神，虹彩内圈为黄色、外圈为橘红色，瞳孔为黑色，耳叶红色，喙、胫、皮肤呈黄色，四趾，无胫羽。母雏全身绒毛呈棕红色，少数个体背部有深褐色条纹，公雏全身绒毛呈白色。雏鸡可依羽色自别雌雄（图2-4）。其生产性能见表2-7。

图 2-4 京红 1 号蛋鸡

表 2-7 京红 1 号商品代蛋鸡主要生产性能

项 目		生产性能
0～18 周龄	成活率（%）	96～98
	饲料消耗（kg/只）	6.3～6.8
18 周龄	体重（kg）	1.5～1.6
	达 50%产蛋率日龄（d）	142～149
	产蛋高峰期产蛋率（%）	93～96
19～72 周龄	入舍母鸡产蛋数（枚）	298～307
	饲养日产蛋数（枚）	308～318
	产蛋总重（kg）	19.4～20.3
	料蛋比	2.1:1～2.2:1
	成活率（%）	92～95
72 周龄	体重（g）	1890～1990

2.京粉 1 号

体型轻小清秀，背部、胸腹部羽毛呈灰浅红色，翅间、腿部和尾部呈白色，单冠红色，耳叶白色，眼圆有神，虹彩橘红色，瞳孔黑色。冠齿 5～7 个，喙、胫、皮肤均为黄色，四趾，无胫羽。雏鸡全身绒毛为鹅黄色，有小黑点成点状分布全身，公雏为慢羽，母雏为快羽，可依羽速自别雌雄（图2-5）。其生产性能见表2-8。

图 2-5　京粉 1 号蛋鸡

表 2-8　京粉 1 号商品代蛋鸡生产性能

项　目		生产性能
0～18 周龄	成活率（%）	96～98
	饲料消耗（kg/只）	6.1～6.6
18 周龄	体重（kg）	1380～1480
	达 50%产蛋率日龄（d）	140～148
	产蛋高峰期产蛋率（%）	93～96
19～72 周龄	入舍母鸡产蛋数（枚）	296～306
	饲养日产蛋数（枚）	307～316
	产蛋总重（kg）	18.9～19.8
	料蛋比	2.1:1～2.2:1
	成活率（%）	93～96
72 周龄	体重（g）	1860～1960

（二）农大矮小鸡

农大 3 号节粮小型蛋鸡是中国农业大学育种专家历经多年培育的优良蛋用鸡品种。

商品代农大 3 号褐和 3 号粉主要采用快慢羽鉴别雌雄，鉴别率 98%以上。

羽毛颜色，农大 3 号褐以红羽为主，有少量白羽；农大 3 号粉以白羽为主，有少量红羽（图 2-6）。其生产性能见表 2-9。

图 2-6　农大节粮小型蛋鸡

表 2-9　农大 3 号商品代生产性能

性能指标	3 号褐	3 号粉
育雏育成期（1～120 日龄）成活率（%）	>96	>96
育雏育成期耗料（kg）	5.7	5.5
120 日龄母鸡体重（kg）	1.25	1.20
达 50%产蛋率日龄（d）	146～156	145～155
产蛋高峰期产蛋率（%）	>94	>94
产蛋期成活率（%）	>95	>95
72 周龄入舍母鸡产蛋数（枚）	281	282
72 周龄饲养日产蛋数（枚）	290	291
平均蛋重（g）	53～58	53～58
后期蛋重（g）	61.5	61.0
产蛋总重（kg）	15.7～16.4	15.6～16.7
成年体重（kg）	1.60	1.55
产蛋期平均日耗料（g）	90	89
高峰期日耗料（g）	95	94
料蛋比	2.06:1～2.10:1	2.01:1～2.10:1

第二节　养殖场建设

本节介绍蛋鸡养殖场厂址选择与布局、鸡舍的建设及养殖设施与设备的要求，充分了解和掌握蛋鸡养殖场的建设技术，并因地制宜选址，科学布局，采用优质环保建材及优化设施配套，促进蛋鸡标准化鸡场建设。

一、选址与布局

（一）选址

蛋鸡养殖场厂址选择应遵循无公害、生态和可持续发展，便于防疫为原则，应从地形、地势、土壤、交通、电力、物质供应及与周围环境的配置关系等多方面综合考虑。

1.选址原则

（1）无公害生产原则。所选厂址的土壤土质、水源水质、空气、周围建筑等环境应该符合无公害生产标准，环境质量符合无公害食品畜禽场环境质量标准《（NY/T388）》的规定；水源充足，水质符合《无公害食品畜禽饮水水质标准（NY/T 5027）》的规定。

（2）生态和可持续发展原则。鸡场选址和建设时要有长远规划。

（3）经济性原则。场地的选择要考虑交通、电力、水资源等问题。

（4）防疫性原则。拟建场地的环境及附近的兽医防疫条件的好坏，是影响鸡场盈亏的关键因素之一。不要在旧鸡场建场或扩建，必须对当地的历史疫情做周密详细的调查研究，特别警惕其他养殖场、屠宰场、集贸市场等微生物污染源的距离、方位，以及有无自然隔离条件等。

2.基础设施

（1）水源稳定。水量充足，满足场内人、畜的饮用和生产、管理用水需要。每只鸡每天需水量约是采食量的2倍；水质良好，满足《无公害食品畜禽饮用水水质标准》。

（2）有贮存、净化设施。鸡场设水塔，并用水净化剂进行消毒，定期取水样检查，符合《无公害食品畜禽饮用水水质标准》。

（3）电力供应有保障。应靠近输电线路，尽量缩短新线铺设距离，同时要求电力安装方便及电力能保证 24 小时供应。自备发电机以保证电力供应。

（4）交通便利。有专用车道直达鸡场，路宽满足会车需要；路面硬化，满足最大承载要求。

（二）布局

1.规划布局原则

（1）以人为先，污为后，按人、鸡、污的顺序排列。

（2）充分利用地形等自然条件，有效地利用原有的道路，供水、供电线路及原有的建筑物。

（3）从无公害安全生产养殖环境着手，全面考虑粪便污水的处理和利用。

（4）节约用地，少占耕地。

（5）平面规划中，还应包括绿化内容。

（6）要有长远规划，为今后的发展留有余地。

2.总体布局

（1）根据蛋鸡生产工艺流程，建立最佳生产联系和卫生防疫条件，合理安排各区位置。

（2）着重解决风向、地形和各建筑物间距。

（3）考虑人员的工作、生活集中场所和环境保护，并杜绝污染源对生产环境污染的可能性。

3.场地规划

场区可分生活区、办公区、辅助生产区、污粪处理区等区域。按主导风向、地势高低及水流方向依次为生活区、办公区、辅助生产区、生产区、生产区和污粪处理区。如，地势与风向不一致时则以主导风向为主、地形坡向为辅来进行布局，减少高处场区和鸡舍对低处场区与鸡舍的影响（图 2-7）。

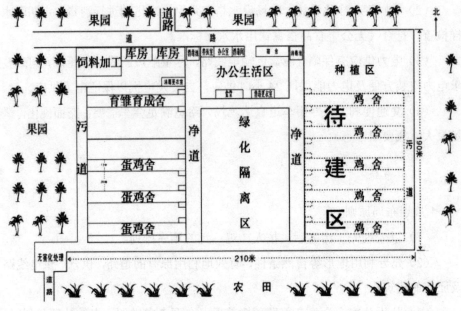

图 2-7　蛋鸡场布局图

（1）生活区。包括宿舍、食堂等，最好自成一体。距办公区和生产区 30m 以上。

（2）办公区。包括门卫室、会议室、办公室、资料室、进场消毒室等，与生产辅助区相连，有围墙隔开。

（3）辅助生产区。包括消毒门、澡堂、饲料库、饲料加工间、蛋库、修理间、配电室、水塔、泵房、化验室等。

（4）生产区。包括育雏舍、育成舍、蛋鸡舍。

（5）粪污处理区。应在主风向的下方，与生活区保持较大的距离。焚烧炉、污水及粪便处理设施等。

4.鸡舍布置原则

根据蛋鸡生产工艺流程顺序和管理要求布置育雏舍、育成舍和蛋鸡舍。育雏区布置在上风向，产蛋鸡舍布置在偏下风向，育雏、育成区域与蛋鸡饲养区域间距应该在 30m 以上。兽医室、隔离室、死鸡粪污处理设施，必须安排在生产区下风向。同时，还要考虑鸡舍的排列、朝向及间距等因素对蛋鸡生产的影响。

二、鸡舍建设

（一）鸡舍的类型

1.开放式鸡舍

开放式鸡舍只有简易顶棚，四壁无墙或有矮墙，冬季用尼龙薄膜围高保暖。依靠自然通风，采光利用自然光照加人工补充光照。其优点是鸡舍造价低，炎热季节通风好，通风和照明费用省。缺点是占地多。鸡群生产性能受外界环境影响较大。温度调节效果不明显，尤其是光照的影响。不能很好地控制鸡的性成熟，疾病传播机会多。

2.半开放式鸡舍

半开放式鸡舍有窗户，全部或大部分靠自然通风、采光，舍温随季节变化而升降，在气候不利的情况下则开动风机进行通风。其优点是鸡舍造价低，设备投资少，照明耗电少，能充分利用自然资源。缺点是占地多，饲养密度低，防疫较困难，外界环境因素对鸡群影响较大，产蛋率波动大。

3.密闭式鸡舍

密闭式鸡舍一般是用隔热性能好的材料构造房顶和四壁，不设窗户，只有能遮光的进气孔和排气孔，舍内小气候通过各种调节设备控制。这种鸡舍的优点是减少外界气候对鸡群的影响，保温隔热性能好，人为控制鸡的性成熟、刺激产蛋和限制饲喂、强制换羽等，鸡活动受到限制，在寒冷季节鸡体热量散发减少，饲料报酬增高。缺点是建筑与设备投资高，要求较高的建筑标准和较多的附属设备，而且一定要有稳定而可靠的电力供应，饲养密度高，鸡群互相感染疾病的概率大。

（二）鸡舍建筑参数

1.1 万只规模蛋鸡舍建筑

（1）产蛋鸡舍。坐北朝南，长 65m，跨度 11.4m，双坡式屋顶结构，屋顶密封不设窗，顶层加保温隔热层，建筑外檐高 3.6m，侧墙开窗，三七墙体加保温隔热板层，墙体表面的内外均有水泥、白灰抹面。前端工作道（净道端）宽

3m，尾端工作道（污道端）宽 2m，笼具间走道宽 1m。3 列 4 走道，4 层阶梯笼，每列 28 组，共 84 组，单列笼长 56m，鸡笼架跨度 2.4m，单栋饲养量可达10080 只（图 2-8）。

鸡舍净道端外部的南侧设料塔，北侧设贮蛋间，每间耳房各 9m²；鸡舍污道端外部设粪沟，长 8m，宽 1.5m，深 1m，舍内粪沟深 40～60cm。

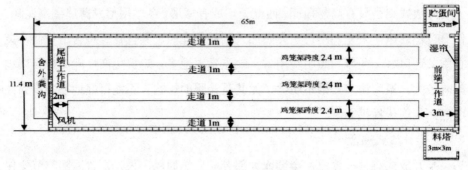

图 2-8 1 万只产蛋鸡舍建筑平面图

（2）育雏育成舍。坐北朝南，每栋鸡舍长 45m，跨度 11.4m，双坡式屋顶结构，屋顶密封不设窗，顶层加保温隔热层，内部吊顶，舍内地面距离吊顶 2m，建筑外檐高 2.5m，侧墙设紧急通风口，为全封闭式，三七墙体加保温隔热板层，墙体表面的内外均有水泥、白灰抹面。前端工作道（净道端）宽 3m，尾端工作道（污道端）宽 2m，笼具间走道宽 1m。3 列笼具 4 走道，每列 20 组笼具，共 60 组，单列笼长 40m，鸡笼架跨度 2.4m，单栋饲养量可达 10800 只（图 2-9）。

鸡舍净道端外部的南侧设 9m² 料房；鸡舍污道端外部设粪沟，长 5m，宽1.5m，深 1m，舍内粪沟深 40～60cm。

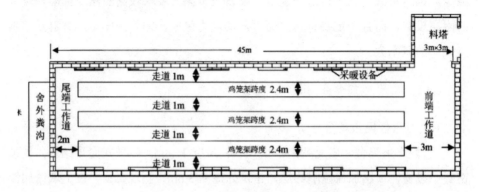

图 2-9 1 万只育雏育成鸡舍建筑平面图

2.3 万只规模蛋鸡舍建筑

（1）产蛋鸡舍。坐北朝南，长 82.3m，跨度 11.4m，双坡式屋顶结构，屋顶密封不设窗；房屋结构形式采用整体框架，H 型钢柱、钢梁和 C 型钢檩条；屋面采用 KB 铝箔保温复合板（环保材料），建筑外檐高 3.5m，侧墙无窗。设紧急通风口，为全封闭鸡舍形式；墙体采用现场支模板浇注膨胀型保温混凝土，内外表面均有水泥、白灰抹面。前端工作道（净道端）宽 3m，尾端工作道（污道端）宽 2m，笼具间走道宽 1m。4 列 5 走道，每列 32 组，共 128 组，单列笼长 73m，鸡笼架跨度 1.59m，单栋饲养量可达 30720 只。鸡舍净道端外部的南侧设料塔，北侧设贮蛋间，每间耳房各 9m² （图 2-10）。

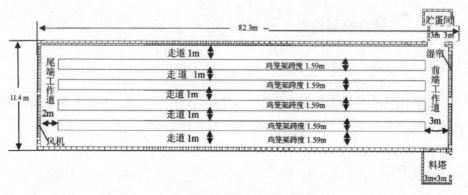

图 2-10　3 万只产蛋鸡舍建筑平面图

（2）育雏育成舍。坐北朝南，长 81.3m，跨度 11.5m，双坡式屋顶结构，屋顶密封不设窗；房屋结构形式采用整体框架，H 型钢柱、钢梁和 C 型钢檩条；屋面采用 KB 铝箔保温复合板（环保材料），内部吊顶，舍内地面距离吊顶 2m，建筑外檐高 3.5m，侧墙无窗，设紧急通风口，为全封闭式；墙体采用现场支模板浇注膨胀型保温混凝土，内外表面均有水泥、白灰抹面。前端工作道（净道端）宽 3m，尾端工作道（污道端）宽 2m，笼具间走道宽 1m。4 列 5 走道，每列 37 组，共 148 组，单列笼长 74m，鸡笼架跨度 1.6m，单栋饲养量可达 35520 只（图 2-11）。

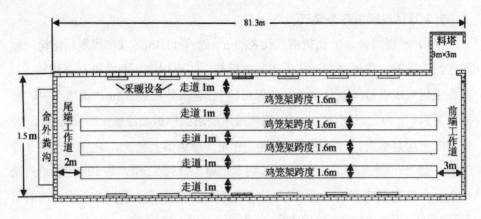

图 2-11　3 万只育雏育成鸡舍建筑平面图

三、主要设施与设备

（一）通风换气设备

通风换气是为了补充氯气、排出水分和有害气体，并保持适宜的温度。通风换气是调节鸡舍空气环境状况最主要、最常用的手段。

1.正压通风

风机向舍内强制送入新鲜空气，舍内形成正压，将污浊的空气排走。这种方式多用于育雏舍，热风炉供暖方式实际上是一种正压通风方式。

2.负压通风

用风机将鸡舍内污浊、温度较高的空气抽出，新鲜空气则充入舍内。根据气流方向的不同，负压通风分成横向负压通风和纵向负压通风两种类型。

（1）横向负压通风。风机安装在屋脊或侧墙上，这种工艺应用风机数量多，耗电量大，鸡舍较宽时换气不均匀；多栋鸡舍排列时通风易形成"串糖葫芦"的现象，不利于卫生防疫。

（2）纵向负压通风。风机安装在一侧山墙上，风机为专用的低风压、大流量的轴流风机。进风窗的位置主要设在对侧山墙上，以保证夏季炎热时的通风需要。纵向负压通风结合了纵向通风和负压通风两者的优点，鸡舍内没有通风死角。

3.混合通风

也称联合通风，是一种采用机械送风和机械排风相结合的方式。

（二）供暖设备

1.煤炉

在鸡舍适当的位置设置若干个煤炉，以煤炉为热源向舍内供暖。这种供暖方式投资少，简便易行，适合平养及笼养鸡舍。煤炉供暖的缺点是舍内温度不均匀，且燃烧消耗舍内大量氧气，必须加大鸡舍的通风换气量。此外，在鸡舍内生煤炉卫生较差。

2.火墙或地炕

这两种供暖方式是在舍外生火，通过火道将空心墙或地面加热，向舍内供暖。这两种供暖方式使舍内温度较均匀，卫生状况较好。因为燃烧时消耗的是舍外的氧气，所以可减少鸡舍的通风换气量。

3.暖风炉

供暖系统主要由暖风炉、进风管、热交换器、轴流风机、混合箱、供热恒温调节装置等组成。暖风炉将空气加热到120℃时，通过鼓风机均匀送入舍内，给鸡舍供温。这种供暖方式使舍内温度较均匀，卫生好，燃料消耗较少，但是一次性设备投资较大。

4.保温伞

保温伞是一种局部供暖设备，雏鸡可在伞下、伞外自由活动，这种供暖方式用于平养方式。根据所耗的能源不同，可分为燃气式和电热式保温伞两种。

（三）降温设备

1.湿帘

湿帘是利用水蒸气降温的原理来改善鸡舍内热环境的技术措施（图2-12）。

2.喷雾系统

喷雾降温系统是将喷嘴安装在舍内或笼内鸡的上方，以不同压力进行喷雾达到降温的目的。

（1）低压喷雾系统。喷嘴安装在舍内或笼内鸡的上方，以常规压力进行喷雾。

（2）高压喷雾系统。特制的喷头可以将水由液态转为气态，这种变化过程具有极强的冷却作用。

图 2-12　湿帘

（四）光照控制设备

光照是舍内环境控制的一个比较重要的因子。光照控制设备包括照明灯、电线、电缆、控制系统和配电系统。密闭鸡舍适用的有遮光流板和 24 小时可变光照程序控制器。

（五）消毒设施

1.消毒池

车辆消毒池池深 0.3～0.5m，宽度根据进出车辆的宽度确定，一般为 3～5m，长度要使车辆轮子在池内药液中滚过一周，通常为 5～9m，池边应高出消毒液 0.05～0.1m。消毒池上方最好建顶棚，常用 2%～3% 的氢氧化钠溶液或 5% 的甲酚皂溶液（来苏水），每 3～4 天更换 1 次。北方冬季消毒池应有防冻措施。

2.喷雾消毒器

喷雾消毒器用于鸡舍内部大面积消毒，也可作为生产区人员和车辆的消毒设施，一般分为气动喷雾器和电动喷雾器。

3.紫外线消毒灯

紫外线波长在 100～400nm，杀菌波长范围 200～300nm。一般情况下，空气消毒的室温在 20～40℃，相对湿度不超过 60%，照射 30 分钟，即可达到消毒目的；表面消毒，一般是将紫外线灯悬于消毒物体上方 1m 左右，照射时间约为 30 分钟。

4.火焰消毒器

主要用于鸡群淘汰后喷烧舍内笼网和墙壁上的羽毛、鸡粪等残存物，以焚烧附着的病原微生物。

5.高压冲洗消毒器

通过动力装置使高压柱塞泵产生高压水来冲洗物体表面，水的冲击力大于污垢与物体表面附着力，高压水就会将污垢剥离，冲走，从而达到清洗物体表面的目的。

（六）集蛋设备和喂料设备

1.集蛋设备

规模化、机械化、信息化的集蛋装置是一条从生产鸡舍到鸡蛋成品车间连续作业的流水线设备。其中包括鸡蛋的采集、鸡蛋的分级以及蛋品的清洗包装。

2.喂料设备

料塔和上料的输送装置是机械化养鸡的设备之一。给料车有行车式、播种机式、链条式等。全自动行车式喂料系统，在笼养鸡舍中常用，坚固耐用、维修费用低、能耗低，每只鸡都能获得同样质量的新鲜饲料。对小型鸡场和养鸡户而言，主要是对饲槽的选择。

（七）饮水设备

1.真空式饮水器

主要适用平养的雏鸡（网上平养和地面平养），多采用聚乙烯塑料制成，由注水器和饮水盘两部分组成，结构简单。

2.吊塔式饮水器

适用平养的雏鸡和育成鸡，由饮水盘和控制机构两部分组成。饮水盘是塔形的塑料盘，中心是空的，边缘有环形槽供鸡饮水。

3.长槽式饮水器

深度一般为 50～60mm，上口宽 50mm。有"V"型和"U"型水槽。缺点是水易受到污染，易传播疾病，耗水量大。

4.乳头式饮水器

这种饮水器主要用于笼养鸡。乳头式饮水设备的工作原理是利用毛细管原理，使阀杆底部经常保持挂有一滴水。主要优点是耗水量小，占空间少，不易传染疾病。

（八）笼具

1.育雏设备

（1）平面网上育雏设备。雏鸡饲养在鸡舍内离地面一定高度的平网上，平网可用金属、塑料或竹木制成，平网离地高度 80～100cm，网眼为 1.2cm×1.2cm。这种方式节省垫料，雏鸡不与地面粪便接触，可减少疾病传播。

（2）立体育雏设备。雏鸡饲养在鸡舍离开地面的重叠笼或阶梯笼内，笼子用金属、塑料制成，规格一般为 1m×2m，这种方式虽然增加了育雏笼的投资成本，但有以下几方面优点：①提高了单位面积的育雏数量和房屋利用率；②雏鸡发育整齐，减少了疾病传染，成活率高。

2.育成设备

（1）平养。用于育雏的网上平养设备均可用来养育成鸡，但鸡的饲养密度应随鸡的日龄增加而降低，网上平养密度为 20 只/m² 左右。

（2）笼养。在鸡群进入育成阶段后，应及时调整鸡群密度，一般为 20～30 只/m²，并随时调高饲槽、水槽高度，保证鸡群能方便地吃料及饮水。

3.产蛋鸡设备

（1）层叠式鸡笼。上下层笼体完全重叠，一般为 4～8 层，两层间装有接粪板。采用长槽式饲槽、乳头式饮水器。

（2）全阶梯式鸡笼。上下层笼体相互错开，基本没有重叠或稍有重叠。这种方式的鸡笼舍饲密度较层叠式低，但鸡笼各部位的通风采光均匀，适用开放式或半开放式鸡舍，而且也适于机械化喂料和清粪设备配套使用。

（3）半阶梯式鸡笼。鸡笼重叠部分可占笼体深度的 1/4～1/3，下层笼重叠部分的顶网做成斜角，上置挡粪板。这种形式的鸡笼占地面积小，舍饲密度较大，适用密闭鸡舍和通风条件良好的开放式或半开放式鸡舍。

（九）清粪设备

目前使用的主要有牵引式刮粪机、传送带式清粪设备。牵引式刮粪机主要由牵引机、刮粪板、转角轮、涂塑钢丝绳和电气控制等零部件组成，具有结构简单，安装、调试和日常维修保养方便，工作噪声小，清粪效果好等优点。大型、现代蛋鸡养殖场多采用传送带式清粪方式。对电力依赖性高、设备维护要求高。

第三节　营养与饲料生产技术

蛋鸡的营养需要特点、常用饲料原料及添加剂种类、饲料配制技术，结合当地饲料资源，进行蛋鸡饲料的合理配制，有利于饲料的高效利用，对提高蛋鸡养殖经济和生态效益有重要意义。

一、营养需要

蛋鸡在维持生命活动和生产过程中，必须从饲料中摄取需要的营养物质。这些营养物质主要包括能量、蛋白质或氨基酸、维生素、矿物质及水5大类。鸡的营养需要量受遗传、生理状况、饲养管理及环境因素等多方面的影响。

（一）能量

能量是维持动物生命、生长及生殖等所需的营养要素，能量的需要量因鸡的品种、日龄、生产目的、生理阶段及环境温度等因素而异。鸡对能量的需要包括维持需要和生产需要，如初生雏最低热量为每克体重每小时23kJ；成年母鸡每产一枚58g重的蛋，需要536kJ的代谢能。鸡的生长和增重都需要能量，沉积1克脂肪需要65.44kJ的代谢能；沉积1g蛋白质需要32.41kJ的代谢能。

（二）蛋白质

蛋白质是蛋鸡机体的重要组成成分，同时也是鸡蛋的重要组成原料。蛋鸡机体组织中蛋白质含量为18%，羽毛为82%。

（三）维生素

维生素具有调节碳水化合物、蛋白质、脂肪代谢的功能。虽然鸡对维生素的需要量很小，但维生素对鸡的生长发育、生产性能及饲料利用率等有很大影响。维生素可分为脂溶性和水溶性维生素。脂溶性维生素包括维生素 A、维生素 D、维生素 E 和维生素 K；水溶性维生素包括 B 族维生素和维生素 C 等。

（四）矿物质

矿物质是一类无机营养物质，是构成鸡体组织（如骨骼和肌肉）的成分之一，约占体重的 5%。矿物质可调解渗透压作为体内多种酶的激活剂、调节体内酸碱平衡等。根据体内含量分为常量元素和微量元素。

（五）水

水是动物体内重要的组成部分，出壳雏鸡体内含水 85%，成年鸡体内含水 55%，全蛋含水 65%。水在营养物质的消化吸收、代谢物的排泄、血液循环及体温调节等方面均有重要作用。

二、常用饲料原料

（一）能量饲料

能量饲料是指干物质中粗纤维含量低于 18%，粗蛋白质含量小于 20%的饲料。能量饲料是供给能量的主要来源，而且在日粮中所占比例最大，为 50%～70%，包括谷实类及其加工副产品、糠麸类、块根、块茎类等饲料。

1.谷实类

谷实类含丰富的碳水化合物（占干物质的 70%～84%），粗纤维含量低（约为 6%以下），营养物质消化率高，去壳籽实有机物的消化率达 75%～90%；蛋白质含量低，一般不到 10%，必需氨基酸含量不足，特别是限制性氨基酸含量不足；脂肪含量一般为 3%～5%；钙少磷多，钙为 0.1%左右，磷为 0.30%～0.45%，且多为植酸磷；脂溶性维生素含量低，但 B 族维生素含量丰富。

（1）玉米。玉米能量高，纤维少，适口性好，而且产量高，价格便宜，是广泛用于鸡的最经济的能量饲料。由于玉米含有较多的叶黄素和胡萝卜素，有利于鸡的生长、产蛋，可改善蛋黄及鸡屠体的色彩，有助于提高商品价值。

（2）麦类。小麦含热能较高，蛋白质含量高，氨基酸比其他谷类完善，B族维生素也较丰富。

大麦、燕麦比小麦能量低，粗纤维含量高于小麦，B族维生素含量丰富，少量使用可增加日粮饲料种类，调剂营养物质的平衡。大麦和燕麦皮壳粗硬，不宜消化，宜破碎或发芽后饲喂。利用率和饲喂效果明显比玉米差，对蛋黄及皮肤无着色作用。

小麦含有木聚糖，它难于消化，导致粪便变得稀而黏糊，消化率下降，使用木聚糖酶可解决这一问题。

（3）高粱。高粱可替代部分玉米作为能量饲料。主要缺点是其种皮部分含有单宁酸，具有苦涩味而使适口性下降。喂量不宜过多，以5%～15%为宜。高粱用量较大时，可增加蛋氨酸、赖氨酸及胆碱的添加量来缓和单宁酸的不良影响，同时注意维生素A的补充及日粮中氨基酸、热能的平衡。

（4）糙米和碎米。糙米和碎米均为家禽的良好饲料。能量低于玉米，适口性较好。碎米常作为雏鸡的开食料。用量可占日粮的20%～40%，但粗蛋白含量低，远远满足不了雏鸡生长发育的需要。

2.糠麸类

糠麸类的能量水平低于谷实类，粗纤维含量较高，蛋白质含量比谷实类大约高5%。糠麸类饲料的另一特点是钙少磷多，磷主要是植酸磷。这类饲料B族维生素含量丰富，尤其是硫胺素、烟酸、胆碱和吡哆醇含量较高。糠麸类饲料结构疏松，含粗纤维和硫酸类，有轻泻作用。

3.油脂类

油脂包括植物油和动物油。油脂最大的特点是能量高，其能值是蛋白质和碳水化合物的2～2.5倍，油脂代谢能高达32.35～36.95MJ/kg。在炎热或寒冷的季节，产蛋鸡的饲料中也常加一些油脂以提高代谢能。使用油脂可减少混合粉料的飞扬，促进生长，提高饲料利用率，一般占日粮的2%～4%。

（二）蛋白质饲料

蛋白质饲料是指干物质中粗蛋白含量达到或超过20%，粗纤维含量低于18%的饲料。包括豆类籽实、饼（粕）类、动物性蛋白饲料、玉米加工副产品、各种合成或发酵生产的氨基酸产品等。

1.植物性蛋白质饲料

（1）大豆饼（粕）。大豆饼（粕）粗蛋白质含量为40%～46%，代谢能达10～11MJ/kg，蛋白质含量粕高于饼，能量却相反，必需氨基酸的组成比例也相当好，尤其是赖氨酸含量最高，可达2.5%～2.8%。但蛋氨酸、胱氨酸含量相对不足，故以玉米-豆（饼）粕为基础的日粮，通常要添加蛋氨酸，同时搭配鱼粉等动物性蛋白质饲料，效果较好，其用量可占混合料的10%～25%。

（2）花生饼。脱壳花生仁经机械压榨或溶剂提油后残粕粉碎后的产品为花生粕，营养价值仅次于大豆饼，花生粕代谢能值较高，粗蛋白含量不低于大豆粕，在40%～49%，赖氨酸（1.35%）、蛋氨酸（0.39%）含量偏低，精氨酸（5.2%）、组氨酸含量相当高。但花生饼易感染真菌。

（3）棉籽饼和棉仁饼。粗蛋白含量为32%～37%，粗纤维含量随去壳程度而异，精氨酸含量过高。其中含有棉酚毒素，日粮中棉酚含量过高时，会引起蛋的脱色，蛋在贮存期蛋白会成粉红色，蛋黄出现黄绿或暗红色斑点，蛋的品质降低。用量一般不超过6%，并要注意补充赖氨酸。

（4）菜籽饼（粕）。菜籽饼含粗蛋白质35%～40%，与豆饼相比，富含蛋氨酸、赖氨酸，而精氨酸含量低，但菜籽饼中含有毒的芥子甙毒素，鸡采食过量会导致生长受阻、甲状腺肿大、破壳蛋和软壳蛋增加。菜籽饼中的芥子碱在肠道降解的终产物之一是三甲胺，使鸡蛋产生鱼腥味。

（5）葵花籽饼。脱壳程度和制油方法对其质量影响很大，带壳的葵花籽饼粗纤维含量高，不宜多喂，但葵花籽壳可降低鸡蛋中的胆固醇含量。脱壳葵花籽饼粗蛋白含量可达40%以上，粗纤维、脂肪含量较低，易于消化。钙、磷含量较同类饲料高，维生素B族也比豆饼丰富。

（6）胡麻饼。胡麻饼是亚麻种子脱油后的副产品，其粗蛋白含量与棉仁饼、菜籽饼相似，但代谢能很低，适口性较差。因其中所含亚麻酶（未成熟亚麻子中含量尤高），可酶解氨基酸而生产氢氰酸，对鸡有毒害作用，雏鸡对氢氰酸特别敏感，故雏鸡日粮中最好不用。

（7）玉米蛋白粉。蛋白质高达60%以上，粗纤维含量低，并具有特殊的味道和色泽，不含有毒有害物质，不需进行再处理，饲用价值高。在豆饼、鱼粉短缺的饲料市场中可用来替代豆饼、鱼粉等蛋白饲料。玉米蛋白粉含有丰富的天然色素——叶黄素，可增加蛋黄颜色。

2.动物性蛋白质饲料

（1）鱼粉。鱼粉的代谢能值高，蛋白质含量高，品质好，赖氨酸、蛋氨酸、色氨酸、胱氨酸等含量高，精氨酸含量少，而其他饲料多是精氨酸含量高。并含有未知生长因子。一般鱼粉可占日粮的1%～6%。

（2）肉骨粉。肉骨粉中蛋白质、氨基酸、钙磷含量等有较大差异。用量一般不宜超过日粮的6%。同时应该关注肉骨粉沙门氏杆菌污染问题。

（3）羽毛粉。含有80%的蛋白质，但氨基酸组成不平衡。配料时要注意氨基酸的平衡，用量一般不超过日粮的3%。

（4）血粉。血粉含蛋白质80%左右，赖氨酸含量高达7%～8%，组氨酸的含量也较高，氨基酸极不平衡，适口性差，且不易消化。在配合饲料中血粉含量一般不超过5%。

3.其他蛋白质饲料

（1）酵母粉。饲料酵母的蛋白质品质优、吸收率高，而且营养丰富，含有丰富的B族维生素、酶和活性物质，是目前比较理想的蛋白质饲料之一。并按粗蛋白≥45%、≥40%、≥35%将饲料酵母分成优级、一级和二级饲料酵母。

（2）DDGS。玉米DDGS是生产乙醇的发酵残留物。蛋白质含量在26%以上，赖氨酸缺乏，富含必需脂肪酸、亚油酸，常用来替代豆粕等。但不饱和脂肪酸含量高，很容易发生氧化。同时，还应注意真菌毒素。

（三）矿物质饲料

常用的有石粉、蛋壳粉、贝壳粉、骨粉、磷酸氢钙和食盐等。

1.骨粉

骨粉是动物骨骼经高压灭菌、脱脂、脱胶、粉碎而成。含钙量约为32%，含磷量为14%，不仅钙、磷的含量丰富，而且比例适当，用量一般占日粮的1%～3%。

2.贝壳粉

各种贝类外壳经加工粉碎而成的粉状或颗粒状产品，含钙量在30%以上，主要成分为碳酸钙，家禽的吸收率高，是最好的矿物质饲料。喂量占雏鸡料的

1%～2%，占产蛋鸡料的 4%～8%。

3.石粉

石粉的主要成分为碳酸钙，含钙量不低于 33%，是补充钙最经济的矿物质原料。一般而言，碳酸钙颗粒越细，吸收率越好，用于蛋鸡产蛋期以粗粒为好。雏鸡饲料中可加入 1%，成鸡料中可加入 2%～6%。但使用时一定要注意铅、汞、砷、氟的含量，不能超过安全范围。

4.磷酸氢钙

磷酸氢钙为白色或灰白色粉末成粒状，含钙 21%以上，含磷 16%以上，钙磷利用率均佳。使用时一定要注意含氟量不能超过 0.04%，铅、砷等重金属含量不得超标。一般占日粮的 0.5%～2%。

5.食盐

主要成分是氯化钠，氯和钠是鸡不可缺少的矿物质元素。一般日粮中可添加食盐 0.35%。

（四）饲料添加剂

饲料添加剂根据其作用可分为营养性添加剂和非营养性添加剂。

1.营养性添加剂

包括氨基酸添加剂、微量元素添加剂和维生素添加剂。

（1）氨基酸添加剂。目前使用较多的是人工合成的蛋氨酸和赖氨酸。

（2）矿物质微量元素添加剂。主要有三类：第一类是无机盐类，如硫酸亚铁、硫酸铜等；第二类是有机盐类产品，如柠檬酸铁；第三类是微量元素-氨基酸螯合物，如氨基酸铁。

（3）维生素添加剂。维生素是一类低分子有机化合物，它既不能提供能量，又不能构成体内组织的成分，但它却是维持动物正常生理机能和生命所必需的微量营养成分。

2.非营养性添加剂

主要包括生长促进剂、驱虫剂、抗球虫剂、防霉剂、着色剂、调味剂、黏结剂、抗氧化剂等。在使用时可根据需要进行选择。按产品说明书使用，严格注意停药期，避免药物残留。

3.绿色饲料添加剂

目前人们公认的绿色饲料添加剂有以下几类：

（1）微生态制剂。也称有益菌制剂、益生素。微生态制剂可以补充消化道有益菌群，改善消化道菌群平衡，预防和治疗菌群失调症；能刺激机体免疫系统，提高机体免疫力；协助机体消除毒素和代谢产物。

（2）低聚糖。又名寡聚糖，是由2～10个单糖通过糖苷键连接形成直链或支链的小聚合物总称，如异麦芽低聚糖、大豆低聚糖等。具有促进有益菌增殖和消化道的微生态平衡，对大肠杆菌、沙门氏菌等病原菌产生抑制作用。

（3）酶制剂。酶是一种具有生物催化反应能力的蛋白质。饲料中添加酶制剂，可以提高日粮能量、蛋白质的利用率，降低日粮配方成本。

（4）酸化剂。用以增加胃酸，激活消化酶，促进营养物质的吸收，降低肠道 pH，抑制有害菌感染。

（5）防腐剂。防腐剂种类很多，如甲酸、乙酸、丙酸、柠檬酸等以及相应酸的有关盐。

三、饲料配制技术

蛋鸡在不同年龄、不同生理状态及不同生产性能下对营养物质的需求不同，单一的饲料很难满足这种需求，必须根据适当的饲养标准，采用多种饲料合理搭配，组成鸡的日粮。

（一）饲料配制原则

由于养鸡的饲料费用占生产成本的比例很大，因此配合日粮时要精打细算，制定典型配方，既能满足鸡的生长和生产需要，保证鸡的健康，又不浪费饲料，日粮的价格又低，这是配制鸡日粮的关键。配制蛋鸡日粮应遵循以下原则：

1.根据蛋鸡的类型、品种、年龄、生理阶段、生产性能、饲养方式及环境温度，参考适当的饲养标准，结合当地的生产实践，确定各种营养的需要量，对饲料中各种营养成分要合理把握，科学配制。

2.力求适口性好和价格便宜。

3.合理搭配，饲料原料种类要多样化。

4.符合鸡的消化生理特点。

5.蛋鸡有根据日粮能量浓度调节采食量的特点，要注意日粮中营养物质的含量与能量的比例，避免采食饲料不足和过量现象发生。

6.在保证营养全价的同时，要注意日粮的有效性和安全性。

7.饲料配制时应搅拌均匀，特别是维生素、微量元素、氨基酸等在配合饲料中用量少，作用大，若混合不均，会造成中毒现象。

8.饲料配方要相对稳定。

9.根据季节及气温的变化，灵活配制日粮的能量及其他营养物质的浓度。

（二）日粮配制所需资料

在配制日粮前，应掌握以下资料：蛋鸡的营养需要量、饲料营养成分及营养价值表、鸡的采食量、鸡日粮中饲料原料的大致比例及各种饲料原料的价格。

生产实践中，常用饲料原料的大致比例如表 2-10 所示。

表 2-10　常用饲料原料比例

饲料种类	饲料比例（%）
能量饲料	40～70
植物性蛋白质饲料	15～25
动物性蛋白质饲料	0～10
矿物质饲料	1～7
食盐	0.3～0.4
营养性添加剂	适量

（三）日粮配制的方法

饲料配方设计方法大体上可分为手算法和计算机最低成本法两类。其中手算法简单易学，灵活性强，比较适合小规模饲养场和饲养户应用。计算机最低成本法适合规模鸡场和大型饲料厂应用，既快捷，又精确。

1.手算法

手算法包括试差法、交叉法和联立方程法。试差法是目前普遍采用的方法之一，又称凑数法。下面就以差法举例说明日粮配方设计的方法和步骤。

配制鸡开产期日粮，步骤如下：

（1）查阅鸡营养推荐量，确定日粮中粗蛋白质含量为 16.00%，代谢能为 12.08 MJ/kg。

（2）结合本地饲料原料来源、营养价值、饲料的适口性、毒素的含量等情况，初步确定选用饲料原料的种类和大致用量。

（3）实测所选饲料原料的营养价值或从饲料营养价值表中查阅所选原料的营养成分含量，初步计算粗蛋白质的含量和代谢能见表 2-11。

表 2-11　鸡开产期日粮配合的初步计算结果

饲料种类	比例（%）	粗蛋白质（%）	代谢能（MJ/kg）
玉米	59.00	5.074	8.384
麸皮	5.40	0.778	0.373
豆粕	16.00	7.152	1.686
花生粕	7.60	3.230	0.953
鱼粉	1.40	0.771	0.172
石粉	8.00		
骨粉	2.00		
食盐	0.25		
复合多维	0.05		
微量元素	0.10		
蛋氨酸	0.10		
赖氨酸	0.10		
合计	100	17.01	11.57

（4）将计算结果与饲养标准进行对比，发现粗蛋白质 17.01%，比标准 16.00%高；代谢能 11.57MJ/kg，比标准 12.08MJ/kg 略低。调整配方，增加高能量饲料玉米的比例，降低高蛋白质饲料的比例。调整后结果与推荐标准基本相符见表 2-12。

表2-12　鸡开产期日粮配合的计算结果

饲料种类	比例（%）	粗蛋白质（%）	代谢能（MJ/kg）
玉米	65.60	5.645	9.323
麸皮	1.00	0.144	0.069
豆粕	12.00	5.364	1.265
花生粕	8.80	3.740	1.104
鱼粉	2.00	1.102	0.246
石粉	8.00		
骨粉	2.00		
食盐	0.30		
复合多维	0.05		
微量元素	0.05		
蛋氨酸	0.10		
赖氨酸	0.10		
合计	100	16.00	12.01

2.计算机最低成本法

目前较为先进的日粮配制方法是使用电子计算机筛选最佳配方。这种方法速度快，可以考虑多种原料和多个营养指标，最主要的是能够设计出最低成本的日粮配方。

（四）注意事项

在设计日粮配方时，不同原料的用量要灵活掌握。例如，能量饲料主要有玉米、高粱、次粉和麸皮。由于高粱含有的单宁较多，用量应适当限制；麦麸的能量含量较低，在育雏期和产蛋期用量不可太多，否则将达不到营养标准。另外，动物性蛋白质饲料主要是优质鱼粉、蝇蛆粉、黄粉虫粉、蚯蚓粉和蝗虫粉，尽量不用土作坊生产的皮革粉或肉骨粉。油脂对提高能量的含量起了重要作用，但选用油脂最好使用无毒、无刺激和无不良气味的植物性油脂，不应选用羊油、牛油等有膻味的油脂，以防将这种不良气味带到产品中，影响适口性，降低产品品质。

一般笼养鸡应添加一些沙砾可助消化。关于钙磷比问题，在鸡的饲料中钙磷要有恰当的比例，因为鸡对磷的吸收与饲料中钙含量有关。当饲料中含钙过多时，有碍于雏鸡生长，也影响磷、镁、锰、锌的吸收，一般鸡的生长阶段，钙磷比为1:1～1.5:1，产生阶段钙磷比为5:1～6:1。

（五）蛋鸡常用典型饲料配方举例

蛋鸡常用典型饲料配方见表2-13、表2-14。

表2-13　河北蛋鸡典型饲料配方

原料及规格	蛋雏鸡	育成鸡	产蛋鸡	营养素	蛋雏鸡	育成鸡	产蛋鸡
玉米2级，8.7	66.20	70.00	62.00	禽代谢能（兆卡/kg）	2.79	2.76	2.65
大豆粕，44	18.00	10.00	19.80	粗蛋白（%）	17.04	14.35	16.30
棉籽粕，37	5.00	4.00	3.00	粗脂肪（%）	3.51	3.11	3.66
菜籽粕，36	3.00	3.00	3.00	钙（%）	0.91	0.83	3.51
小麦麸，14.4	3.00	9.00		总磷（%）	0.62	0.62	0.60
猪油	0.60		1.00	有效磷（%）	0.40	0.39	0.40
氢钙21/16.5	1.40	1.40	1.50	赖氨酸（%）	0.78	0.61	0.71
石粉34	1.50	1.30	9.10	蛋氨酸（%）	0.28	0.24	0.34
食盐	0.30	0.30	0.30	蛋+胱氨酸（%）	0.60	0.53	0.64
50%氯化胆碱	0.10	0.10	0.10	苏氨酸（%）	0.65	0.53	0.63
预混料（%）	1.00	1.00	0.20	色氨酸（%）	0.21	0.17	0.20
合计	100	100	100	精氨酸（%）	1.09	0.87	1.02

表2-14　河北蛋鸡典型饲料系列配方

饲料原料	配方1	配方2	配方3	配方4	配方5	配方6	配方7	配方8
玉米	56.00	63.74	53.4	64.79	60.0	61	41.66	64.79
豆粕	22.00	25.60	8.0	19.17	22.5	19	31.00	22.0
麦麸	9.5			5.33	2.5	2	5.00	
菜粕	2.0		4.5		3.0	4.5		
棉粕			9.0			3		3.35
葵花籽粕			2.5					
土霉素渣			2.0					

续表

饲料原料	配方1	配方2	配方3	配方4	配方5	配方6	配方7	配方8
啤酒酵母								
麦芽根								
鱼粉					2.0			
米糠								
豆油							3.85	
共轭亚麻油酸							3.85	
磷酸氢钙	1.47	0.56		1.80	1.70		1.20	1.47
石粉	7.68	9.40		8.0	7.0	8	9.00	7.68
骨粉						2.3		
盐	0.35	0.35		0.37	0.30		0.37	0.35
预混料	1.00				1.0			
蛋氨酸		0.10		0.08			0.07	0.08
赖氨酸								
多维				0.02				0.02
硫酸钠								
微量元素		0.25		0.20		0.2	1.00	0.2
50%胆碱				0.24				0.24

第四节　饲料管理技术

本节介绍雏鸡的培育技术、育成鸡关键控制技术、产蛋鸡饲养管理技术。蛋鸡低碳高效养殖就是要根据鸡的生物学特性，科学地控制环境条件、营养摄取、疫病防控，最大程度发挥蛋鸡的遗传潜力，实现经济效益与生态环境的统一。

一、雏鸡的培育

（一）育雏前的准备工作

1.育雏计划的制定

根据育雏舍大小、饲养方式及鸡群的整体周转安排制定育雏计划。原则是最好做到全进全出制，每批育雏后的空闲时间为 1 个月，这是防病和提高成活率的关键措施。应根据市场需求以及不同品种的生产性能、适应性等情况，确定饲养的品种。

2.安排育雏饲养人员

育雏人员要吃苦耐劳、责任心强、心细、勤劳，并且有专业技术知识和育雏经验。

3.育雏舍及饲养用具的准备

（1）育雏舍的面积。育雏舍面积由育雏设备占地面积、走道、饲料和工具储放及人员休息场所等构成。如用 4 层重叠式育雏笼饲养雏鸡，笼具占地 50%左右，走道等其他占地面积为 50%左右。每平方米（含其他辅助用地）可饲养雏鸡（按养到 6～8 周龄的容量计算）50 只。若是网上平养，每平方米容鸡量为 18 只左右；地面平养的容量为 15 只左右。

（2）鸡舍的清扫、检修及消毒。上批雏鸡转走后，马上清除鸡粪、垫料等物，全面进行清扫和冲洗。

（3）其他用品。干湿球温度表、饲料、燃料、常用药品、消毒药和疫苗等。

（4）雏鸡舍预热试温。在进雏前 2～3 天都要进行试温，检查供热系统是否完好，以确保正常供热。

（二）育雏方式

1.地面育雏

雏鸡在铺有垫料的地面上进行饲养的方法称为地面育雏。从加温方法来说，地面育雏大体可分为地下烟道育雏、煤炉育雏、电热或煤气保温伞育雏、电热板或电热毯育雏、红外线灯育雏、远红外板育雏、地下暖管升温育雏和暖风炉育雏等。

2.网上育雏

网上育雏是把雏鸡饲养在网床上。网床由网架、网底及四周的围网组成。床架可就地取材，用木、铁、竹等均可，底网和围网可用网眼大小一般不超过 1.2cm 见方的铁丝网、特制的塑料网。网床大小可根据房屋面积及床位安排来决定，一般长 200cm、宽 100cm、高 100cm，底网离地面或炕面 50cm。每床可养雏鸡 50～80 只。加温方法可采用煤炉、热气管或地下烟道等方法。网上育雏的优点是：可节省大量垫料，便于管理。此外，由于雏鸡不接触鸡粪和地面，环境卫生能得到较好的改善，减少了球虫病及其他疾病传播的机会。

3.立体笼养

立体笼养由笼架、笼体、食槽、水槽和承粪板组成。常采用 4 层叠笼，上下笼间有 10cm 空间，以放入承粪板，承粪板可活动，每日或隔日定期调换清粪。笼底用铁丝制成 12mm×12mm 的网眼，使鸡粪掉入承粪板中。整个笼组一般可育蛋雏鸡 800 只（1～7 周龄）。6 周龄前料槽长度每只占 2cm，水槽长度每只占 1cm。如果育雏、育成结合成一段，则使用育雏、育成笼。

（三）雏鸡的饮水与开食

1.雏鸡的饮水

雏鸡第一次饮水为初饮。初饮一般越早越好，近距离一般在毛干后 3 小时即可接到育雏舍给予饮水，远距离也应尽量在 48 小时内饮上水。初饮时的饮水，需要添加糖、抗菌药物、多种维生素，可在水中加 5% 的葡萄糖，也可在水中加 8% 的蔗糖。鸡（如来航鸡）的饮水量如表 2-15 所示。

表 2-15　来航鸡的耗料量和饮水量（常温下）〔g/（天·只）〕

周龄	采食量	饮水量
1	13	24
2	17	39
3	26	56
4	33	80
5	43	85
6	45	96

供雏鸡饮用的水应是 25～30℃ 的温水。100 只雏鸡应有 2～3 个饮水器。饮水器要放在光线明亮之处，要和料盘交错安放。饮水器每天要刷洗 2～3 次，消毒 1 次。水槽每天要擦洗 1 次，每周至少要消毒 2 次。饮水每天应更换 2～3 次。平面育雏时水盘和料盘距离不要超过 1m。

2.雏鸡的开食

雏鸡第一次采食饲料为开食。在雏鸡初饮 1 小时后即可开食。开食用的饲料要新鲜，颗粒大小适中，最好用破碎的颗粒料，易于啄食且营养丰富易消化。如果用全价粉料，最好是湿拌料。前 3 天，一般喂 6～8 次，以后逐渐减少，第 6 周时喂 4 次即可。

育雏的头 3 天采用每天 24 小时或 23 小时光照时，此时每天喂料次数不应低于 6 次。当光照时数减少到每天 12～10 小时时，喂料次数可降至 4 次。

（四）育雏期的环境控制

环境主要是指舍内环境。环境控制包括温度、湿度、通风、光照、饲养密度等的控制，这对雏鸡的生长发育有直接影响。

1.温度的控制

供温的原则是：初期要高，后期要低。小群要高，大群要低；弱雏要高，强雏要低；夜间要高，白天要低，以上高低温度之差为 2℃。育雏期的适宜温度及高低极限值见表 2-16。

2.湿度的控制

育雏舍的相对湿度应保持在 60%～70%为宜。一般育雏前期湿度高一些，后期要低，达到 55%～65%即可（表 2-17）。湿度低时，可在地面洒水、喷雾或通过器皿蒸发增加湿度。

表 2-16　育雏期不同周龄的适宜温度及高低极限值（℃）

项　目	周　龄						
	0	1	2	3	4	5	6
适宜温度	35～33	33～30	30～29	28～27	26～24	23～21	20～18
极限高温	38.5	37	34.5	33	31	30	29.5
极限低温	27.5	21	17	14.5	12	10	8.5

表 2-17　不同周龄雏鸡的适宜相对湿度（%）

项　目	周　龄		
	1～2	3～4	5～6
适宜湿度	70～65	65～60	60～55

3.通风的控制

做到舍内空气新鲜，注意通风换气。用煤炉供暖时，应注意一氧化碳中毒。要解决好通风换气必须做到保持合理的饲养密度，室内的湿度适中，室内的垫纸或垫草要保持清洁，若是封闭或半封闭式饲养，舍内必须安装通风设备。

4.光照的控制

光照时间只能减少，不能增加，以免性成熟过早，影响以后生产性能的发挥；人工补充光照不能时长时短，以免造成刺激紊乱，失去光照的作用；黑暗时间应避免漏光。通常 0～2 日龄，每天要维持 24 小时的光照时数；3 日龄以后，逐日减少光照时数。

5.密度的控制

每平方米容纳的鸡数为饲养密度。密度小，不利于保温，而且不经济。密度过大，鸡群拥挤，容易引起采食不均匀，造成鸡群发育不齐、均匀度差等问题的发生。不同饲养方式的饲养密度见表 2-18。

表 2-18　不同饲养方式的饲养密度（只/m²）

周　龄	笼　育	网上饲养
1～2	55～60	25～30
3～4	40～50	25～30
5～6	27～38	12～20

（五）雏鸡的饲养管理

1.雏鸡的断喙

雏鸡断喙一般在 6～9 日龄进行。此时对鸡的应激小，可节省人力，还可以预防早期啄癖的发生。使用手提式断喙器，右手抓鸡，拇指和食指固定鸡喙并同烙铁倾斜至 60°角烙断。切除部位是上喙从喙尖至鼻孔的 1/2 处，下喙从喙尖至鼻孔的 1/3 处。断后上喙稍短于下喙即合乎标准。断喙前 1～2 天及断喙后 1～2 天，应在每千克饲料中添加维生素 K 2～4mg。这有利于切口血液凝固，防止术后出血。按每千克料添加维生素 C150mg，可以起到良好的抗应激作用。断喙后 3 天内料槽饲料要多加些，以利于雏鸡采食，并避免采食时术口碰撞槽底而致切口流血。

2.雏鸡的日常管理

育雏期管理的重点应在前 10 天内，因为雏鸡刚出壳，一切都是新鲜的，一些功能不健全，一些习惯和本领需要饲养人员去教，所以每天要按照操作规程去做，使雏鸡开始就有一个好习惯。

（1）环境控制。保持合适的温度、湿度，一天之内要查看 5～8 次温、湿度计，并将温度、湿度记录在表格中。保持良好通风，舍内空气新鲜。合理光照，防止忽长忽短，忽亮忽暗。适时调整和疏散鸡群，防止密度过大。

（2）供水。每天供给充足清洁的饮水。

（3）给料。每天给料的时间固定，使鸡群形成自我的条件反射，从而增加采食量。给料的原则是少喂勤添。

（4）清粪。笼育和网上育雏时，每 2～3 天清 1 次粪，以保持育雏舍清洁卫生。厚垫料育雏时，及时清除油污、粪便的垫料，更换新垫料。

（5）卫生消毒。搞好环境卫生及环境和用具的消毒，定期用百毒杀、新洁尔灭等带鸡消毒。

（6）整群。随时检出和淘汰有严重缺陷的鸡，注意护理弱雏，提高育雏质量。

（7）观察鸡群。喂料时观察雏鸡对给料的反应、采食的速度、争抢程度、采食量等，以了解雏鸡的健康情况；观察粪便的形状和颜色，以判断鸡的健康情况；留心观察雏鸡的羽毛状况、眼神、对声音的反应等，通过多方面判断来确定采取相应的措施。

（8）疾病预防。严格执行免疫接种程序，预防传染病的发生。每天早上，通过观察粪便了解雏鸡健康状况，主要看粪便的稀稠、形状及颜色等。

（9）记录。认真做好各项记录。每天检查记录的项目有：健康状况、光照、雏鸡分布情况、粪便情况、温度、湿度、死亡、通风、饲料变化、采食量、饮水情况及投药等。

二、育成期饲养管理

雏鸡从7周龄后进入育成阶段，这时期饲养管理的好坏决定了鸡在性成熟后的体质、产蛋性能，所以这一阶段的饲养和管理也是十分重要的。

（一）育成鸡的饲养方式

目前，国内蛋鸡场从雏鸡到产蛋鸡主要有两段式和三段式饲养方式。

1.两段式

（1）传统式。大部分鸡场采用此种饲养方式。雏鸡在育雏舍养至8～10周龄，转入产蛋鸡舍。在夏季，防止育雏舍温度过高、通风不良、鸡过于拥挤，在8周龄转一部分个体较大的鸡，其余的鸡1～2周后再转。对采用水槽饮水的蛋鸡舍，转群前，下调水槽的高度，以免影响鸡饮水，尤其是发育慢、个体小的鸡。

（2）现代技术。采用此种饲养方式，主要是一些规模较大、设施条件完善的鸡场。雏鸡采用育雏育成一体化笼养到15～17周龄，转入产蛋鸡舍。

2.三段式

设育雏、育成、产蛋鸡舍。雏鸡从 6 周龄由育雏舍转入育成舍，饲养至 17～18 周龄转入产蛋鸡舍。该种饲养方式适合鸡的生长发育需要，便于饲养管理，但在冬季，由育雏舍转入育成鸡舍，要注意保温，以防应激诱发呼吸道疾病。

（二）育成鸡的饲养技术

1.日粮过渡

从育雏期进入育成期，饲料的更换是一个很大的转折。饲料更换以体重和趾长指标为准。若达标，7 周龄后开始更换饲料，分别用 1/3、1/2 和 2/3 的青年鸡料替换育雏料，更换期为 1 周；如果达不到标准，可继续饲喂雏鸡料，直至达标为止。如长期不达标，应查明原因，采取相应措施。

2.限制饲养

在育成期防止鸡采食过多，造成产蛋鸡体重过大或过肥，应实行必要的限制饲养或日粮数量的限制，或能量、蛋白质水平给予限制。减少饲料消耗，控制体重增长，保证正常的脂肪蓄积，育成健康结实、发育匀称的后备鸡，防止早熟，降低产蛋期死亡率和淘汰率。

（三）育成鸡的管理技术

1.适宜密度

无论是网上平养还是笼养，都要保持适宜的密度，才能使个体发育均匀。网上平养时每平方米 12～15 只；笼养时每只鸡有 270～280cm² 的笼位，6cm 左右的采食和饮水长度。

2.性成熟控制

性成熟过早，就会早开产，产小蛋，产蛋高峰持续时间短，出现早衰，产蛋量减少；若性成熟晚，推迟开产时间，产蛋量减少。因此，要控制性成熟，做到适时开产。控制性成熟的主要方法是控制光照。

3.温度的控制

育成鸡随日龄的增大，舍内温度应逐渐降低，过高的温度会使鸡群体质变弱。

4.通风的控制

育成鸡生长速度快，产生的有害气体多。在 7～8 周龄、12～13 周龄和 18～20 周龄，育成鸡要经过 3 次换羽。换羽期间，鸡舍内的羽毛、尘埃随着鸡的活动和其他因素而四处飞扬。因此，要加强通风换气，保持舍内空气清新。

5.预防啄癖

断喂是预防啄癖的一个重要手段，应配合改善舍内环境，降低饲养密度，合理配制日粮，降低光照强度等措施。在 14～16 周龄转群前，对断喙不当或漏断的鸡，进行补断。

6.卫生和免疫

搞好舍内卫生，定期消毒。检测抗体水平，适时免疫接种。转笼前，进行驱虫。

7.转群

最好在 17～18 周龄，转群前后 3 天，饲料中增加多维添加量，饮水中加些电解质。转群时间，夏季在早、晚气温低时，冬季在中午气温高时，较为适宜。转群时，降低舍内的光照强度，以减少应激反应；抓鸡抓双腿不要抓翼，以免鸡挣扎，折断鸡翼，动作不可粗暴，应轻抓轻放。淘汰病、弱、残鸡。

三、产蛋期饲养管理

蛋鸡饲养管理的目的在于最大限度地为产蛋鸡提供一个有利于健康和产蛋的环境，充分发挥其遗传潜能，生产出更多的优质商品蛋。

（一）环境控制

1.温度控制

产蛋鸡的生产适宜温度范围是 13～25℃，最佳温度范围是 18～23℃。

2.光照

为使母鸡适时开产，并达到产蛋高峰，充分发挥其产蛋潜力。在生产实践中，从 18 周龄开始，每周延长光照 0.5～1 小时，使产蛋期的光照时间逐渐增加至 14～16 小时，然后稳定在这一水平上，直到产蛋结束。

3.湿度

产蛋鸡环境的适宜湿度是 60%～65%，但在 40%～72%的范围内，只要温度不偏高或偏低对鸡的影响不大。

4.通风换气

炎热季节加强通风换气，而寒冷季节可以减少通风，但为了舍内空气新鲜要保持一定的换气量。

（二）产蛋鸡的日常管理

1.观察鸡群

注意观察鸡群的精神状态和粪便情况，尤其是清晨开灯后，若发现病鸡及时隔离并报告管理人员，观察鸡群的采食和饮水情况，还要注意歪脖、扎翅、有无啄肛、啄蛋的鸡，有无跑出笼外的鸡；检查舍内设施及运转情况，发现问题，及时解决。

2.减少应激

任何环境条件的突然变化，都能引起鸡群的惊恐而发生应激反应。突出的表现是食欲缺乏、产蛋量下降、产软蛋、精神紧张，甚至乱撞引起内脏出血而死亡。这些表现需数日才能恢复正常。因此，应认真制定和严格执行科学的饲养管理程序。

3.合理饲喂及供给充足的饮水

无论采用何种方法供料，必须按该鸡种饲养手册推荐的饲养标准执行，过多过少供料都会产生不良影响，一旦建立供料制度，不宜轻易变动，要保证不间断供给清洁的饮水。

4.保持环境卫生

室内外定时清扫，保持清洁卫生。定期对舍内用具进行清洗、消毒。

5.适时收蛋

蛋鸡的产蛋高峰一般在日出后的 3～4 小时，下午产蛋量占全天的 20%～30%。因此，每日至少上、下午各拣蛋 1 次，夏季 3 次。拣蛋时动作要轻，减少破损。

6.及时淘汰低产鸡、停产鸡

产蛋鸡与停产鸡、高产鸡与低产鸡在外貌及生理特征上有一定区别，及时淘汰低产鸡，可以节省饲料、降低成本和提高养殖效益。

（三）不同产蛋时期的管理特点

1.初产至产蛋高峰期的管理

产蛋鸡从 16 周龄起进入预产期，25 周龄达到产蛋高峰，这个时期的饲养管理状况是否符合鸡的生长发育和产蛋的要求，对产蛋量影响极大。

（1）生理变化特点。育成鸡从 18 周龄左右进入产蛋鸡舍，体重迅速增加，生殖系统也迅速发育，卵泡快速生长，输卵管也迅速变粗变长，重量增加。体重增长和生殖系统发育同时进行。此时部分鸡开始产蛋，发育好的鸡在 20 周龄产蛋率达 5%、22 周龄达 50%、24 周龄达 80%，所以，这个时期鸡对饲料中的各种养分和外界环境条件均要求十分严格。

（2）饲养管理措施。

①适时转群，按时接种、驱虫。转群最好在 18 周龄前完成，以便使鸡尽早熟悉环境。在上笼前或上笼的同时应接种新城疫苗、减蛋综合征疫苗及其他疫苗。入笼后最好进行一次彻底的驱虫，对体表寄生虫如螨、虱等可喷洒药物驱除，对体内寄生虫可内服阿苯达唑每千克体重 20～30mg，或用阿福丁（虫克星）拌料服用。转群和接种前后，应在日粮中加入多种维生素、抗生素，以减轻应激反应。

②适时转换产蛋料。18 周龄开始喂产蛋鸡料，20 周龄起喂产蛋高峰期料。同时在料中多添加 20%～30% 的多种维生素。自由采食，开灯期间饲槽中要始终有料。

③增加光照时间。多数养鸡场在育成期多采用自然光照法。18 周龄时，如果鸡群体重达到标准，可每天增加光照 10 分钟，直到产蛋最高峰时光照总时数达到每天 15 小时或 16 小时为止。产蛋期间光照原则是时间不能缩短、强度不能减弱。

④创造舒适的环境条件。产蛋鸡最适宜的温度是 13～23℃，冬季保持在 10℃ 以上，夏季保持在 30℃ 以下。保持室内空气流通，防止各种噪声干扰。

⑤做好疫病防治。加强卫生管理，坚持带鸡消毒和环境消毒制度，防止疫病传入。

2.产蛋高峰期管理

现代蛋用鸡的产蛋高峰期较长，一般达6个月或更长时间；产蛋高峰期的产蛋量占全期产蛋量的65%以上，产蛋重量占总蛋量的63%以上。如果后备母鸡培育不好，产蛋阶段管理又不善，就会使产蛋高峰期缩短，特别是高峰期峰值偏低，所以产蛋期的饲养管理工作不容忽视。

（1）适应营养需求。母鸡每天摄入的营养主要用于体重增长、产蛋支出、基础代谢和繁殖活动的需求，故在设计日粮配方时，要按照母鸡对能量、粗蛋白、氨基酸、钙、磷等的日需要量来计算确切的营养标准。调整营养浓度时，应根据产蛋阶段的变化、采食量的变化来进行，其中的重点是把握能量与蛋白两大要素的含量变化。同时还要保证钙、磷和多种维生素的供给。

（2）改善饲料品质。蛋鸡在产蛋高峰期应使用优质饲料，不能使用贮存时间过长、虫蛀、发霉变质、受污染的原料所生产的饲料。另外，葵花籽、棉籽、油菜籽之类饼粕的用量也不宜多。

（3）保持稳定光照。产蛋期的光照时间应稳定在15小时或16小时。人工补光的时间应保持稳定，如鸡舍突然停电、缩短光照时间或减弱光照强度，都可使产蛋率下降。

（4）防止应激反应。引起蛋鸡产生应激反应的因素较多，对可预见的应激因素应在发生之前，就按照应激期对维生素的需要标准来提高补充量。

3.产蛋高峰过后的管理要点

在生产中，大多数养鸡场十分重视蛋鸡产蛋高峰期的管理，而当产蛋高峰过后，往往疏于管理，使产蛋鸡后期的生产性能不能得到充分发挥，影响了经济效益的提高。

（1）适时减料降消耗。当鸡群产蛋高峰过后，产蛋率降至80%时，可适当进行减料，以降低饲料消耗。方法是：按鸡日减料2.5g，观察3～4天，看产蛋率下降是否正常（正常每周下降1%左右），如正常，则可再减1～2g，这样既不影响产蛋，又可减少饲料消耗，防止鸡体过肥。

（2）分季节升降饲料营养。夏季气温高时，应适当增加能量饲料、优质蛋白质和钙质饲料，同时补充维生素 C；冬季气温低于 10℃时，则要适当降低能量和蛋白质水平。

（3）适当增加饲料中钙和维生素 D_3 的含量。产蛋高峰过后，蛋壳品质往往很差，破蛋率增加，在每日下午 3～4 点，在饲料中额外添加贝壳砂或粗粒石灰石，可以加强夜间形成蛋壳的强度，有效地改善蛋壳品质。添加维生素 D_3 能促进钙磷的吸收。

（4）添加氯化胆碱。在饲料中添加 0.1%～0.15% 的氯化胆碱，可以有效地防止蛋鸡肥胖和形成脂肪肝。

（5）保持充足的光照。每日光照时间应保持 16～17 小时，光照强度 10～13Lux，可延长产蛋期。

（6）淘汰低产鸡。为提高产蛋率，降低饲料消耗，应及时淘汰经常休产的鸡、体重过大过肥或过小过瘦的鸡、病残鸡及过早停产、换羽的鸡。

4.产蛋鸡的四季管理

（1）春季。

　　　　　　　春季带来绿满窗，气温逐渐变暖洋。
　　　　　　　细菌复苏繁殖快，日照时间渐变长。
　　　　　　　产蛋正值回升期，提高营养促蛋量。
　　　　　　　经常清粪勤消毒，逐渐加大通风量。
　　　　　　　免疫接种要搞好，鸡场绿化切莫忘。

春季气温开始回升，鸡的生理机能日益旺盛，产蛋量迅速提高。防寒设施可根据气温情况，逐步撤去。春季 3～4 月份外界气温变化较大，要注意大气变化，防止鸡群感冒。由于气温和外界条件的刺激，性腺的激素分泌机能逐渐旺盛，产蛋量也增加。春季 3～4 月份是鸡群产蛋率最高的月份。即使低产鸡，这两个月也会产蛋较多。否则，不是病鸡就是寡产鸡，应挑出淘汰。气温上升，各种病菌易繁殖，侵害鸡体，因此，必须注意鸡的防疫和保健工作。

（2）夏季。

　　　　　　　夏季到来柳丝扬，骄阳似火日照长。
　　　　　　　防暑降温促食欲，措施得力有保障。
　　　　　　　饲料提高蛋白质，同时提高其能量。

加强通风与换气，饮水充足清又爽。

鸡舍屋顶喷凉水，植树种藤得阴凉。

夏季天气炎热，鸡食欲减退，此时管理不当，容易减产。因此，创造一个良好的环境，使鸡继续保持高产，是夏季管理的关键。可采取以下措施。

①通风降温。安装有通风设施的鸡舍，要增加风机的运转时间，缩短通风间隔时间；在进风口安装湿帘，以降低鸡舍温度。自然通风的鸡舍要打开所有通风口，以达到最大限度的通风。

②改进管理。在高温季节，控制舍温是一切管理的基础，核心是解除或缓解高温应激反应。

调整喂料时间。尽量在一天中的凉爽时间喂料，凌晨 4～5 点、上午 10～11 点、傍晚 6～7 点。在高热时间内不饲喂，减少鸡群活动量，使鸡处于安静状态。

③营养调控。因为高温造成的经济损失，大多是因采食量减少，产蛋率降低，所以加强营养调控，维持其体热平衡是重要条件。一般增加代谢能（10%），就能达到较好的效果。能量以每吨饲料加油脂 10kg，并增加蛋氨酸、赖氨酸添加量。同时调节电解质平衡，补充维生素 C，用碳酸氢钠替代部分氯化钠。

④供足新鲜凉水。全天保持有清洁、凉爽、卫生的饮水。最好是深井水，必要时可在水中加冰块以降低水温。

⑤带鸡消毒。进行带鸡喷雾消毒，每周 2～3 次带鸡消毒。可选用高效的消毒剂如百毒杀、过氧乙酸等。同时搞好舍内灭蝇、灭蚊、灭虫工作。

⑥及时清粪。有刮粪机的每天要清粪 1～2 次。同时，可在饲料中添加抗应激药物，在每吨饲料中添加 40mg 杆菌肽锌能降低应激。另外，中国农科院畜牧所生产的"吡啶羟酸铬"抗高温高热有着显著作用。

（3）秋季。

秋季到来荷花香，天气逐渐变凉爽。

日照时间渐变短，灯光补充要延长。

早秋闷热雨水多，白天加大通风量。

鸡场蚊蝇滋生多，刺种鸡痘早预防。

鸡群换羽与休产，老龄母鸡不再养。

秋季阴雨天气，潮湿、闷热，加强鸡舍通风、降温；防止饲料霉变；蚊蝇多，搞好环境卫生，消灭害虫及滋生地，及时接种鸡痘疫苗。秋季除春雏以外，大多数鸡开始换羽，因此，这一季节的首要任务是做好换羽鸡的管理。

（4）冬季。

> 冬季到来雪茫茫，夜长日短气温降。
>
> 北风呼啸寒流至，防寒保暖不能忘。
>
> 保暖设施要备齐，门窗遮帘早挂上。
>
> 舍内空气保持新，通风换气要跟上。
>
> 饲料能量要提高，鸡体散热得补偿。

温度对鸡的健康和产蛋有很大影响，鸡的物质代谢能力较强，当周围温度过低时，鸡体散热加快，饲料消耗增加。要采取有效措施，确保冬季蛋鸡高产。

①防寒保温。蛋鸡产蛋适宜的温度是 13～25℃。必须加强鸡舍的防寒保温工作，堵塞墙壁漏洞，以防贼风侵袭。

②搞好通风换气。密闭式鸡舍一定要加强通风换气，时间可定在中午 9 点至下午 6 点进行，换气时间长短以人进入舍内无刺鼻气味为宜，换气量大小以保持或略低于适宜舍温为宜。

③做好防疫消毒工作。针对冬季病毒性疾病高发的特点，采用高效低毒消毒剂定期进行带鸡消毒，产蛋前要注射各种疫苗进行防疫。

5.产蛋曲线分析

鸡群开产后，最初 5～6 周内产蛋率迅速增加，以后则平稳地下降至产蛋末期。产生曲线是将每周的母鸡日产蛋率的数字标在图纸上，将多点连接起来，即可得到。可以看出产蛋曲线的特点。

（1）开产后产蛋迅速增加，此时产生率在每周成倍增加，即 5%、10%、20%、40%，到达 40% 后则每周增加 20 个百分点，即 40%、60%、80%，在第 6 周或第 7 周达产蛋高峰（产蛋率达 90% 以上）。产蛋高峰一般维持 8 周以上，高峰过后，曲线下降十分平稳，呈一条直线。标准曲线每周下降的幅度是相等的。一般每周下降不超过 1%（0.5% 左右）、直到 72 周龄产蛋率下降至 65%～70%。

（2）因饲养管理不当或疾病等应激引起的产蛋下降，产蛋率低于标准曲线是不能完全补偿的。如发生在产蛋曲线的上升阶段，后果将极为严重，表现在该鸡群的产蛋曲线上则上升中断，产蛋曲线下降，永远达不到其标准高峰。同时，在产蛋曲线开始下降之前，曲线呈"弧形"，高峰低于标准曲线的百分比，以后每周产蛋将按等比例减少。产蛋下降如发生在产蛋曲线下降阶段，对产蛋量的影响不像上升阶段那么严重。总之，只有在良好的饲养管理条件下，鸡群的实际产蛋状况才能同标准曲线相符。

6.鸡群产蛋量突降原因与预防措施

一般鸡群产蛋都有一定的规律，即开产后几周即可达到产蛋高峰，持续一段时间后，则开始缓慢下降，这种趋势一直持续到产蛋结束。若产蛋鸡改变这一趋势，产蛋率会突然下降，此时就要及时全面检查生产情况，通过综合分析，找出原因，并采取相应的措施。

（1）产蛋量突降的原因。

①气候影响。季节的变换：尤其是在我国北方地区四季分明，季节变化时，其温差变化较大。若鸡舍保温效果不理想，将会对产蛋鸡群产生较大的应激影响，导致鸡群的产蛋量突然下降。

灾害性天气影响：如鸡群突然遭受突发的灾害性天气的袭击，如热浪、寒流、暴风雨等，都会引起产蛋量突然下降。

②饲养管理不善。停水或断料：如连续几天鸡群喂料不足、断水，都将导致鸡群产蛋量突然下降。

营养不足或骤变：饲料中蛋白质、维生素、矿物质等成分含量不足，配合比例不当等，都会引起产蛋量下降。

应激影响：鸡舍内发生异常的声音，猫、狗等小动物窜入鸡舍，以及管理人员捉鸡、清扫粪便等都可引起鸡群突然受惊，造成鸡群应激反应。

光照失控：鸡舍发生突然停电，光照时间缩短，光照强度减弱，光照时间忽长忽短，照明开关忽开忽停等，都不利于鸡群的正常产蛋。

舍内通风不畅：采用机械通风的鸡舍，在炎热的夏天出现长时间的停电；冬天为了保持鸡舍温度而长时间不进行通风，鸡舍内的空气污浊等都会影响鸡群的正常产蛋。

③疾病因素。鸡群感染急性传染病，如禽流感、新城疫、传染性支气管炎、传染性喉气管炎及产蛋下降综合征等都会影响鸡群正常产蛋。此外，在产蛋期接种疫苗，投入过多的药物会产生毒副作用，也可引起鸡群产蛋量下降。

（2）预防措施。

①减少应激。在季节变换、天气异常时，应及时调节鸡舍的温度和改善通风条件。在饲料中补充适量的维生素 C，可减缓鸡群的应激。

②科学光照。产蛋期应严格遵循科学的光照制度，避免不规律的光照，产蛋期光照时间每天为 14～16 小时。

③经常检修饮水系统。应做到经常检查饮水系统，发现漏水或堵塞现象应及时进行维修。

④合理供料。应选择安全可靠、品质稳定的配合饲料，日粮中要求有足量的蛋白质、蛋氨酸和适当维生素及磷、钠等矿物质。同时要避免突然更换饲料。如必须更换，应当采取逐渐更换法，即先换 1/3，然后换 1/2，最后换 2/3，直到全部换完。全部过程以 5～7 天为宜。

⑤做好预防、消毒、卫生工作。接种疫苗应在鸡的育雏及育成期进行，产蛋期也不要投喂对产蛋有影响的药物。每周内进行 1～2 次常规消毒，如有疫情每天消毒 1～2 次。

⑥科学喂料。固定喂料次数，按时喂料。不要突然减少喂量或限饲，同时应根据季节变化来调整喂料量。

⑦搞好鸡舍内温度、湿度及通风换气等管理。通常鸡舍内的适宜温度为 5～25℃，相对湿度控制在 55%～65%。

⑧注意日常观察。注意观察鸡群的采食、粪便、羽毛、鸡冠、呼吸等状况，发现问题，及时处理。

第五节　废弃物处理与资源化利用

随着养鸡场逐渐向规模化、集约化发展，养鸡场的废弃物如果不进行无害化处理，将会对大气环境、水、土壤、人类健康及生态系统造成很大的危害，同时也制约着养鸡业的健康发展。因此，养鸡场在制定生产规划和布局时要相应地考虑对环境污染的控制，依照《畜禽养殖业污染防治管理办法》《畜禽养殖业污染物排放标准》《畜禽养殖业污染防治技术规范》，把废弃物的处理和开发利用作为整个养鸡生产系统中的一个重要环节，从鸡场规划设计、生产工艺、设备配套等方面统筹考虑、走生态养殖、循环利用的可持续发展之路。

鸡粪的加工处理必须符合以下基本要求：鸡粪产品应当是便于贮存和运输的商品化产品，应当经过干燥处理；必须杀虫灭菌，符合卫生标准，而且没有难闻的气味；还应当尽可能保存鸡粪的营养价值；在鸡粪加工处理过程中不能造成二次污染。鸡粪的处理方法主要有以下两种。

一、脱水干燥处理

新鲜鸡粪的水分含量高。通过脱水干燥处理，使鸡粪的含水量降到15%以下。这样，减少了鸡粪的体积和重量，便于包装运输；也可有效地抑制鸡粪中微生物的活动，减少营养成分（特别是蛋白质）的损失。干燥后的粪便大大降低了对环境的污染，并且干燥后的粪便可以加工成颗粒肥料。脱水干燥处理的主要方法有：高温快速干燥、太阳能自然干燥以及鸡舍内干燥等。

（一）高温快速干燥

采用以回转圆筒烘干炉为代表的高温快速干燥设备，可在短时间（10分钟左右）将含水率达70%的湿粪迅速干燥至含水仅10%～15%的鸡粪加工品。采用的烘干温度依机器类型不同而有所区别，主要在300～900℃。在加热干燥过程中，还可做到彻底杀灭病原体，消除臭味，鸡粪营养损失量小于6%。其加工过程不受自然气候的影响，可实现工厂化连续生产。生产出的干鸡粪可作为肥料使用。但由于鲜鸡粪直接干燥时没有经过发酵处理，干鸡粪作为肥料施用到土壤后可能会出现一个"二次发酵"过程，迅速分解大量的游离氮，有可能因局部营养浓度过高而伤害植物的根部。因此，在用快速干燥鸡粪做肥料时，应合理控制施肥量，与其他肥料搭配使用以及一些田间管理措施来防止问题发生。由于烘干干燥法成本比较高，机器、设备使用寿命短，使用这种方式的蛋鸡养殖场越来越少。

（二）太阳能干燥处理

这种处理方法采用塑料大棚中形成的"温室效应"，充分利用太阳能对鸡粪做干燥处理。专用的塑料大棚长度可达60～90m，内有混凝土槽，两侧为导轨，在导轨上安装搅拌装置。湿鸡粪装入混凝土槽，搅拌装置沿着导轨在大棚内反复行走，并通过搅拌板的正反向转动来捣碎、翻动和推送鸡粪。利用大棚内积蓄的太阳能使鸡粪中的水分蒸发出来，并通过强制通风排除大棚内的湿气，从而达到干燥鸡粪的目的。在夏季，只需要约1周的时间即可把鸡粪的含水量降到10%左右。

在利用太阳能做自然干燥时，有的采用一次干燥的工艺，也有的采用发酵处理后再干燥的工艺。在后一种工艺中，发酵和干燥分别在两个大槽中进行。鸡粪从鸡舍铲出后，直接送到发酵槽中。发酵槽上装有搅拌机，定期来回搅拌，每次能把鸡粪向前推进2m。经过20天左右，将发酵的鸡粪向前推送到腐熟槽内，在槽内静置10天，使鸡粪的含水率降为30%～40%。然后，把发酵鸡粪转到干燥槽中，通过频繁的搅拌和粉碎，使鸡粪干燥，最终可获得经过发酵处理的干鸡粪产品。这种产品用做肥料时，肥效比未经发酵的干燥鸡粪要好，使用时也不易发生问题。

这种处理方法可充分利用自然资源，设备投资较少，运行成本也低，因此加工处理的费用低廉。但是，本法受自然气候的影响较大，在低温、高温的季节或地区，生产效率较低；而且处理周期过长，鸡粪中营养成分损失较多，处理设施占地面积较大。

二、发酵处理

鸡粪的发酵处理是利用各种微生物的活动来分解鸡粪中的有机成分。可以有效地提高这些有机物质的利用率。在发酵过程中形成的特殊理化环境也可基本杀灭鸡粪中的病原体。根据发酵过程中依靠的主要微生物种类不同，可分为有氧发酵和厌氧发酵。

（一）充氧动态发酵

在适宜的温度、湿度以及供氧充足的条件下，好气菌迅速繁殖，将鸡粪中的有机物质大量分解成易被消化吸收的形式，同时释放硫化氢、氨等气体。在 45～55℃以下处理 12 小时左右，可获得除臭、灭菌虫的优质有机肥料和再生饲料。

我国已开发出"充氧动态发酵机"，该机采用"横卧式搅拌釜"结构。在处理前，要使鸡粪的含水率降至 45%左右，如用鸡粪生产饲料，可在鸡粪中加入少量辅料（粮食），以及发酵菌。这些配料搅拌混合后投入发酵机，由搅拌器翻动，隔层水套中的热水和暖气机散发的热气使鸡粪混合物直接加温，使发酵机内温度始终保持在 45～55℃。同时向机内充入大量空气，供给好气菌活动使用，并使发酵产出的氨、硫化氢等废气和水分随气流排出。

充氧动态发酵的优点是发酵效率高、速度快，可以比较彻底地杀灭鸡粪中的有害病原体。由于处理时间短，鸡粪中营养成分的损失少，而且利用率提高。但此法也有些不足之处。①这一处理工艺对鸡粪含水率有一定限制，鸡粪需经过预处理脱水后才能做发酵处理；②在发酵过程中的脱水作用小，发酵产品含水率高，不能长期贮存；③目前设备费用和处理成本比较高，限制了其推广利用。

（二）堆肥处理

堆肥是一种比较传统的简便方法，是指富含氮有机物与富含碳有机物（秸秆等）在好氧、嗜热性微生物的作用下转化为腐殖质、微生物及有机残渣的过程。在堆肥发酵的过程中，大量无机氮被转化为有机氮的形式固定下来，形成了比较稳定、一致且基本无臭味的产物，即以腐殖质为主的堆肥。在发酵过程中，粗蛋白质也大量被分解。据估测，粗蛋白质的含量在堆肥处理后要下降40%，因此堆肥不适于做饲料，而被当作一种肥效持久、能改善土壤结构、维持地力的优质有机肥。

堆肥发酵需要的主要条件：①氧气。为保证好氧微生物的活动，需要提供足够的氧气，一般要求在堆肥混合物中有25%～30%的自由空间。为此，要求用蓬松的秸秆材料与鸡粪混合，并在发酵过程中经常翻动发酵物；②适当的碳氮比。一般要求该比例为30:1，可通过加入秸秆量来调节；③湿度控制在40%～50%；④温度保持在60～70℃，这是监测堆肥发酵过程正常进行的重要指标。在其他条件均适合的情况下，好氧微生物迅速增殖，代谢过程产生的热量使发酵物内部温度上升。在此温度条件下，可以基本杀灭有害病原体。

堆肥处理方法简单，无需专用设备，因而处理费用低廉，生产出的有机腐殖质肥料利用价值很高。加上可以与死鸡的处理结合起来，因此具有很大的推广价值。

（三）沼气处理

沼气处理是厌氧发酵过程，目前有不少鸡场因清粪工艺的限制，采用水冲清粪，这样得到的鸡粪含水率极高。沼气法可直接对这种水粪进行处理，这是它最大的优点，产出的沼气是一种高热值可燃气体，可为生产、生活提供能源。

但是，沼气处理形成的沼液如果处理不当，容易造成二次污染。目前，在对水冲鸡粪做沼气处理时，比较好的工艺路线是：①去除水冲鸡粪中的羽毛、沙粒等杂质，以免影响发酵效果；②对水冲鸡粪做固液分离，对固体部分做干燥处理，制成肥料或饲料；③液体部分进入增温调节池，然后进入高效厌氧池中生产沼气；④生产沼气后形成的上清液排入水生生物池塘中，最后进入鱼塘，使上清液的营养成分被水生生物和鱼类利用，同时也基本解决了二次污染问题。

第三章　奶牛养殖技术

第一节　主要品种

一、荷斯坦牛

荷斯坦牛（Holstein）原产于荷兰北部的西弗里斯和德国的荷斯坦省，已分布世界许多国家，由于被输入国经过多年的培育，使该牛出现了一定的差异，所以，许多国家的荷斯坦牛常冠以本国名称，如美国荷斯坦牛、加拿大荷斯坦牛、中国荷斯坦牛等。

（一）外貌特征

荷斯坦牛属大型的乳用品种（特别是美国和加拿大牛尤为突出），体格高大，结构匀称，后躯发达。毛色大部分为黑白花，额部有白星，鬐甲和十字部有白带，腹部、尾帚、四肢下部均为白色。骨骼细致而结实，皮薄而有弹性，皮下脂肪少。被毛短旧柔软。头狭长，清秀。额部微凹；十字部比鬐甲部稍高，尻部长宽而稍倾斜，腹部发育良好。四肢长而强壮。乳房特别庞大，乳腺发育良好，乳静脉粗而多弯曲，乳井深大，尾细长。公牛体重一般为 900～1200kg，母牛 650～750kg，犊牛初生重 40～50kg。公牛平均体高 145cm，体长 190cm、胸围 226cm，管围 23cm。母牛体高 135cm，体长 170cm，胸围 195cm，管围 19cm。

（二）生产性能

荷斯坦牛以极高的产奶量、理想的体形和饲料利用率高著称于世。美国

2000 年登记的荷斯坦牛平均产奶量 9777kg，乳脂率 3.66%，乳蛋白率 3.23%；创世界个体产奶量最高纪录者，是 1997 年美国一头名叫"Muranda Oscar Lucinda ET"的成年母牛，3 岁 4 个月，365 天（每日挤奶 2 次）产奶 30833 kg，乳脂率 3.3%，乳蛋白率 3.3%。至今，美国年产 18000kg 的荷斯坦牛已有 37 头。一头保持最高纪录的牛，终身泌乳 4796 天，共产奶 189000kg。

目前，世界许多国家都从美国、加拿大引进乳用型荷斯坦牛，以提高本国荷斯坦牛的产奶量，均取得良好效果。

二、娟姗牛

娟姗牛（Jersey）原产英国英吉利海峡的娟姗岛，是古老的奶牛品种之一，其性情温驯，体型较小，是举世闻名的高乳脂率奶牛品种。

（一）外貌特征

属小型乳用品种。中躯长，后躯较前躯发达，体型呈楔形。头小而轻，额部凹陷，两眼突出，轮廓清晰。角中等大小，向前弯曲，色黄，尖端为黑色。颈细长，有皱褶，颈垂发达。鬐甲狭窄，胸深宽，背腰平直。腹围大，尻长平宽，尾帚发达。四肢骨骼较细，左右肢间距宽，蹄小。乳房发育良好，质地柔软，乳静脉粗大而弯曲，乳头略小。皮薄而有弹性，毛短细而有光泽。毛色以灰褐色为最多，黑褐色次之，也有少数黄褐、银褐等色，腹下及四肢内侧毛色较淡，鼻镜及舌为黑色。口、眼周围有浅色毛环，尾帚为黑色。成年公牛体重为 650～750kg，母牛为 340～450kg，犊牛初生重 23－27kg。成年母牛体高 113.5cm，体长 133cm，胸围 154cm，管围 15cm。而美国、丹麦的娟姗牛个体稍大。

（二）生产性能

娟姗牛以乳脂率高著称于世，用以改良提高低乳脂品种牛的乳脂量，取得了明显效果。平均乳脂率为 5.5%～6.0%，个别牛高达 8%。并且乳脂肪球大，乳脂黄色，适于制作黄油。乳蛋白 4%。年平均产奶量 3000～3500kg。近年来，娟姗牛产奶量稳定提高，2008年，美国娟姗牛品种平均单产8390kg，乳脂量385kg。乳蛋白量300kg；最高产个体，一个泌乳期产奶达22727.3kg，创造了该品种的最高纪录。娟姗牛被公认为效率最好的奶牛品种，其每千克体重的产奶量超过其他品种，同时奶的风味极佳，所含乳蛋白、矿物质、干物质和其他重要营养物质都超过了其他品种的奶牛。娟姗牛能适应广泛的气候和地理条件，耐热力强。

三、西门塔尔牛

西门塔尔牛（Simmental）原产瑞士阿尔卑斯山区及德国、法国、奥地利等地，应用本品种选育法育成，现许多国家都有自己的西门塔尔牛，并以该国国名命名，为乳肉兼用或肉乳兼用型品种。

（一）外貌特征

西门塔尔牛体型大，骨骼粗壮。头大额宽。公牛角左右平伸，母牛角多向前上方弯曲。颈短，胸部宽深，背腰长且宽直，肋骨开张，尻宽平，四肢结实，乳房发育良好。被毛黄白花或红白花，少数黄眼圈，头、胸、腹下、四肢下部和尾尖多为白色（图3-1）。成年牛体尺、体重见表3-1。

图3-1 西门塔尔牛（公）

表 3-1　成年西门塔尔牛体尺、体重

性别	体高（cm）	体斜（cm）	胸围（cm）	管围（cm）	体重（kg）
公	144.8	185.2	217.5	24.4	964.7
母	134.4	164.2	195.5	20.7	577.0

（二）生产性能

西门塔尔牛产乳和产肉性能均良好，成年母牛平均泌乳天数 285 天，平均产奶量 4037kg，乳脂率 4.0%～4.2%。放牧育肥期内平均日增重 0.8～1.0kg 以上；18 月龄时公牛体重为 400～480kg。肥育至 500kg 的小公牛，日增重 0.9～1.0kg，屠宰率 55% 以上，胴体脂肪率 4.0%～4.5%。

（三）繁殖性能

母牛常年发情，初产期 30 月龄，发情周期 18～22 天，产后发情间隔约 53 天，妊娠期 282～290 天。繁殖成活率 90% 以上，头胎难产率为 5%。

西门塔尔牛是世界分布最广、数量最多的品种之一。用西门塔尔牛改良我国黄牛效果显著，杂种后代体型加大，生长增快，产乳性能提高，且杂种小牛放牧性能好。

四、弗莱维赫牛

弗莱维赫牛（Fleckvieh）也叫德系西门塔尔牛。由西门塔尔和德国红荷斯坦、爱尔夏等品种杂交选育而成，在近 150 年的育种历史中一直坚持乳肉兼用的育种目标，尤其是近 20 年的定向育种，形成了特有的乳肉兼用西门塔尔品系。2005 年统计，弗莱维赫牛在德国约有 140 万头的母牛群体，其中登记母牛超过 65 万头。

（一）外貌特征

全身为红白相间的花片。多数以红色为主，少数以白色为主。多数牛两眼周围有红色眼圈，少数无红色眼圈。面部为白色，四肢下部、腹部为白色。两耳均为红色。母牛前躯、后躯肌肉均发达，乳腺也发达，同时呈现奶牛和肉牛的体型特征。公牛具有典型肉牛品种的特征。公牛、母牛的颈部垂皮发达。成年母牛高 140～150cm，重 700～850kg；成年公牛高 148～160cm，重 1100～1300kg（图 3-2）。

公　　　　　　　　　　　母

图 3-2　弗莱维赫牛

（二）产奶性能

成年弗莱维赫母牛产奶高峰在 9000～10000kg，均产奶量为 6768kg，乳脂率 4.2%左右，乳蛋白率 3.7%左右，初产年龄 29.6 月龄，产犊间隔 391 天，平均淘汰年龄 5.4 年。

弗莱维赫公牛增重迅速，非常适合做育肥牛。公牛平均出生重为 40kg，18～19 月龄体重可达 700～800kg，平均日增重在 1400g 以上。成年公牛日增重 1350g，屠宰率达到 70%，净肉率达到 60%，肉质等级较高，屠宰后可生产带有大理石花纹的高档牛肉。

五、瑞士褐牛

瑞士褐牛（Brown Swiss）属乳肉兼用品种，原产瑞士阿尔卑斯山区，目前在美国、加拿大、德国等多个国家和地区有分布。

（一）外貌特征

全身被毛为褐色，由浅褐、灰褐至深褐色，皮肤厚并有弹性，在鼻镜四周有一浅色或白色带，鼻、角尖、尾帚及蹄为黑色，角长中等。头宽短，额稍凹陷，颈短粗，垂皮不发达。胸深，背线平直，尻宽而平，四肢粗壮结实，乳房发育良好，乳区匀称，乳头大小适中。

成年公牛体重为 900～1000kg，体高 146cm，体长 177cm；母牛 500～550kg，体高 135cm，体长 163cm。犊牛出生重 28～35kg。

（二）生产性能

瑞士褐牛一般年产奶量为 5000～6000kg，乳脂率为 4.1%～4.2%；18 月龄活重可达 485kg，屠宰率为 50%～60%，育肥期平均日增重达 1.1～1.2kg。美国于 1906 年将瑞士褐牛育成为乳用品种，1999 年，美国乳用瑞士褐牛 305 天平均产奶量达 9521kg。

瑞士褐牛成熟较晚，耐粗饲，适应性强，美国、加拿大、德国等国均有饲养，全世界约有 600 万头。瑞士褐牛对我国新疆褐牛的育成起了重要作用。

六、蒙贝利亚牛

蒙贝利亚牛（Montbeliard）属乳肉兼用品种，原产法国东部的道布斯县。18 世纪通过对瑞士的胭脂红花斑牛（Pie Rouge，亦称红花牛，通常认为是西门塔尔牛的一个类型）长期选育而成。1872 年，在兰格瑞斯（Langres）举行的农业比赛中，育种专家 Joseph Graber 对他培育的一组牛第一次用了"蒙贝利亚"这个称呼。1889 年在世界博览会上，官方正式承认蒙贝利亚牛品种并予登记注册，同年进行了蒙贝利亚牛良种登记。现有头数约 150 万头，其中泌乳母牛 68.5 万头，登记母牛 32.8 万头。在法国，它被列为主要的乳用品种之 ，其产奶量仅次于荷斯坦牛，居全国第二位。

（一）外貌特征

被毛多为黄白花或淡红白花，头、胸、腹下、四肢及尾帚为白色。皮肤、鼻镜、眼睑为粉红色。具兼用体型，乳房发达，乳静脉明显。成年公牛体重为 1100～1200kg，母牛为 700～800kg，第一胎泌乳牛（41319 头）平均体高 142cm，胸宽 44cm，胸深 72cm，尻宽 51cm（图 3-3）。

图 3-3　蒙贝利亚牛

（二）生产性能

法国 1994 年蒙贝利亚牛平均产奶量为 6770kg，乳脂率 3.85%，乳蛋白率 3.38%；新疆呼图壁种牛场引入蒙贝利亚牛平均产奶量为 6668kg，乳脂率 3.74%。18 月龄公牛胴体重达 365kg。

第二节　厂区建设

一、选址与布局

（一）奶牛场的选址

1.厂址区域应该自然环境良好

土壤环境质量符合《NY/T 1167-2006 畜禽场环境质量及卫生控制规范》要求，土质以沙壤土为好。土质松软。透水性强，雨水、尿液不易积聚，雨后没有硬结，有利于牛舍及运动场的清洁与卫生干燥。地势高燥平整，地下水位较低，坡度不越过 20°，远离洪涝等自然灾害威胁地段。不可选在低洼处或排水不良处、风口处，以免排水困难，汛期积水及冬季防寒困难。注意通风向阳，光照充足，交通便利。

2.厂址周边要求

远离学校、公共场所或其他畜禽养殖场等敏感区域，不受外部污染源影响，符合防疫和环保要求。牛场距村屯居民点和公路 500m 以上，周围 1500m 以内无化工厂、畜产品加工厂、屠宰厂、医院、兽医院等，所处位置未被污染和没有发生过任何传染病。

厂址应与周边区域环境、市场供应、生产及经济发展程度相协调匹配。同时，交通便利便于运输饲料和送交原料奶。距离乳品加工厂最好在 50km 以内。

3.厂址区域水源充足

能满足生产生活需求，供水能力可按每头存栏奶牛每天供水 300～500L 设计，水质应符合《NY/T 5027-2008 无公害食品，畜禽饮用水水质》标准。

4.厂址面积应满足生产需求

注意节约用地，理想的场地是正方形、长方形，避免狭长和多边角。建筑面积按每头成年母牛 28～33m²，总占地面积为总建筑面积的 3.5～4 倍。

（二）奶牛场的布局

厂区的布局与规划应本着因地制宜和科学饲养的原则，合理布局，统筹安排。做到为奶牛创造适宜的环境，满足饲养工艺要求，利于卫生防疫，符合建筑、环保等标准，尽量降低工程造价。

1.奶牛场分区

根据地形、地势和当地主风向，一般应设管理区、生活区、生产区、隔离区（病牛隔离治疗与粪污处理区）。各功能区应联系方便，并设置硬质隔离带相互隔离，界限分明。布局顺序应符合生产工艺流程的需求，避免交叉。

2.各区规划布局

（1）管理区。管理区包括办公室、财务室、接待室、档案资料室、培训活动室、试验室等。管理区应在生产区的上风处、高燥处，要和生产区严格分开，保持50m以上距离为好。

（2）生活区。生活区内设置员工宿舍或家庭生活单元，集中建设，单独设区，做到人畜分离。生活区也应在生产区上风头和地势较高地段，并与生产区保持100m以上距离，以保证生活区卫生环境。

（3）生产区。包括生产区和生产辅助区（图3-4、图3-5）。

①生产区主要包括奶牛舍（泌乳牛舍、青年牛舍、育成牛舍、犊牛舍、犊牛岛、干奶牛舍）、产房、配套运动场、挤奶厅等。这是奶牛场的核心，要保证安全、安静。各牛舍之间要保持适当距离，布局整齐，以便防疫和防火。但也要适当集中，节约水电线路，缩短饲草饲料及粪便运输距离，便于科学管理。

②生产辅助区中的饲料库、加工车间、青贮窖和干草棚，位置尽量居中，距离奶牛舍近一些，便于车辆运送草料，减小劳动强度。选择建在地势较高的地方，防止奶牛舍和运动场的污水渗入而污染草料。本区内还包括变配电室、机械车辆库等。

③生产区四周设围墙，出入口设值班室、人员更衣消毒室，车辆消毒通道应满足防疫消毒要求。还要建有厕所、淋浴室、休息室等功能区。

（4）隔离区。包括兽医室、产房、隔离病房、贮粪场和污水处理池应布置在场区的下风、较低处。病牛区应便于隔离，单独通道，便于消毒，便于污物和粪污处理等。

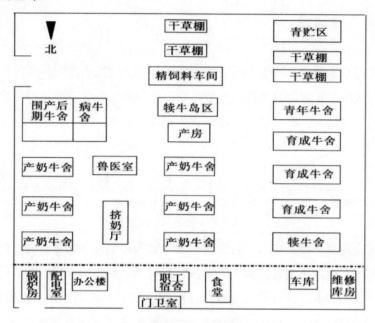

图 3-4　2500 头奶牛场区布局示意图（集中挤奶厅挤奶）

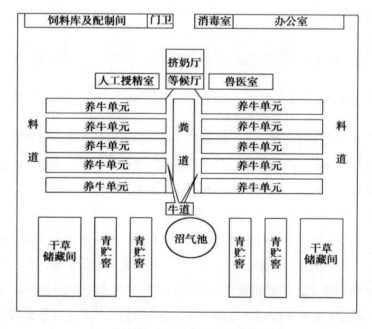

图 3-5　奶牛小区布局示意图

二、牛舍建设

牛舍的基本要求：由于饲养方式不同，牛舍类型很多。按照开放程度，可分为全开放牛舍、单侧封闭的半开放牛舍、全封闭式牛舍；按屋顶结构，可分为双坡式、钟楼式、半钟楼式、单坡式牛舍（图3-6）。

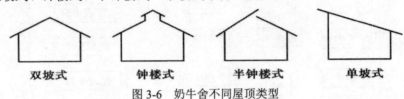

双坡式　　　钟楼式　　　半钟楼式　　　单坡式

图3-6　奶牛舍不同屋顶类型

奶牛舍建筑要经济实用，符合兽医卫生要求。牛舍宜坐北朝南，根据主风向等条件也可偏向东南或西南15°。房顶和外墙隔热性能要好，近年新建牛舍多采用彩钢保温夹芯板做屋顶或墙体材料。地面结构自上至下通常由混凝土层、碎石填料层、隔潮层、保温层等构成。要注意通风，应有一定规格、数量的采光、通风窗户或设置天窗。奶牛舍也可采用活动卷帘设计，根据季节调节卷帘，控制通风和保温。

三、牛舍

（一）犊牛舍（栏）

犊牛舍（栏）有几种形式，建造时要特别强调清洁干燥、通风良好、光照充足、容易采食和饮水。犊牛栏需设置容易拆卸的草架和食槽架，铺设隔热保温能力好的稻草和锯末等垫料，不要用沙子做垫料。

1.冷式舍外犊牛岛

犊牛岛饲养犊牛是一种好形式。气候温和时，犊牛出生后3天即可转入犊牛岛饲养，直到断奶后（出生60～120天）转入群饲或犊牛舍。

犊牛岛的形式、材质和设计不同，一般尺寸为宽100～120cm，长220～240cm，高120～140cm。犊牛岛的一端开敞，可以用铁丝等在外面围一个活动区域供犊牛运动。犊牛岛牛舍除前面外，其余各面要封闭严实，也可以在背面设可以随意闭合的通风小窗。

国内市场所售塑料或玻璃钢（玻璃纤维）一次压制成型的犊牛岛小牛舍比较好。奶牛场也可以利用水泥预制板或木头砌建，造价低廉，但水泥预制板的不易搬动，木质的不易清洁，使用寿命较短。

犊牛岛的位置可以根据季节调节，保障冬季光照和减少西北风的侵扰，夏季保障遮阳和通风。犊牛岛位置应比地面稍高，利于排水。

2.冷式牛舍犊牛培育单栏

即冷牛舍内建造犊牛单栏，适合我国大部分地区。牛舍整体设计比较简单，一般不加供暖设施，犊牛单栏典型尺寸为宽1.2m，长2.1m。尽量不要采取将哺乳犊牛成群散放饲养在同一大牛栏中，这样群体密度过大，容易发生呼吸系统疾病，相互舔食也容易造成疾病传播和胃内积留毛团引起消化道疾病。

3.暖式牛舍犊牛培育单栏

即在相对封闭的牛舍内建造单栏进行培育，适于寒冷地区。每犊一栏，单栏长200～220cm，宽110～125cm，栏高110～120cm，最小可以做成长×宽为60cm×120cm。栏间用钢丝网相隔，栏侧面向前方伸出20～30cm，防止相互舔食。栏底有2%～3%的坡度，并铺设垫料。这种类型单栏的优点是饲养方便，劳动效率高；缺点是需要良好的通风、除湿、消毒设施、牛舍建造成本高，犊牛培育效果不太理想。

4.断奶后犊牛舍

犊牛单栏喂到断奶后，再饲喂1～2周，然后转入断奶后犊牛舍，小群体培育。断奶后犊牛一般4～6头为一栏，每头犊牛需要2.3～2.8m²，每栏犊牛数量最好是偶数。也可以采用20～30头犊牛一栏。

若采用自由卧栏培育，1～4月龄自由卧栏长×宽为130～140cm×55～65cm，5～7月龄长×宽为150～160cm×70～80cm。具体设计可参照成年奶牛卧栏。

（二）育成牛舍

育成牛舍建筑相对简单，只要注意防风、防潮。方便奶牛配种、治疗，便于饲喂、粪污清理等操作即可。主要采用散放式、散栏式牛舍，具体设计可以参照泌乳牛舍。

如拴系饲养方式的育成牛舍可采用单坡单列敞开式或双坡双列对尾式封闭牛舍（图3-7）。每头牛占用面积 6～7m²，牛床长 1.6～1.7m，宽 0.8～1m。斜度 1.0%～1.5%。颈枷、通道、粪尿沟、饲槽与成年奶牛舍相似。

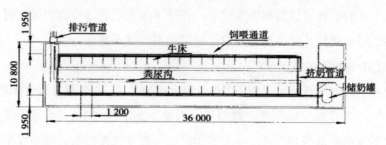

图 3-7　拴系式牛舍平面图（单位：mm）

（三）成年牛舍

1.舍饲拴系饲养方式奶牛舍

大多采用双坡双列对尾式封闭牛舍（图3-8）。每头成年奶牛占用面积 8～10m²，跨度 11～12m，牛床长 1.7～1.8m，宽 1～1.2m，坡度 1%～1.5%。中央通道宽 2～2.5m，拱度 1%。饲料通道宽 1.2～1.5m，饲槽上宽 0.6～0.7m、下宽 0.5～0.6m，靠牛侧槽沿高 0.3m，料道侧槽沿高 0.6～0.7m。颈枷多采用自动或半自动推拉式，高 1.5～1.7m，宽 12～18cm。粪尿沟宽 30～40cm、深 5～8cm，沟底要有 6%的坡度，沟沿做成斜形，以免牛蹄受伤；沟底应为方形，便于清粪。

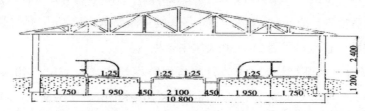

图 3-8　拴系式牛舍剖面图（单位：mm）

2.散放式牛舍

散放饲养方式可节约劳力和投资，便于集约化、机械化管理，牛舍建筑较简单。精料集中于挤奶厅饲喂，粗料均在运动场或休息棚设槽自由采食。

散放式牛舍可采用开放式或半开放式牛舍。一般建于运动场北侧，舍内面积按每头牛 5.5～6.5m² 设计，舍内地面平坦，无牛栏，牛也不拴系。也可将每头牛的休息牛床用 85cm 高的钢管隔开，长 1.8～2.0m，宽 1.0～1.2m。牛床后面设有漏缝地板，寒冷地区冬季在床上铺垫草，垫草应勤换或勤添，保持清洁。休息区与饲喂区相通，饲喂区位于牛舍外，是采食粗饲料、饮水和运动的场所。挤奶厅设有通道、出入口、自由门等。挤奶厅常见的有坑道鱼骨式、管道式等。

3.散栏式牛舍

散栏式牛舍综合了传统舍饲拴系饲养和散放饲养的优点，使其更适合规模化养殖和科学化管理。牛床为全开放的通道，一般不设隔栏及粪尿沟等，不使用塑料。牛槽和饮水器等与拴系式牛床相同，一般采用直杆式颈枷，主要作用是保障奶牛采食时不争食、挤奶后上栏固定。每个颈枷宽 70～75cm，与每头牛平均饲槽长度相同。

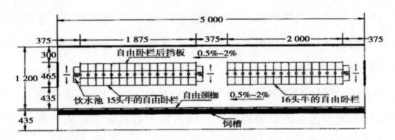

图 3-9 双列牛床、舍外饲喂式牛舍平面结构图（单位：cm）

散栏式牛舍设计的要求：每个牛舍的饲养头数应与挤奶厅的牛位数相匹配，前者一般是后者的整倍数。采食饮水与卧息牛床分设，牛舍气候条件可采用敞开式或封闭式等。牛床表面应尽量采用软性材料，同时牛床应有一定高度以保持干燥，牛出挤奶厅应过蹄药浴池。

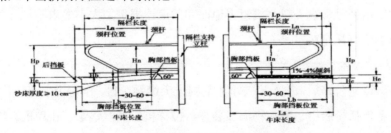

图 3-10 自由卧栏尺寸示意图

（左侧牛床为沙土垫料，右侧为使用橡胶床垫）

为了保障牛床卫生和防暑、防寒，利于运动场粪便处理，可以在饲喂通道之外，建造用于奶牛休息的自由卧栏。

四、主要设施与设备

（一）饲料加工机械

1.粉碎设备

目前生产上使用的主要是爪式和锤式两种。

爪式粉碎机是利用固定在转子上的齿爪将饲料击碎。这种粉碎机结构紧凑、体积小、重量轻，适合粉碎籽实类饲料原料及小块饼粕类饲料。

锤片式粉碎机是一种利用高速旋转的锤片击碎饲料的机器，粉碎粗饲料效果好。目前适合奶牛场使用的是饲料加工专用锤片式粉碎机，无论是切向喂入还是轴向喂入的锤片式粉碎机（也称草粉机），生产效率都较高，使用加工种类广。一般既能粉碎谷物类精饲料，又能粉碎含纤维、水分较多的青草类、秸秆类饲料，粉碎粒度好。

在粉碎时，饲料的含水量最好不要高于15%，否则耗电多产量低。另外，粉碎时的喂入量也直接影响粉碎效率，喂入量大容易堵塞；喂入量小，粉碎机的动力不能充分利用。

2.配合饲料生产机组

主要由粉碎机、混合机和输送装置等组成。可采用主料先配合后粉碎再与副料混合的工艺流程；采用容积式计量和电子秤重量计量配料或者人工分批称量，添加剂分批直接加入混合机；大多数机组只能粉碎谷物类原料，少数机组可以加工秸秆料和饼类料；机组占地面和厂房根据机型大小要求不一。可用来生产奶牛精料补充料。

3.制粒设备

精料原料粉碎后，加入相关添加剂制成全价颗粒料，作为奶牛精料补充料。整套设备包括粉碎机、附加物添加装置、搅拌机、蒸汽锅炉、压粒机、冷却装置、碎粒去除和筛粉装置。

制粒机有平模压粒和环模压粒两种类型，环模更适合精饲料的制粒。冷却设备使制粒后产品易贮藏，近年推出的逆流式冷却器效果好。选购时要注意制造质量、材料及附件的状况，如，进出料联动机构自动控制效果如何、主体部分是否采用了不锈钢制造等。

4.铡草机

用于切短牧草、干秸秆及青贮秸秆。铡草机按机型大小分大型、中型、小型；按切碎器形式分为滚筒式和圆盘式，小型多为滚筒式，大中型一般为圆盘式；按喂入方式不同分为人工喂入式、半自动喂入式和自动喂入式；按切碎段处理方式不同分为自落式、风送式和抛送式。

用户根据需要选择时，注意优先考虑：切割段长度可以调整（3～100mm）；通用性能好，可以切割各种作物茎秆、牧草和青饲料；能把粗硬的茎秆压碎，切茬平整无斜茬，喂料出料要有较高的机械化水平；切碎时发动机负荷均匀，能量比耗小，当用风机输送切碎的饲料时，其生产率要略大于切碎器的最大生产率。抛送高度对青贮塔不小于10m，对其他青贮建筑物可任意调整；结构简单，使用可靠，调整和磨刀方便。

5.秸秆揉搓机

主要用于将秸秆切断、揉搓成丝状。这种机械的作用介于铡切与粉碎两种加工方法之间。加工流程是将秸秆送入料槽，在锤片及空气流的作用下，进入揉搓室，经过锤片、定刀、斜齿板及抛送叶片的综合作用，把物料切断，揉搓成丝状，经出料口送出机外。生产中使用的秸秆揉搓机加工速度每小时可达10～15吨、配套动力22～30kW、电压380V，可加工青、湿、干的秸秆，粉碎粒度粗细可自动调节。

6.青贮饲料收割机

有多种机型，较先进的是一次性可完成切割、粉碎、抛送和装车作业的自走式高效率多功能青贮饲料收获机。

自走式青贮饲料收获机，主要由割台、喂入装置、切碎装置、抛送装置、发动机、底盘、驾驶室、液压系统和电气系统等组成。割台位于机器正前方，用于切割和输送作物。主要特点是不对行收获、圆盘立式割台和锯片式切制。

悬挂式青贮饲料收获机的代表产品主要有黑龙江省农业机械工程科学研究院的4QX系列玉米青贮收获机。该机属于不分行高秆作物青贮饲料收获机，适用青贮玉米、高粱和苏丹草等高秆作物的青贮收获，有4QX-10型和4QX-12

型两种型号，采用三点悬挂方式与拖拉机连接，动力输出轴转速均为 540 转/分钟，割台幅宽分别为 0.8m 和 1.2m，生产率分别为 30 吨/小时和 40 吨/小时。另外，还有现代农装北方（北京）农业机械有限公司生产的 9080 型悬挂式青贮饲料收获机，燕北畜牧机械集团有限公司生产的 9QS-1300 型青饲切碎机。

7.打捆机

牧草、秸秆打捆机按照不同的工作需要有不同的类型。秸秆打捆机能自动完成秸秆、牧草等捡拾、压捆、捆扎和放捆一系列作业，可与国内外多种型号的拖拉机配套，顺应各种地域条件作业，有圆捆和方捆两种机型。

圆捆机：没有打结器，其构造相对简单，体积较小，且价格较便宜，操作维修简单。缺点是生产率低。因为是间歇作业，打捆时停止捡拾，捆扎的圆捆密度低，装运和储存不太方便，捡拾幅宽过小，多为 80cm 左右。如果大型联合收获机收获后进行打捆作业，容易出现堵塞或断绳现象。

方捆机：由于所打的草捆密度比圆捆大，运输和储存较为方便，可连续作业，效率较高。但因构造复杂，制造成本高，价格也高。

目前市场上销售的打捆机多为国产机型，主要生产厂商有中国农机院现代农装公司生产的方捆、圆捆打捆机；上海农工商向明总公司生产的 9YF、9YY 系列方捆、圆捆机；上海电气集团现代农装公司生产的 9KF、9KYQ 系列方捆、圆捆机；山东广饶、博昌等公司生产的圆捆机等。

8.全自动拉伸薄膜缠绕机（裹包机）

青贮圆捆捆包机适用青贮玉米秸秆、紫花苜蓿、麦秸、地瓜藤等青绿植物进行捆扎、裹包青贮。双城市荣耀农牧业机械有限公司生产的 YKB-50 型青贮（圆捆）裹包机，与打捆机配套使用，可将捆好的玉米秸秆和鲜草类进行自动包膜。用户根据青贮时间的需要，预先设定好包膜的层数，贮存期在 1 年至 1 年半以上。配套动力：1.5kW、交流 220V 50Hz；包膜尺寸：直径 230mm × 250mm；包膜层数：2～4 层；生产效率：40～50 包/m；外形尺寸：1080mm× 800mm×900mm；机器重 90kg。

9.全混合日粮（TMR）制备机

从外形上分为卧式、立式；从动力类型上分为自走式、牵引式和固定式，并且每一型号上容积的大小又有不同的款式。

表 3-2 固定式 TMR 饲料制备机目录表

箱体形式	箱体内容（m³）	需要动力输出轴功率	适合牛群头数	参考价格（万元）
卧式	5	22kW 电机	300 以下	16
	7		500 以下	17.5
	9		600 以下	19
	12	30kW 电机	850 以下	24
	16		1100 以下	34

（1）外形选择。立式 TMR 饲料制备机的优点：单位容积搅拌的饲料相比卧式多，填充率高，消耗动力小，切割打捆饲草的能力强。缺点：上料口高，对牛舍门要求的高度高，操作不便。搅拌均匀度、饲草细碎度、对玉米秸秆的切碎度不如卧式饲料制备机。因此，建议一般宜选用卧式 TMR 饲料制备机。一般 500 头以下的奶牛场（区）选用 7m³ 较为合适；800 头左右的奶牛场（区）选用 12m³ 较合适。

（2）动力类型选择。①固定式饲料制备机。以电机作为动力，作业需设在固定场所，设备价格相对较低。适合奶牛 300 头以上的奶牛场（区）、牛舍结构对尾式或搅拌车无法进入的老式牛舍，由人工配合小型拖拉机等运输工具将饲料送至牛舍或用户。也适于 TMR 配送中心使用。

表 3-3 牵引式 TMR 饲料制备机目录表

箱体形式	箱体内体积规格（m³）	适合牛群头数	配套拖拉机（马力）	参考价格（万元）
卧式	5	300 以下	65	16
	7	500 以下	65	17.5
	9	600 以下	80	19
	12	850 以下	90	24
	16	1100 以下	100	34
	※5	300 以下	80	31
	※7	500 以下	80	34
	※9	600 以下	90	38
	※12	850 以下	100	43
立式	8	450 以下	80	19
	10	550 以下	90	23
	12	700 以下	100	26.5
	18	1150 以下	120	36
	21	1250 以下	120	39
	25	1350 以下	120	46

注：卧式带※者，自带青贮取料机。

②牵引式 TMR 饲料制备机。需配备胶轮拖拉机做配套动力，可搅拌、切碎、称重饲料，行走撒料。选用带青贮抓手的可将青贮吸入箱内，防止青贮二次发酵。适合较大型（300 头以上）现代化的规模牛场。饲喂模式为散栏或对头式，要求奶牛合理分群饲养。牛舍两头有对开大门，门高 3.3～3.5m，门宽 3.5～4.0m，便于搅拌车进入牛舍撒料作业。牛场青贮能力应在 3000 吨以上，青贮窖为地上或半地下式，搅拌车可自由进出青贮窖作业。

TMR 配送中心可参考以上条件。

表 3-4　自走式饲料制备机目录表

箱体形式	箱体内体积规格（m³）	需要动力输出轴功率	适合牛群头数	参考价格（万元）
卧式	12	自带 140 马力发动机	400～850	125
	16		600～1100	139

③配套拖拉机。牵引式 TMR 饲料制备机需胶轮拖拉机为其配套动力，可根据 TMR 饲料制备机规格、容积、动力要求进行配置。各厂家拖拉机其配置、技术性能、价格，各有侧重，用户可根据自己的情况合理选择。

10.青贮取料机

用于奶牛场或养殖小区青贮窖青贮饲料的装取，特别是作为 TMR 饲料制备机的辅助设备，为不带青贮抓手的固定或牵引式 TMR 饲料制备机解决青贮机械取料问题。一般取料割头由电机驱动，顺时针和逆时针两个方向旋转取料，替代铲车取青贮，刮板快速上料。液压驱动行走和转向，高抛卸料 3.5m 高以上。可节省铲车油耗和铲车操作人员，适合任何形式的牛场或配送中心。适合牛群头数 200～5000 牛场的全自动青贮取料机自带 11kW 电机驱动。

（二）粗饲料存贮设施

1.青贮窖的设计与建造

有圆形、长方形、地上、地下、半地下等多种形式。依建筑材料分，有土窖、砖窖、石头窖。

青贮窖要选择在地下水位低、干燥的地方。长方形窖四角呈圆形，便于青贮原料下沉，排出残留空气。内壁要求有一斜度，口大底小，便于压实和防止窖壁倒塌，窖底部设有排水沟，以利排水。

青贮窖的宽深取决每日饲喂的青贮量，通常以每日取料的挖进量不少于 15cm 为宜；为便于操作窖的上口宽不宜超过 7m，在宽度和深度确定后，根据青贮需要量，按下列公式计算青贮窖的长度和窖的容积，并可根据窖容积和青贮原料容重（表 3-5）计算青贮饲料重量。

$$\text{窖长(m)} = \text{青贮需要量(kg)} \div \left[\frac{\text{上口宽(m)} + \text{下底宽(m)}}{2} \times \text{深度(m)} \times \text{每立方米原料重量(kg)} \right]$$

$$\text{圆形青贮窖容积}\quad (\text{m}^3) = 3.14 \times \frac{\text{青贮窖直径}\quad(\text{m}^2)}{4} \times \text{青贮窖高度}\quad(\text{m})$$

$$\text{长方形青贮窖容积}\quad (\text{m}^3) = \frac{\text{上口宽}\quad(\text{m}) + \text{下底宽}\quad(\text{m})}{2} \times \text{窖深}\quad(\text{m}) \times \text{窖长}\quad(\text{m})$$

表 3-5　几种青贮原料容重（kg/m³）

原　　料	铡的细碎		铡的较粗	
	制作时	利用时	制作时	利用时
玉米秸	450～500	500～600	400～450	450～550
藤蔓类	500～600	700～800	450～550	650～750
叶、根茎类	600～700	800～900	550～650	750～850

2.青贮塔的设计与建造

青贮塔是用钢筋、水泥、砖砌成的永久性建筑物，一般适于在地势低洼、地下水位较高的地区采用。青贮塔呈圆筒形，上部有锥形顶盖，防止雨水淋入。

为了便于装填原料和取用青贮料，青贮塔应建在距离畜舍较近之处，朝着畜舍的方向。青贮塔大小，以资金条件、饲养家畜数量、冬春季长短、有无多汁饲料而定。在有自动装料设备的条件下，可以建造高达 7～10m，甚至更高的青贮塔，青贮塔一般内径为 3.5～6.0m。

塔底呈锅底形，中间设一缝隙地板（0.3m2），下面连通带有 0.5% 以上斜度的水沟伸向塔的一侧。在塔外砌一竖井与水沟相接，井口与地面平，盖一活动盖板。塔的四壁要根据塔的高度设 2～4 道钢筋混凝土圈梁，四壁墙厚度为 36cm→24cm→18cm，由下往上分段缩减，但内径必须平直，内壁用厚 2cm 水泥抹光。塔一侧每隔 2m 高开一个 0.6m×0.6m 的窗口，作为装草和取料用。

（三）挤奶厅的建设

1.挤奶厅的设计与建设

（1）挤奶厅及附属建筑。用于散栏式饲养牛群挤奶。包括候挤室（长方形通道，其大小以能容纳 1～1.5 小时能挤完牛乳的牛。每只牛 1.3m²）、准备室（入口处为一段只能允许一头牛通过的窄道，设有与挤奶台能挤奶牛头数相同的牛栏，牛栏内没有喷头，用于清洗乳房）、挤奶台（可采用鱼骨形挤奶台、菱形挤奶台或斜列式挤奶台等）、滞留间（挤奶厅出口处设滞留栏，滞留栏设有栅门，由人工控制，发现需要干乳、治疗、配种或做其他处理的牛，打开栅门，赶入滞留间，处理完毕放回相应牛舍）。在挤奶区还有牛乳处理室和贮存室等。

（2）挤奶厅建造。挤奶厅的墙可以采用带防水的玻璃丝棉作为墙体中间的绝缘材料或采用砖石墙。地面要求做到经久耐用、易于清洁，安全、防滑、防积水。地面可设一个到几个排水口，排水口应比地面或排水沟表面低 1.25m。

挤奶厅通风系统尽可能考虑能同时使用定时控制和手动控制的电风扇。光照强度应便于工作人员进行相关的操作。

2.挤奶设备

主要有固定式挤奶器、牛奶计量器、牛奶输送管道、洗涤设备、冷却设备等，还配有乳房自动清洗和奶杯自动摘卸装置。挤奶台有坑道式（鱼骨式、垂直型、菱形等）和转环式（转台、转盘）两种。挤奶台均设有自动喂料系统，挤奶时可自动投料，定量饲喂，供产奶牛自由采食。

（1）坑道式挤奶台。坑道式挤奶设备由真空管道、挤奶器、牛奶计量器、洗涤设备、精料喂饲等组成。这种挤奶厅内有一个长方形或菱形操作坑道，坑的大小依奶牛床数和人操作方便而定，此侧台上设斜列（鱼骨）、平行（与台长轴垂直）的奶牛床位，其数量可为 8～60 个，习惯称 8×2、12×2、24×2、60×2 床位的坑道式挤奶台。挤奶时，挤奶牛同时上、同时下，奶直接入奶库。12×2 规模 2 人坑内操作，1 小时可挤奶 150 头奶牛以上，可供 300～400 头母牛挤奶，坑道式挤奶厅通用于 100～3000 头奶牛集约化挤奶。这种挤奶台投资少、节约能源、可提高鲜奶产量和质量；减轻劳动强度、提高劳动生产率。

如 9JT-2×10 型鱼骨式挤奶台，即属于此类。其配套动力为 19kW，每人每小时可挤 25～30 头产奶牛。中间是挤奶员操作坑道，两边是牛床。挤奶时牛与坑道成 30°角，从整体看，很像一副鱼骨架。它由真空系统、挤奶和输送管道系统、自动清洗系统、鱼骨架结构、电器系统所组成。

（2）转环式挤奶台。转环式挤奶设备由环形真空管道、挤奶器、牛奶计量器、洗涤设备、精料饲喂等组成，它的挤奶栏都安装在环形转台上，且与转台径向成一斜角。转台中央为圆形工作地坑，工作中转台缓慢旋转，转到进口处时，一头牛进入转台挤奶栏，并有一份精料落入饲槽内，位于进口处的工人完成乳房清洗工作，第二名工人将奶杯套上进行挤奶，牛随转台转动，到出口完成挤奶工作，挤奶床位多少不等，一般为 20～100 个。40 个床位的挤奶台每小时可完成 200 头产奶牛的挤奶作业，每次挤奶可连续运转 7 小时。挤出的鲜奶通过管道，经过滤、冷却后直接送入贮奶罐。这种设备比其他形式效率高，但投资大、驱动部分不易解决好是其关键。适用于散养千头以上的奶牛场。

挤奶台的生产厂家有：西安市畜牧乳品机械厂、利拉伐（上海）乳业机械有限公司、北京嘉源易润工程技术有限公司等。德国韦斯伐利业生产的转盘式挤奶台可适合各种规模的牛奶养殖小区，牛位 10～99 位，并可根据要求配备自动化程度不同的设备，如刺激按摩、自动脱落、电子计量、乳腺炎检测、牛号自动识别、发情鉴定等。

（3）鲜乳冷却设备。鲜乳冷却设备一般由温度调节仪、制冷压缩机、搅拌机、安全绝热层等组成。奶罐内外采用不锈钢板，有利于卫生管理，一般有卧式和椭圆式一体和分体式奶罐。生产鲜奶冷却设备的企业有：河南省新乡市东海制冷设备厂、广州森达酪宝畜牧用品有限公司、中国轻工业机械总公司乳品工程中心等。

（四）其他养牛设备

1.饮水设备

（1）饮水槽。饮水槽一般设在散栏式饲养的自由卧栏两侧，以及奶牛运动场的东侧或西侧。水槽宽 0.5m，深度 0.4m，水槽的高度不宜超过 0.6～0.8m。每头牛水槽占用长度约为 0.6m，100 头以下、100～200 头和 200 头以上的牛群，水槽应该能保障有 5%～7%、15%、20%的奶牛同时饮水。水槽地基及其周围应铺设 3 米宽做防滑处理的水泥地面，向外有 2%～3%的倾斜，以利于排水。

（2）自动饮水器。栓系牛舍目前提倡使用自动饮水器。饮水器主要设在牛舍中的水槽边，两头牛可以共用一个饮水器，有条件一头一个更好。典型的饮水器为碗状，直径 20～25cm，深度 10～15cm，两头牛共用的为椭圆形。控水阀门是压板式，但不易清洁，活栓易损；现在最好选用按钮式，易清洁耐磨损。安装饮水器的高度一般距离牛槽底部 20～40cm，距离牛头上部的障碍物质大于65cm。安装供水管道时，要设置减压阀。

（3）连通式饮水器。一般多为长方形，长 30～40cm，宽 20～25cm，深度15～30cm。要保持饮水器内水面距离饮水器上缘 5～8cm，以防溢出。几个饮水器连接安装时，各饮水器高度要一致，底部加滤网，注意定期清理杂物。

2.防暑降温设备

夏季炎热时期，有条件的奶牛场应该安装喷淋加送风设备，加快奶牛体热散发。

（1）喷淋设备。一般在饲喂牛舍和挤奶间待挤栏内安装。选择能喷出呈半球形或球形水滴的喷头，这样能保障喷出的水滴足够大。根据喷淋水的半径和工作水压，确定喷头安装间距。喷头安装位置在牛床的上方高度 2.0～2.5m 处。使水滴能喷洒到奶牛肩部和后躯。工作水压最好为 0.14～0.17MPa，水压过高，喷出的是水雾，不能渗透到皮肤，影响降温效果。输水管道安装要有 3%～5%的倾斜，这样可以避免管道积水。

（2）送风设备。最好选用轴流风扇，安装高度为 2～2.5m，并有 20°倾角。电扇的功率和奶牛与电扇之间的距离要保障奶牛吹过牛体的风速达到 60～120m/分钟。同时安装时要注意保障舍内各处风速均匀。

（3）喷淋送风自动控制系统。包括温度调节装置、电磁阀等，可以自行设定时间，控制喷淋周期。一般每个周期 1～3 分钟，以奶牛体表皮肤湿润而无水滴落下为宜；而后停止 15～30 分钟，使电扇刚好把奶牛体表吹干。然后再开始下一个喷淋周期。北方的奶牛场认为，以大水滴短时间间歇式淋浴，即每次喷淋时间 1 分钟，间歇 4 分钟效果更好。

3.牛体刷

牛体与刷体接触，可以刺激奶牛的血液循环，保持牛体干净，改善奶牛健康、舒适度和福利。一般在运动场安装，分为固定式牛体刷和摆动式旋转牛体刷。固定式一般由镀锌钢材制成，水平柔韧性好，使用寿命长。竖直臂和水平臂各有一把尼龙刷，可移动水平刷用弹簧连接。刷子用特殊尼龙制成，可持续使用，有效清洁牛体。安装高度一般为 130～135cm，高或低于牛背高度 2cm 处安装。

摆动式旋转牛体刷，刷体长 90cm，宽 90cm，高 82cm。刷子直径 50cm，宽度 60cm，刷毛长度 18cm。安装高度一般下端离地 100cm，转速一般 22 转/分钟，动力 0.06kW。刷体与奶牛接触即开始转动，以奶牛最舒适的速度在任意方向转动，速度平稳，从头到尾，从背部到侧部刷拭奶牛。圆柱形刷体既适合安装在墙上，又可安装在牛棚立柱上。刷体包含 20 个单独的部分，当刷子的某些部位磨损时可以更换。

第三节　饲料调制技术

一、青粗饲料生产与利用

（一）优质牧草紫花苜蓿种植技术

紫花苜蓿又名紫苜蓿、苜蓿。在我国主要分布在西北、东北、华北地区，江苏、湖南、湖北、云南等地也有栽培。

紫花苜蓿根据越冬能力的强弱分为 10 个休眠级数，级数越小，表示抗寒能力越强；级数越大，表示抗寒能力越弱。因此，东北北部、内蒙古和新疆北部等地区，适宜选择休眠级在 1～3 级的紫花苜蓿品种；东北南部、新疆南部、黄淮海地区和黄土高原、温暖半干旱地区，适宜选择休眠级在 4～5 级的紫花苜蓿品种；长江流域地区以及长江以南的部分山区（气温相对较凉爽），适宜选择休眠级在 6～7 级的紫花苜蓿品种；长江以南各省（气温较高的地区），适宜选择休眠级在 7 级以上的紫花苜蓿品种。

1.特性

紫花苜蓿为多年生草本植物，一般高产期为 5～7 年。紫花苜蓿适应性广，喜在干燥、温暖、多晴少雨的气候和干燥疏松、排水良好且富含钙质的土壤中生长，最适宜的土壤 pH7～9。紫花苜蓿耐寒性强，在冬季零下 20～30℃的低温条件下，一般都能安全越冬。在年降雨量 300～800mm 的地方生长最好。虽喜水，但最忌水淹，积水过多往往会造成植株大批死亡。紫花苜蓿耐盐性较强，土壤中可溶性盐在 0.3% 以下仍能生长，所以在盐碱地上种植，可改良土壤。

2.栽培技术

紫花苜蓿种子小、幼芽较弱，顶土力差，加之幼苗期生长缓慢，易受杂草危害。播前要精细整地，做到深耕细耙，上虚下实，没有杂草，对贫瘠土地播前施肥。播种时间，视当地气候和前茬作物收获期而定，张家口、承德坝下、山区适宜夏播，春播往往因干旱而吊根死亡，秋播不易越冬。黑龙江地区可春播、夏播、秋播。播量一般每公顷 7.5～15kg，收草者宜高，收种者宜低。播种深度以 2～3cm 为宜。播种方式，撒播、条播、点播皆可，一般采用条播，条播行距收草者以 20～30cm，收种者以 80cm 为宜。除单播外，也可进行混播和保护播种，如与无芒雀麦、黑麦草、鸭茅等混播，与麦类、油菜等进行保护播种，效果都比较理想。

田间管护。播种后的苜蓿地如未出芽而下大雨，造成表层土板结。应及时用钉齿耙将表土轻轻耙松，使幼苗易出土，出苗后如发现有缺苗断垄要及时补播。苜蓿在幼苗期生长缓慢，易受杂草危害，要及时除草。苜蓿忌积水，亦需多量水分，所以在多雨涝季要随时排水，在干旱时，根据条件，应适当灌溉，才能获得高产。紫花苜蓿对土壤养分利用能力较强，特别是对氮、钾、磷和钙的吸收量大。为获得高产必须施足肥料，这样才能加快其再生，增加刈割次数；另外，在每次刈割后或早春萌发前都应进行施肥和中耕除草，以刺激新芽的发生。首次播种苜蓿的土地，往往缺乏苜蓿根上固氮的根瘤菌，从而影响苜蓿的生长，可以通过用根瘤菌（与苜蓿相适应的根瘤菌菌种）拌种的方式播种。

3.收获与利用

紫花苜蓿的适宜刈割期一般在现蕾期，此时产量高，品质好，株丛寿命长。苜蓿的刈割次数，与当地的气候等因素有关。北方地区春播当年，若有灌溉条件，可刈割 1～2 次，此后每年可刈割 3～5 次，长江流域每年可刈割 5～7 次。鲜草产量一般为每公顷 15～60 吨，水肥条件好可达 75 吨以上。以第一茬产量最高。刈割留茬高度为 4～5cm，但最后一茬留茬高度应高些，为 7～8cm，以保持其根部养分，有利于积雪和越冬。最后一次刈割应在早霜来临前 1 个月左右，这样有利于翌年春季的生长。

苜蓿是奶牛的优质牧草，粗蛋白含量为 21.01%，且消化率可达 70%～80%。粗脂肪、粗纤维、无氮浸出物、粗灰分含量分别为 2.47%、23.77%、36.83% 和 8.74%，另外，苜蓿富含多种维生素和微量元素，还含有一些未知促生长因子，对奶牛的生长发育均有良好作用，不论青饲、放牧或是调制干草和青贮，适口性均好，被誉为"牧草之王"。

在单播地上放牧奶牛易得鼓胀病，为防此病发生，放牧前先喂一些干草或粗饲料，同时不要在有露水和未成熟的苜蓿地上放牧。

（二）饲料作物玉米的栽培技术

玉米又名玉蜀黍、苞谷、苞米、玉茭、玉麦、棒子、珍珠米。玉米既是重要的粮食作物，又是重要的饲料作物。其植株高大，生长迅速，产量高；茎含糖量高，维生素和胡萝卜素丰富，适口性好，饲用价值高，适于作青贮饲料和青饲料，被称为"饲料之王"。

玉米的品种与类型包括：普通玉米（主要以籽粒形式利用）、工业原料玉米（高油玉米、高淀粉玉米等）、鲜食玉米（甜玉米、糯玉米等）和青贮玉米（专用青贮玉米，粮油饲兼用型玉米）。

玉米品种繁多，可根据使用目的和当地环境条件选择适宜当地生长的高产优质品种进行栽培。

1.特性

一年生草本植物。玉米为喜温作物，种子一般在6～7℃时开始发芽，苗期不耐霜冻，出现-2～-3℃低温即受霜害。拔节期要求日温度为18℃以上，抽雄、开花期要求26～27℃，灌浆成熟期保持在20～24℃。需水多，适宜在年降水量500～800mm的地区种植。需肥多，特别是对氮的需要量较高。对土壤要求不严，各类土壤均可种植。适宜的pH为5～8，以中性土壤为好，不适于在过酸、过碱的土壤中生长。

2.栽培技术

玉米田要深耕细耙，耕翻深度一般不能少于18cm，黑钙土地区应在22cm以上。春玉米在秋翻时，可施入有机肥作基肥，一般每公顷施堆、厩肥30～45吨。夏玉米一般不施基肥。

播种期因地区不同差异很大。我国北方春玉米的播期大致为：黑龙江、吉林5月上、中旬；辽宁、内蒙古、华北北部及新疆北部多在4月下旬至5月上旬；华北平原及西北各地4月中、下旬；长江流域以南则可适当提早。小麦等作物收获后播种夏玉米时，应抓紧时间抢时抢墒播种，越早越好。玉米可采用单播、间作、套种等方式播种。单播时行距60～70cm，株距40～50cm；作青贮或青饲用时，行距可缩小为30～45cm。株距15～25cm。播种量一般收籽田每公顷 22.5～37.5kg，青贮玉米田 37.5～60.0kg，青刈玉米田 75.0～100.0kg。播种深度一般以 5～6cm 为宜；土壤黏重、墒情好时，应适当浅些，4～5cm 为宜；质地疏松、易干燥的沙质土壤或天气干旱时，播种深度应为 6～8cm，但最深不宜超过 10cm。

玉米生长到 3～4 片真叶时进行间苗，每穴留 2 株大苗、壮苗。到 5～6 片真叶时进行定苗，每穴留 1 株。玉米苗期不耐杂单，应及时中耕除草。另外，可应用西玛津或莠去津进行化学除草，一般在玉米播种前或播后 3～5 天进行。玉米苗期常见的害虫为地老虎、蝼蛄和蛴螬。在玉米心叶期和穗期，常发生玉米螟危害。在玉米穗期可发生金龟子（蛴螬成虫）危害。出现虫害后应及时采用高效低毒农药进行防治。对于青贮玉米，要少施苗肥，重施拔节肥，轻施穗肥。

3.收获和利用

籽粒玉米以籽粒变硬发亮、达到完熟时收获为宜，粮饲兼用玉米应在蜡熟末期至完熟初期进行收获。专用青贮玉米则在蜡熟期收获（1/2 乳线期）为宜。籽粒玉米一般每公顷产籽粒 6.0～8.0 吨，青贮玉米一般每公顷产青体 60～75 吨。

玉米籽粒淀粉含量高，还含有胡萝卜素、核黄素、维生素 B 等多种维生素，是牛的优质高能精饲料。专用青贮玉米品种调制的青贮饲料品质优良，具有干草与青料两者的特点，且补充了部分精料。100kg 带穗玉米青贮料喂奶牛，可相当于 50kg 豆科牧草干草的饲用价值。

（三）青贮饲料

青贮饲料指将新鲜的青刈饲料作物、牧草、新鲜的全株玉米或收获籽实后的玉米秸等青绿多汁饲料直接或经适当的处理后，切碎、压实、密封于青贮窖、壕或塔内，在厌氧环境下，通过乳酸发酵而成。

1.青贮饲料的营养特点

青贮饲料的营养价值因原料种类的不同而不同，其共同的特点是：青贮饲料中富含水分、粗蛋白质、维生素和矿物质等营养成分，其中以全株玉米青贮营养价值最高，适口性好，易于消化。青贮饲料气味酸香，柔软多汁，非蛋白氮中以酰胺和氨基酸的比例高，大部分的淀粉和糖类分解为乳酸，粗纤维质地变软，因此易于消化。

2.青贮种类

（1）凋萎青贮（常规青贮）。该技术在饲草青贮中广泛应用。在良好干燥的条件下，经过4~6小时的晾晒或风干，使原料含水量达到60%~70%，再捡拾、切碎、入窖青贮。将青贮原料晾晒，虽然干物质、胡萝卜素损失有所增加，但是，由于含水量适中，既可抑制不良微生物的繁殖而减少丁酸发酵引起的损失，又可在一定程度上减轻流出液损失。适当凋萎的青贮料无需任何添加剂。此外，凋萎青贮含水量低，减少了运输工作量。目前常用于玉米秸青贮和全株玉米青贮。

（2）高水分青贮。被刈割的青贮原料未经田间干燥即行贮存，一般情况下含水量70%以上。这种青贮方式的优点为牧草不经晾晒，减少了气候影响和田间损失。其特点是作业简单，效率高。但是为了得到好的贮存效果，水分含量越高，越需要达到更低的pH。高水分对发酵过程有害，容易产生品质差和不稳定的青贮饲料。另外，由于渗漏，还会造成营养物质的大量流失以及增加运输工作量。

（3）半干青贮。又叫低水分青贮，是指青贮原料收割后，经风干含水量降到45%~55%，形成对微生物不利的生理干燥和厌气环境，同时植物细胞形成高渗透压，使生命活动受抑制，发酵过程变慢，在无氧的条件下保持青贮料的方法。它兼有干草和一般青贮料的优点，干物质含量比一般青贮料多1倍。半干青贮在调制过程中，营养损失减少，是日益被广泛采用的青贮发酵的主要类型之一，常用于牧草（特别是豆科牧草），通过晾晒或混合其他饲料降低水分至45%~55%，限制不良微生物的繁殖和丁酸发酵而达到稳定青贮饲料品质。切碎后快速装填、压实、密封。

（4）添加剂青贮。添加剂青贮就是在一般青贮的基础上加入适当添加剂的一种方法。青贮添加剂可分为三类：①发酵促进剂，主要作用是促进发酵正常进行。如糖蜜、玉米粉、大麦粉、葡萄糖、蔗糖、马铃薯、乳酸菌等有益微生物及纤维素酶等；②不良发酵抑制剂，主要作用是抑制有害微生物的生长。如甲酸、乙酸、苯甲酸、柠檬酸、稀盐酸、硫酸、磷酸等，有机酸添加量为湿重的 0.3%～0.5%；③营养型添加剂，主要用于改善青贮饲料营养价值，目前应用最广的是尿素，尿素和磷酸脲属于非蛋白氮添加剂，一般在青贮料中添加0.3%～0.5%。此外还有氨、矿物质等。

3.青贮的制作

（1）青贮原料的选择。凡无毒的新鲜植物均可作青贮，青贮原料要有一定的含糖量，一般不应低于 1.0%～1.5%，一般豆科牧草含蛋白质高，单独青贮难成功，而禾本科牧草含碳水化合物高，容易成功。

青刈带穗玉米：玉米带穗青贮，即将茎叶与玉米穗整株切碎进行青贮，这样可以最大限度地保存蛋白质、碳水化合物和维生素，具有较高的营养价值和良好的适口性，是奶牛的优质饲料。

带穗全株玉米青贮的收获期应根据玉米干物质含量确定，要求干物质含量≥28%，全株玉米干物质含量在 32%～35%时为最佳收获期，玉米的实胚线（乳线）达到 1/2 时，部分玉米籽实出现凹坑，淀粉量高，消化率高，纤维消化率高，青贮窖易于压实。

玉米秸：目前多选用籽粒成熟时茎秆和叶片大部分呈绿色的杂交品种，在蜡熟末期及时掰果穗后，抢收茎秆作青贮。收获果穗后的玉米秸上能保留 1/2 的绿色叶片，适于青贮。若部分秸秆发黄，3/4 的叶片干枯视为青黄秸，青贮时每 100kg 需加水 5～15kg。目前已培育收获果穗后玉米秸全株保持绿色的玉米新品种，很适合作青贮。

玉米收获时合理的留茬高度为 8～40cm。留茬过低，会夹带泥土，泥土中含有大量的梭状芽孢杆菌，易造成青贮腐败，粗纤维含量过高，奶牛不易消化；留茬过高，青贮产量低，影响农民的经济效益。

各种青草：各种禾本科青草所含的水分与糖分均适于调制青贮饲料。豆科牧草如苜蓿因含粗蛋白量高，不宜单独常规青贮。禾本科牧草的最适宜刈割期为抽穗期，而豆科牧草现蕾期至开花初期最好。

甘薯蔓、白菜叶、萝卜叶等农副产品，收获期集中，且量大，适宜作青贮。注意及时调制，避免霜打或晒成半干状态而影响青贮质量。青贮时与小薯块一起装填更好。

（2）切短。原料的切碎长度直接影响青贮的质量，一般原料的切碎程度按原料的不同质地来确定。含水量高、质地细软的原料，可以切得长些，反之则要短些。青贮切割过长，不宜压实、容易引起挑食、影响消化、玉米籽实难以破碎；青贮切割过短，营养物易流失，导致刺激奶牛咀嚼的有效纤维减少，引起瘤胃酸中毒，对奶牛健康不利。一般当青贮玉米的干物质含量较低（28%以下）而水分较多时，切割长度可以长一点，当干物质含量超过35%时，则需要切碎一些，才能够压实。玉米和高粱青贮切割适宜的长度为0.63～1.25cm，细茎牧草7～8cm。

（3）调节水分含量。原料的含水量是关系到制作青贮成功与否的关键之一，普通青贮适宜的含水量为60%～70%，半干青贮适宜的含水量为45%～55%。水分过低，不易压实压紧，不易形成厌氧条件，乳酸菌发酵缓慢；水分过高，养分流失，易结块，糖分浓度下降，不利于乳酸发酵，利于酪酸菌活动，导致青贮失败。对于水分高的原料要通过混贮、凋萎（适当晾晒）或添加干料等方法来进行调节；对于含水量过低的原料可与含水量较多的原料混贮，也可以根据实际含水情况加水。青贮原料的含水量用于抓原料时，水从手指缝间渗出并未滴下来，松手后慢慢松开（含水量为60%～70%）为准。

表3-6　青贮原料含水量的判定

用手挤压青贮饲料	水分含量
水很易挤出，饲料成型	≥80%
水刚能挤出，饲料成型	75%～80%
只能挤出少许一点水（或无法挤出），但饲料成型	70%～75%
无法挤出水，饲料慢慢分开	60%～70%
无法挤出水，饲料很快分开	≤60%

（4）窖式青贮。装窖：装窖前先要清扫青贮窖，砖砌窖面衬上塑料薄膜。原料入窖时，要层层装填（15～20cm厚），层层压实，特别注意窖四周边缘和窖角要踩实，大型窖可分段装填，以防止原料长时间暴露在空气中。小型窖采用人工压实，大型长方形的窖用机械压实。装窖时要一次完成，时间不能拖得过长，装填的时间越短青贮的品质越好。一般一个大型青贮窖要在2～5天内装满压实。

密封和管护：装满窖后要立即封埋，不能拖延密封期。装填的青贮料应高出青贮设施边缘，一般高出1m左右，在原料的上面盖一层10～20cm切短的秸秆、牧草，再用塑料薄膜覆盖，覆上 30～50cm 的土踩实。在封窖的 3～5 天内，注意检查窖顶，发现漏缝处及时修补，防止雨水渗入，并在青贮窖的周围约 1m 的地方挖排水沟，及时排水防止雨水渗入。

青贮使用注意事项：一般青贮在制作 45 天后即可开始取用。奶牛日喂量 10～25kg。

在取青贮料时要求在垂直切面启窖，长方形窖从背风的一头开窖，小窖可从顶部开窖。青贮料一经取用必须连续利用，每天用多少取多少，大型窖取料时，要用青贮剁刀，每次取料从上到下，直切到窖底，一次切齐。为防止二次发酵，每天取出的料层至少在 8cm 以上，最好 15cm 以上，取完用塑料薄膜盖压紧。一旦出现全窖第二次发酵，如青贮料温度上升到 45℃ 以上时，在启封面上喷洒丙酸，并且完全密封青贮窖，制止其继续腐败。

（5）半干青贮。半干青贮与一般青贮的主要区别是青贮原料刈割后不立即铡碎，而要在田间晾晒至半干状态。晴朗的天气一般晾晒 24～55 小时，即可达到 45%～55% 的含水量，有经验者可凭感官估测。如，苜蓿青草当晾晒至叶片卷缩至筒状、小枝变软不易折断时其水分含量约 50%。当青贮原料已达到所要求的含水量时即可青贮。其青贮方法、步骤与一般青贮相同。但由于半干青贮原料含水量低，所以原料要铡的更细碎，压的应更紧实，封埋的应更严、更及时。一定做到连续作业，必须保证青贮高度密封的厌氧条件，才能获得成功。

（6）拉伸膜青贮。指将收割好的新鲜牧草，玉米秸秆、稻草、甘蔗尾叶、甘薯藤、芦苇、苜蓿等各种青绿植物揉碎后，用捆包机高密度压实打捆，然后用青贮专用拉伸膜将草捆紧紧地裹包起来，造成一个最佳的发酵环境。经这样打捆和裹包起来的草捆，处于密封状态，在厌氧条件下，经 3～6 个星期，最终完成乳酸型自然发酵的生物化学过程。发酵后的草料，气味芳香，蛋白质含量和消化率明显提高，适口性好，采食最高，是理想的反刍动物粗饲料。

拉伸膜青贮有以下几个优点：保存时间长，一般在露天保存 3～5 年；制作青贮不受收割天气的影响，使用方便；饲料浪费少，不会受踩踏的损失。

（7）袋式灌装青贮。指全株玉米、玉米秸秆或牧草等青贮原料经切碎后，采用袋式灌装机将其高密度地装入专用塑料膜制成的圆筒形青贮袋，与相应的袋装青贮机配套，装入原料水分适中，抽尽空气，压紧扎口即可。秸秆的含水量可高达 60%～65%。一条 33m 长的青贮袋可灌装 180000kg 秸秆。每小时可灌装 120000～180000kg。

拉伸膜裹包青贮和袋式灌装青贮技术是目前世界上最先进的青贮技术，已在美国、日本及欧洲发达国家广泛应用。北京、上海、安徽、湖南、广东、河南、青海等省市都分别对稻草、玉米秸秆、甘薯藤、芦苇、甘蔗尾叶等进行了裹包青贮试验和应用，测试报告都证实了其效果。

（8）青贮饲料的品质鉴定。青贮饲料品质的评定有感官鉴定法、化学分析法和生物学法，生产中多用感官鉴定法。感官鉴定法包括观察青贮料的色泽、气味、质地等。感官鉴定标准见表 3-7。

表 3-7　青贮饲料的感官评定标准

等级	色	味	嗅	质地
优等	绿色或黄绿色	酸味浓	芳香味重，舒适感	柔软稍湿润
中等	黄褐色、墨绿色	酸中等，酒味	芳香味淡	软稍干或水分稍多
劣等	黑色、褐色	酸味少	臭、腐败味或霉味	干松或黏结成块

化学评定法主要是测定青贮料的 pH 和各种有机酸。一般优良的青贮料的 pH 在 4.2 以下，超过 4.2 说明在青贮发酵过程中，腐败菌活动较为强烈。有机酸中的乳酸、醋酸和酪酸的含量是评定青贮品质的可靠指标，优质的青贮料中含较多的乳酸，少量的醋酸，不含酪酸。

二、全混合日粮（TMR）调制技术

（一）购置适宜的 TMR 搅拌设备

搅拌设备关系到日粮能否均匀混合，且设备投资较大，应正确选择。

1.TMR 搅拌机容积的选择

应根据奶牛场的建筑结构、喂料道的宽窄、牛舍高度和牛舍入口、根据牛群人小、奶牛干物质采食量、日粮种类（容重）、每天的饲喂次数以及搅拌机充满度等选择其容积大小。TMR 容重为 260～280kg/m³。搅拌装载量占总容积的60%～75% 为宜。建议 600 头以下的牛场选用 7m³ 容积搅拌机，1000 头左右的牛场选用 12m³ 以上的容积搅拌机为宜。

2.TMR 搅拌机机型的选择

TMR 搅拌机分立式和卧式两种。立式与卧式相比优势明显：草捆和长草无需另外加工；混合均匀度高，能保证足够的长纤维刺激瘤胃反刍和唾液分泌；搅拌机内无剩料，而卧式机剩料难清除，影响下次饲喂效果；立式机器维修方便，只需每年更换刀片；使用寿命较长。

按移动方式有固定式、牵引式、自走式，应根据牛舍、资金等具体情况确定。较低窄的牛舍宜选用固定式 TMR 搅拌机，并配置相应的二次运输工具（如农用车、三轮车等）。

（二）奶牛合理分群

对于产奶母牛，大型奶牛场应根据泌乳阶段，分为前、中、后期。泌乳中期牛群中产奶量相对较高或很瘦的奶牛应该归入泌乳前期牛群；小型奶牛场可根据产奶量，分为高产、低产牛群，一般泌乳早期和产量高的牛群归入高产牛群，中后期牛归入低产牛群。

对于后备牛和干奶牛，大型牛场可分为犊牛群、育成牛群、成年牛群、干奶牛群；小型牛场可分为后备牛群（断奶至产前）和干奶牛群。

（三）奶牛日粮配方设计与制作

满足奶牛在不同的生理阶段及生产水平下的营养需要是关键。

1.饲料原料

饲料原料品种要多样化。在保证营养安全的前提下，尽量使用反刍畜非竞争性饲料。该类饲料，是指符合反刍畜消化生理、能被反刍畜较好的利用，而单胃动物不能或只能少量利用的粗饲料、非蛋白氮饲料、糟渣类饲料及一些抗营养因子含量较高的饲料。有利于利用饲料资源，降低饲料成本。精料补充料尽量选用粉料，不用颗粒料，以利于各种饲料间充分混合、附着。粗饲料的品种及数量对提升牛奶产量和质量尤为重要。成年母牛每日每头优质干草用量不少于 3kg；育成牛干草用量每日每头不少于 3kg；犊牛每日每头 1.5kg。高产奶牛每日每头苜蓿干草（或类似优质干草）用量不少于 2kg。

掌握饲料的营养含量。一般饲料原料初次进货时，应进行常规成分含量的测定。蛋白质饲料每次进货时均应进行粗蛋白质含量实际测定。

要正确采样，严格按规程进行，采样工具使用要规范，等等。如饲料取样钎的使用，实际生产中向饲料袋插入时没有槽口向下，不能严格执行操作规程的并不是个别现象。

2.日粮配方设计要素及指标

干物质进食量的确定。要精确测定不同饲养阶段、不同饲料组成的奶牛日粮的干物质进食量。

营养加 5%富余量。一般饲养标准中推荐的营养需要量是指动物在适宜环境条件下，正常、健康生长或达到理想生产成绩对各种营养物质种类和数量的最低要求。实际生产中则有许多不同：（1）因饲养环境不同，一般很难达到制定营养需要所规定的环境标准条件要求；（2）实际生产中，所用饲料不可能像试验那样全部进行饲料营养成分测定，饲料中的某些营养成分（比如能量），更多的是估算值，日粮中营养物质可能会出现更多不平衡；（3）饲料在生产和贮藏过程中营养物质的损失可能比试验时更大些。所以，应用《中国奶牛饲养标准（2004）》时，营养水平应提高 5%。

（四）含水量

全混合日粮最终含水量应在 35%～55%，有利于增加奶牛的干物质进食量；而为了保证各种饲料间有较好的附着粘牢度，应另加水 8%左右。面对我国青贮饲料含水量较高的现实，为了不突破最终含水量，日粮中一定要加入一定比例的干草，一般高产泌乳牛日粮中每天应有不少于 4kg 的干草。

（五）粗饲料的铡切长度

奶牛日粮应有适量的、足够长度的饲料纤维，以刺激奶牛反刍咀嚼、分泌唾液，来缓冲瘤胃环境。综合分析，以玉米青贮为主要粗饲料、应用 TMR 日粮的奶牛场，产奶牛日粮中必须有干草，且干草应在 3kg 左右，预先切短或在 TMR 搅拌机中切成 3～5cm。

（六）饲料原料投入 TMR 搅拌机的顺序及混合时间

卧式 TMR 搅拌机的添加顺序为：精料、干草、青贮、湿糟类等；立式饲料搅拌机应将精料和粗料添加顺序颠倒，按照干草、青贮、糟渣类、精料顺序加入。粗饲料需切短的应该延长搅拌时间。搅拌时间原则是确保搅拌后 TMR 中至少有 20% 的粗饲料长度大于 3.5cm。一般，最后一种饲料加入后搅拌 5～8 分钟即可。

混合时间与混合均匀度关系密切，混合不足或混合过度，均影响均匀度。不同搅拌机有不同要求，应严格按设备说明书要求进行。

（七）料槽及管理

使用 TMR 饲养技术的料槽与固定槽位饲养方式的料槽有所不同，应为通栏、单帮、平面式料槽。通栏是指各牛位间无隔栏，是相通的；单帮是指料槽与通道间的帮已经去掉，只保留了与牛位间的帮；平面是指料槽与通道在同一水平面上。槽帮高 0.35～0.40m，料槽底面光滑、浅色、耐用、无死角，适合奶牛采食。

记录每天每槽的采食情况、奶牛食欲、剩料量等，以便及时发现问题；每次饲喂前应保证有 3%～5% 的剩料量，并保证每天保持饲料新鲜。还要注意全混合日粮在料槽中的一致性（采食前与采食后），发现问题，及时采取相应措施。

（八）TMR 的饲喂时间和方法

TMR 可以每天饲喂一次，但最好 2～3 次。特别是在炎热潮湿的夏季，一天饲喂 2 次，一次在清晨，一次在晚上。

提倡牛场将投放 TMR 饲料的时间，安排奶牛在挤奶厅和待挤区进行，这样一方面当奶牛返回牛圈时可以吃到新鲜的饲料，因为这时一般也是奶牛最饥饿的时候，同时牛采食时必须站立，这样可使奶牛在卧下休息之前有更多时间让乳房干燥、乳头封闭。

每天应至少 6 次把 TMR 推向料槽边，因为牛首先采食最靠近自己的饲料，然后再尽量向外探头，伸出舌头采食较远的饲料，但充其量也只有 72cm 左右，再远的够不到了。及时把饲料推向料槽边，有利于牛采食，达到最大的进食量。

（九）TMR 加工效果评价

第一，TMR 加工效果评价采用了分级筛评价和反刍观察评价，简单、易行。中国农业大学发明的 TMR 便携分级筛，是判断 TMR 日粮组成粒度是否合适的一种量化的评价法，有条件的牛场可以根据此筛来判定本场 TMR 的加工效果。

第二，奶牛反刍观察。奶牛每天累计反刍 7～9 小时，充足的反刍是保证奶牛瘤胃健康的需要。粗饲料切割过短、过细会影响奶牛的正常反刍，使瘤胃 pH 降低，出现一系列代谢疾病。观察奶牛反刍是间接评价日粮制作粒度及加工效果的有效方法。

第四节　饲养管理

一、犊牛饲养管理

犊牛是指初生至 6 月龄的小牛。

（一）初生犊牛护理

1.防止窒息，剪断脐带

犊牛应该在清洁、干燥、柔软的垫草上，用清洁的软布擦净口、鼻腔及其周围的黏液。若是倒生，则应抓住犊牛后肢将其倒提起来，手拍其背脊，以便把吸到气管的胎水咳出，恢复正常呼吸。

通常情况下，犊牛的脐带自然扯断。未扯断时，在离开腹部 10～15cm 处握紧脐带，用两手大拇指用力揉搓脐带 1～2 分钟，然后用消过毒的剪刀，在经揉搓部位的外侧（远离腹部的那端）把脐带剪断。将脐带中的血液和黏液挤净，用 5%～10%的碘酒浸泡脐带断口 1～2 分钟，切记不要将药液灌入脐带内。断脐不要结扎，以自然脱落为好。让母牛舔舐犊牛 3～10 分钟（夏季时间长些，冬季短些），有利于胎衣的排出。

将犊牛被毛上的黏液清除干净，剥去蹄黄，以利于犊牛站立。待被毛基本干燥时称量并记录初生重。

2.尽早哺喂初乳，增强初牛犊牛的抵抗力

犊牛应尽量在出生后 0.5～1 小时内哺喂初乳，犊牛第一次哺喂初乳量一般为 1.5～2kg，也有人建议第一次哺喂 4L 初乳；第二次哺喂初乳时间一般在出生后 12 小时左右。初乳日喂 3～4 次，连续饲喂 4～5 天，然后逐步改为常乳，日喂 3 次。初乳最好即挤即喂，以保持乳温。适宜的初乳温度为 38℃±1℃。如果饲喂冷冻保存的初乳或已经降温的初乳，应加热 38℃左右再喂。初乳加热最好采用水浴加热，加热温度不能过高。饲喂发酵初乳时，在初乳中加入少量小苏打，可提高抗体的吸收率。犊牛每次哺乳1～2小时后，应给予25～38℃的温开水1次。

犊牛一般采用人工哺乳法。哺乳方法主要有三种：哺乳壶哺乳法、桶式哺乳法、犊牛饲喂器灌服饲喂法。

（1）哺乳壶哺乳法。要求奶嘴质量要好，固定结实。哺乳时让犊牛自由吮吸，喂量1.5～2kg。

（2）桶式哺乳法。采用奶桶哺喂，要求奶桶固定结实。第一次饲喂时，通常是一手提桶，另一手食指和中指（预先清洗干净）蘸乳放入犊牛口中使其吮吸，慢慢抬高桶，使犊牛嘴紧贴牛乳吮吸。习惯后，将手指从犊牛口中抽出，犊牛即会自行吮吸。通常初乳喂量为1.5～2kg。

（3）犊牛饲喂器灌服哺喂法。犊牛出生后第一次哺喂初乳4L，但新生犊牛往往不能主动食入大量初乳，因此多采用犊牛饲喂器进行灌服，灌服时注意卫生和操作，灌服后尽量保持犊牛安静，少运动。

3.初生犊牛管理要点

要认真细心，做到"三勤"——勤打扫、勤换垫草、勤观察。保持犊牛舍干燥卫生。随时观察犊牛的精神状况、粪便状态以及脐带变化，防止舐癖发生（互相吸吮），发现异常，及时采取措施。

犊牛初生时应称重、编号，生产上一般采用耳标法，先在耳标上编号，然后固定在牛的耳朵上。

（二）哺乳期犊牛的饲养

3～5天的初乳期过后，即可开始喂常乳或混合初乳。10～15日龄开始，逐渐由常乳改为混合乳或代乳品。哺乳量要随日龄增加逐渐减少，直至断乳。

犊牛2周龄左右开始逐渐采食嫩草和营养价值高的精饲料，同时添加粗饲料（以优质干草为宜）。诱导犊牛采食精料的方法可在喂奶之后将少许牛奶洒在精料上，或将精料煮成粥加在牛奶中饲喂，或将少许精料放在手指上让犊牛吮舐。一般两周后可自行采食。

犊牛哺乳量一般以300～400kg为宜，哺乳期3～4个月。以适量的牛奶和精料加上大量的优质干草和多汁饲料培育犊牛。在保证优质干草和犊牛料的条件下，哺乳量还可减少 3kg 以下。表 3-8 为犊牛料配方。

表 3-8　犊牛料配方

时期	玉米（%）	麸皮（%）	豆饼（%）	棉籽饼+菜籽饼（%）	饲用酵母粉（%）	磷酸氢钙（%）	食盐（%）	预混料（%）
7～30 日龄	55	16	21	0	5	1	1	1
31～90 日龄	50	15	15	13	3	2	1	1

（三）犊牛管理要点

1.四定、四看

犊牛管理的"四定"是定质、定量、定时、定温；"四看"是看精神、看食欲、看粪便、看天气。

（1）定质。就是给犊牛哺喂健康牛的奶，并防止牛奶变质。

（2）定量。按哺乳计划严格控制哺乳量。每日哺乳量参阅表 3-9，从 7～10 日龄开始添加犊牛料，同时训练吃干草。

表 3-9　不同日龄犊牛哺乳量（kg/天）

哺乳 300kg		哺乳 350kg		哺乳 400kg		哺乳 500kg	
日龄	日哺乳量	日龄	日哺乳量	日龄	日哺乳量	日龄	日哺乳量
1～5	3.5	1～5	6.0	1～5	3.5	1～10	5.0
6～10	4.5	6～10	6.0	6～10	4.5	11～20	5.0
11～20	6.0	11～20	6.0	11～20	6.0	21～30	5.0
21～30	7.0	21～30	6.0	21～30	7.0	31～40	5.0
31～45	5.0	31～40	6.0	31～45	6.0	41～60	5.0
46～55	4.0	41～50	6.0	46～60	5.0	61～90	4.0
56～60	3.0	51～60	5.0	61～75	3.0	91～110	4.0

（3）定时。固定喂奶时间，两次饲喂之间的间隔一般为 8 小时左右。

（4）定温。奶温应保持恒定，不能忽冷忽热。生产中应采用水浴加热乳汁，饲喂乳汁的温度，一般夏天掌握在 36～38℃，冬天 38～40℃。

（5）看精神。健康犊牛性情活泼，喜欢在运动场活动。有病的犊牛，不喜爱活动，精神不振，眼神忧郁无光，鼻镜干燥。

（6）看食欲。健康犊牛食欲旺盛，抢食，亲近饲养人员，有吃不够感。有病的犊牛，对饲喂反应冷淡，有时吃几口就走，站立不动或卧地不起，不喜欢活动。

（7）看粪便。正常犊牛粪便呈黄褐色，开始吃草后变干呈盘状。消化不良时呈灰白色；吃料过多粪便恶臭，受凉粪便多气泡，患肠炎粪便有黏液。

（8）看天气。外界气温 11～16℃，犊牛感到舒适，超过这个温度范围，要尽量采取各种措施，避免犊牛不适而影响健康。

2.加强运动

天气晴朗时，可让 7～10 日龄犊牛到运动场上自由运动 30 分钟；1 月龄时运动 1 小时左右；以后随牛龄的增大，逐渐延长运动时间。酷热天气，午间应避免太阳直接暴晒，并注意降温，以免中暑。

3.饮水

运动场内设水槽，自由饮水，水温不低于 15℃，冬季应供给 30℃左右的温水。

4.去角

犊牛应在生后 2～3 周龄内去角，有两种方法可供选择。

（1）腐蚀法。操作步骤是：首先将犊牛保定，剪去角基部周围的毛，在角根周围涂上一圈凡士林，以防药液流出伤及头、眼部。然后用棒状苛性钾或苛性钠稍湿水，涂擦角基部至表皮有微量血渗出为止。

（2）电烙法。将特制电烙铁顶部放在犊牛角基部，烙 15～20s 或者烙到犊牛角四周的组织变为古铜色为止。烙完后可涂以青霉素软膏或硼酸粉，如有液体流出，要用棉花吸去。用此法去角不出血，一年四季都可用，但只能用于 35 日龄以内的犊牛。

去角后的犊牛要单独饲养，以免别的犊牛去舔舐。去角后要经常检查，防雨淋、化脓。新去角的牛应避免苍蝇干扰。

5.切除多余的乳头

乳房上若有副乳头,应在 4～6 周龄时剪除,利于成年后清洗乳房和预防乳腺炎。

6.做好定期消毒

冬季每月至少进行 1 次，夏季 10 天 1 次，用苛性钠、石灰水或来苏水对地面、墙壁、栏杆、饲槽、草架进行彻底消毒。如，发生传染病或有死畜现象，必须对其所接触的环境及用具做临时性突击消毒。

二、育成牛饲养管理

育成牛指 7 月龄到配种时的母牛。

（一）7~12 月龄育成母牛的饲养

7~12 月龄的育成牛日粮必须以优质青粗饲料为主，每天青粗饲料的采食量可达体重的 6%~8%。此阶段结束，体重应达到 250kg 以上。此阶段奶牛日粮可参照表 3-10。

表 3-10　7~12 月龄育成牛日粮

日粮组成	7~8 月龄	9~10 月龄	11~12 月龄
混合料（kg）	2	2.25	2.5
玉米青贮（kg）	10~11	11	12
羊草（kg）	0.5~1	1.5	2
甜菜（粉）渣（kg）	—	—	0.5

混合料配方①：玉米 50%，豆饼 29%，麸皮 10%，酵母粉 2%，棉仁饼 5%，碳酸钙 1%，磷酸氢钙 1%，食盐 1%，预混料 1%。

混合料配方②：玉米 50%，豆饼 9%，葵花籽饼 10%，棉仁饼 10%，麸皮 12%，酵母粉 5%，石粉 1%，磷酸氢钙 1%，食盐 1%，预混料 1%。

（二）13~18 月龄育成母牛的饲养

对 12 月龄以后的育成牛，其日粮要尽量增加青贮、块根、块茎饲料的喂量，其比例可占日粮总量的 85%~90%。但青粗饲料品质较差时，要减少其喂量。适当增加精料喂量。13~18 月龄育成牛日粮可参照表 3-11。

混合料配方①：玉米 40%，豆饼 26%，麸皮 28%，尿素 2%，食盐 1%，预混料 3%。

混合料配方②：玉米 47%，豆饼 13%，葵花籽饼 8%，棉仁饼 7%，麸皮 22%，碳酸钙 1%，食盐 1%，磷酸钙 1%。

表 3-11　13～18 月龄育成牛日粮

日粮组成	13～14 月龄	15～16 月龄	17～18 月龄
混合料（kg）	2.5	2.5	2.5
玉米青贮（kg）	13	13.2	13.5
羊草（kg）	2.5	3.2	3.5
甜菜（粉）渣（kg）	2.2	3.3	3.8

（三）育成牛管理要点

1.加强运动

舍饲条件下，每天应至少有 2 小时以上的运动。冬季和雨季晴天时要尽量外出自由运动，以利于母牛的骨骼生长。

2.乳房按摩

对周岁至配种期间的育成牛每天应按摩一次乳房。每次按摩时用热毛巾轻轻擦揉乳房。

3.刷拭和调教

育成牛每天应刷拭 1～2 次，每次 5～10 分钟，并要注意调教和驯养，使其温顺无恶癖。达到按摩其任何部位都不害怕、不反感、不躲避。

4.育成母牛的初次配种

育成母牛一般 14～16 月龄初次配种。对 14 月龄以上的育成牛，若体重（375kg 以上）和胸围（160cm 以上）达到配种要求，或达到成年体重 70%，发情时要及时配种。如果 14～16 月龄达不到配种要求，说明生长发育欠佳，应加强饲养管理。

三、青年牛饲养管理

习惯上把初次配种至初产这一阶段的母牛称为青年母牛。

（一）青年母牛的饲养

初孕牛预产前 2～3 个月，胎儿发育较快，应视其原来膘情适当提高饲养水平，但必须防止过肥，要投给大量优质干草，喂量控制在体重的 1.0%～1.5%，精料可按表 3-12 的方案喂养。

若母牛有剩料，则可减少每日供料量 1～2kg，并投给优质干草，任其自由采食。

在分娩前 30 天，可在饲养标准的基础上适当增加饲料喂量，但谷物的喂量不得超过初孕母牛体重的 1%。怀孕后期（预产期前 2～3 周）可采用低钙日粮，即日粮钙含量调节到低于饲养标准的 20%，有利于防止产后瘫痪。

表 3-12 初孕牛产犊前的饲养方案（kg）

月龄	体重	精料量	干草	玉米青贮
19	402	2.5	2.5	15
20	426	2.5	2.5	17
21	450	4.5	3	10
22	477	4.5	3	11
23	507	4.5	5.5	5
24	537	4.5	6	5

精料配方举例：玉米 48%，豆饼 23%，麸皮 26%，碳酸钙 0.5%，磷酸氢钙 1.7%，食盐 0.5%，矿物质和维生素添加剂 0.3%。

（二）青年母牛管理要点

（1）运动量要加大，每日至少行走 1.5～2km 或运动 1～2 小时。有放牧条件的地方也可进行放牧，但比未怀孕的育成牛放牧时间要短，有利于防止难产。

（2）每天按摩乳房 2 次，每次 1～2 分钟。按摩时用热毛巾轻轻擦揉乳房，按摩进行到乳房开始出现妊娠生理水肿为止。分娩前 1～2 个月按摩乳房时切忌擦拭乳头，以免擦去乳头周围的蜡状保护物质，引起乳头皲裂、导致乳腺炎或产后乳头坏死。

（3）在分娩前 2 个月，应转入成年牛舍进行饲养管理，以使其习惯成年母牛的牛舍环境。

（4）防止机械性流产或早产。在牛群通过较窄的通道时，防止互相挤撞。冬季要防止在冰冻的地面或冰上滑倒，也不要喂给母牛冰冻的饲料或冰水。

四、干奶期母牛饲养管理

干奶牛是指从停奶到产犊前 15 天的经产牛和妊娠 7 个月以上到产犊前 15 天的初孕牛。

（一）干奶期时间和方法

1.干奶期的时间

干奶期的长短一般为 60 天（50～75 天）。

2.干奶方法

（1）逐渐干奶法。一般需要 10～15 天时间。首先，降低日粮营养水平，逐渐减少精料喂量，停喂多汁料和槽渣料，多喂干草，同时改变饲喂时间，控制饮水量，加强运动；其次，变更挤奶时间，逐渐减少挤奶次数，挤奶时不再进行乳房按摩，改每日 3 次为 2 次，2 次为 1 次乃至隔日挤奶，到最后一次挤 2～3kg 奶时停挤。此法适用于停奶时产奶量较高以及有乳房炎病史的牛。

（2）快速干奶法。在 4～7 天内停奶。最初停喂多汁料，减少精料，控制饮水量，减少挤奶次数，打乱挤奶时间，但每次挤奶要挤干净。只要到达停奶日期，认真按摩乳房，挤净奶后干奶。此法适于产量较低的牛。

无论哪种方法，当奶牛产奶量下降至 5kg 以下时，就可充分按摩乳房，挤净最后一次奶，然后将乳头消毒，并给乳头眼注入专用干乳膏或金霉素眼药膏，此后不再动乳房。停止挤奶 3～4 天内，乳房膨胀，这时不要摸乳房，也不要挤奶，一般经过 10 多天，乳房中的乳被吸收而自行收缩松软。只要没有红肿、热痛、发热发亮等不良现象，就不必管它。

（二）干奶期母牛的饲养

停奶之日起 2 周内不喂多汁料和副料。干奶期营养一般可按日产奶 5～10kg 的奶牛所需营养标准饲喂。膘情好的牛只喂干草即可。干奶牛不可喂得太丰富，尤其是能量不宜多。干奶期奶牛日粮配方见表 3-13。

表 3-13　干奶期奶牛日粮配方实例

日　粮		配方 1	配方 2	配方 3
		适用 305 天产奶量 5.5～6 吨的干奶期母牛	适用体重 600～650kg 的干奶期母牛	适用体重 500～550kg 的干奶期母牛
玉米青贮（kg）		22	18	17
羊草（kg）		3.10	3～3.5（中等质量）	2.5～3（中等质量）
精料	添加量（kg）	2.60	3	3
	其中(%) 玉米	60	50	44
	豆饼	10	34	16
	麸皮	16	13	37
	大麦	6	—	—
	高粱	6	—	—
	碳酸氢钙	—	1.6	0.5
	碳酸钙	—	0.4	1.5
	食盐	2	1	1

干奶期母牛的配合精料中应添加矿物质微量元素和维生素，每千克中的添加量为：硫酸铜 83mg，硫酸锰 570mg，硫酸锌 571mg，氯化钴 6.1mg，碘酸钙 2.6mg，亚硒酸钠 2.6mg；维生素 A 16000IU，维生素 D 4000IU，维生素 E 70IU。

（三）干奶期母牛管理要点

1.做好保健工作

应保持饲料的新鲜和质量，不能供给冰冻、腐败变质的饲草饲料。冬季饮水温度不能低于 10℃（最好为 36℃左右），以免造成腹泻引发早产。防止拥挤，牛的通道应保持干燥或铺垫草以防滑倒。

2.适当的运动

加强运动和适当的光照，有利于减少蹄病和难产的发生。有条件的奶牛场应设有遮阳设施的大运动场，任其自由运动。在运动时必须和其他牛群分开，产前要停止运动。

3.保持皮肤及环境卫生

每天应加强刷拭牛体，促进血液循环，使牛变得更加温驯易管。牛床保持清洁干燥，牛粪及时刮除，常换垫草，保持清洁以防乳房感染。

4.做好乳房按摩

经产母牛在干奶 10 天后开始按摩，每日可按摩乳房 2～3 次，每次 5～10 分钟，但事后要对乳头进行消毒。但产前（临产前 2～3 周）出现水肿的牛应停止按摩。

初产牛的乳房按摩可以从犊牛 1 岁左右开始，也可以在青年母牛受胎后进行。对初产母牛最初 5 天可以每天按摩 1 次，以后 5 天内每天 1～2 次，最后 1 个月内每天可按摩 3 次，每次按摩的时间均以 5 分钟左右为宜。

五、围产期母牛饲养管理

围产期是指母牛分娩前后各 15 天的阶段。产前 15 天为围产前期，产后 15 天为围产后期。

（一）围产前期奶牛的饲养管理

1.围产前期奶牛的饲养

产前 2 周应逐渐增加精料喂量，每日多喂 0.4～0.5kg 精料，逐日增加，直到分娩时精料量占体重的 0.5%～1.0%。临产前 2～3 天，精料中可适当增加麸皮含量，防止母牛便秘。粗饲料应以优质干草和青贮饲料为主。

（1）围产前期奶牛日粮营养水平。干物质占母牛体重的 2.5%～3.0%，每千克日粮干物质含奶牛能量单位 2.0～2.3 个，粗蛋白 13%，钙 0.2%，磷 0.3%，精粗饲料比为 40:60，粗纤维不少于 20%。

（2）日粮喂量。混合精料 3～6kg，优质干草 4kg，青贮饲料 15kg，糟粕料和块根茎料 5kg，并注意补充微量元素及维生素。应添加适量的维生素 A、维生素 C、维生素 E，并采取低钙饲养法。典型的低钙日粮一般是钙占日粮干物质的 0.4%以下，一般为 40g，钙:磷=1:1，减少产后瘫痪。产犊以后应迅速提高日粮中钙含量，以满足产奶需要。围产前期奶牛日粮配方见表 3-14。

表 3-14　围产前期奶牛日粮配方实例（以干物质为基础）

妊娠天数	270	279
妊娠体重（kg）	751	757
月龄	58	58
青贮玉米（kg）	4.32	4.03
大豆粕，48%粗蛋白（kg）	—	0.27
青贮牧草，中等成熟（kg）	7.35	3.73
玉米（kg）	—	0.31
干甜菜渣（kg）	—	1.42
小麦秸（kg）	1.56	—
食盐	0.02	0.02
维生素和微量元素添加剂	0.41	0.31

（引自美国 NRC，2001）

2.围产前期奶牛管理要点

（1）母牛进入围产期应转入产房。产房事先应用 2%火碱水喷洒消毒，铺上干燥清洁的垫草。供应奶牛清洁充足的饮水。产房内地面不应光滑，以防奶牛滑倒造成流产，进出门时应防止互相挤撞。

（2）保持环境安静。产房光线应暗，并保持安静的环境。

（3）昼夜专人值班。发现奶牛表现精神不安、停止采食、起卧不定、后躯摆动、频频回头、频排粪尿，甚至鸣叫等临产症状时，应立即用 0.1%高锰酸钾液（或其他消毒液）擦洗生殖道外部及后躯，并备好消毒药品、毛巾、产科绳以及剪刀等接产用器具。

（二）围产后期奶牛的饲养管理

1.围产后期奶牛的饲养

分娩后要立即喂母牛 30～40℃的麸皮盐水汤（麸皮 1.5～2.0kg，盐 100～150g，温水 10～15kg）。然后清除污草，换上干净垫草，并喂给母牛优质、嫩软的干草 1～2kg，让牛好好休息。

如奶牛产后乳房不水肿，消化机能正常，体质健康，产后第一天就可喂给多汁饲料和精料，但要控制青饲、青贮、块根类饲料的喂量。粗饲料则以优质干草为主。精料不可太多，但要全价、优质、适口性好，最好能调成粥状。4～5天后逐步增加精料、多汁料及青贮，每天增加1kg左右的精料，至产后第7天日粮可达到泌乳牛给料标准。

日粮营养水平：干物质占母牛体重的3.0%～3.8%，每千克干物质含2.3～2.5个奶牛能量单位；可消化粗蛋白占日粮干物质的11%～15%。分娩后立即改为高钙日粮，钙占日粮干物质的0.7%～1.0%（130～150g/天），磷占日粮干物质的0.5%～0.7%（80～100g/天）。

2.围产后期奶牛管理要点

（1）饮水。保证奶牛充足、清洁的饮水。一般产后1～5天，应喂给奶牛温水，以后逐渐降至常温。

（2）乳房管理。产后30分钟至1小时挤奶。挤奶前先用温水清洗牛体两侧、后躯、尾部，并把污染的垫草清除干净，最后用0.1%～0.2%的高锰酸钾溶液给乳房消毒。开始挤奶时，每个乳头的前几滴奶要弃掉，一般产后第一天每次只挤奶1/3左右，够犊牛哺乳量即可，第二天每次挤奶1/3，第三天挤1/2，第四天才可将奶挤尽。分娩后乳房水肿严重的，要加强乳房的热敷和按摩，每次挤奶热敷按摩5～10分钟，促进乳房消肿。

（3）胎衣。产后4～8小时胎衣自行脱落。胎衣脱落后要清洗外阴部并用来苏水消毒，以免感染。如胎衣滞留24小时（夏季12小时）以上还不脱落，应手术剥离。

（4）观察。留心观察奶牛是否发生产后瘫痪、酮病、酸中毒等代谢病。如无特殊病症，产后10～15天就可移出产房，回到泌乳牛舍。

六、泌乳早期母牛饲养管理

产后16～100天为泌乳早期，也有人称泌乳盛期。

（一）泌乳早期奶牛的饲养

1.饲养方法

目前多用全混和日粮自由采食法。日粮中的粗料、精料比在泌乳早期为

40:60，中期到后期可由 40:60 变到 50:50、60:40 或 70:30。粗料主要用切得很短的全株玉米青贮，便于与精料混合。

高产奶牛泌乳早期由于营养负平衡，特别是维生素 A、维生素 D、维生素 E 等缺乏。每日每头维生素 A、维生素 D$_3$、维生素 E 和 β-胡萝卜素的给量分别为 50000IU、6000IU、1000IU 和 300mg。

2.日粮营养水平

干物质占体重 3.5% 以上，每千克干物质含奶牛能量单位 2.4 个，粗蛋白 16%～18%，钙 0.7%，磷 0.45%，精粗饲料比 60:40，粗纤维不少于 15%，中性洗涤纤维 35%，酸性洗涤纤维 19%～20%。

3.日粮组成

典型日粮配方和日粮组成见表 3-15。

表 3-15　泌乳早期奶牛日粮配方实例

日　　粮	配方 1 适用于体重 640kg，日产奶 19.7kg，全泌乳期产奶量 7.15～7.2 吨，乳脂率 3.3%，3～4 胎的泌乳牛	配方 2 适用于体重 620kg，日产奶 32.6kg，3～5 胎的泌乳牛	配方 3 适用于体重 600kg，日产奶 20kg，3 胎以上的泌乳牛	配方 4 适用于体重 600kg，日产奶 15kg，乳脂率 3.5%，3 胎以上的泌乳牛	配方 5 适用于粗饲料平均粗蛋白质含量 5%～8%、产奶净能为 3.766～4.184MJ/kg 的地区	
					产后 0～30 天的泌乳牛	产后 31～70 天的泌乳牛
玉米青贮（kg）	9.86	17.13	18.0	16.0	10	15
干草（kg）	3.45	—	4.0	5.0	4.5	4.5
青饲料（kg）	20.59	—	—	—	—	—
块根料（胡萝卜）（kg）	5.73	—	3.0	3.0	—	—
鲜淀粉渣或豆腐渣（kg）	8.37	7.31	—	—	—	—
啤酒糟（kg）	—	—	—	—	8	12
秋白草（kg）	—	1.72	—	—	—	—
玉米面（kg）	—	1.25	—	—	—	—
豆饼（kg）	—	4.16	—	—	—	—
棉籽饼（kg）	—	1.25	—	—	—	—

续表

		添加量（kg）	8.6	7.3	8.5	8.4	6.5	10
精料	其中（%）	玉米	30	50	47.2	54	45	
		豆饼（豆粕）	10	4	28.3	24	19	
		棉仁饼	16	—	—	—	—	
		麸皮	18	40	18.9	19	10	
		大麦	19	—	—	—	—	
		玉米蛋白质	—	—	—	—	18	
		酵母饲料	—	—	—	—	5	
		碳酸钙	1.5	4	—	—	0.4	
		磷酸氢钙	3.5	—	3.3	2.0	1.7	
		食盐	2.0	2	2.3	1.0	0.8	
		添加剂	—	—	—	—	0.1	

（二）泌乳早期奶牛管理要点

（1）保持饲料种类相对稳定，换料时循序渐进。在必须更换饲料种类时，一定要逐渐进行，尤其是更换青粗饲料时，应有 7～10 天的过渡时间。

（2）加强乳房热敷和按摩，每次挤奶后药浴乳头，防止感染。

（3）散养奶牛，应保证每头奶牛有足够的食槽空间，以使每头奶牛都能充分采食，食槽剩料量应在 5%左右。

（4）保证奶牛每天有充足、清洁的饮水，可采用自由饮水的方式。奶牛场内的水槽或自动饮水器要经常冲洗、消毒，尽量避免饮用不洁净的水。饮水的温度也非常重要，尤其在冬季应防止奶牛饮冰水，水温应保持在 10℃以上。

（5）适时配种。注意泌乳早期牛的发情，以产后 70～80 天配种最佳。高产奶牛在泌乳早期的发情表现往往不明显，必须注意观察，以免错过发情期。

七、泌乳中后期母牛饲养管理

产后 101～200 天为泌乳中期，产后 201 天至干奶前称泌乳后期。

（一）泌乳中期奶牛的饲养管理

1.泌乳中期奶牛的饲养

（1）日粮营养水平。干物质为体重的 3%左右，每千克干物质含 2.13 个奶牛能量单位，粗蛋白质 13%，钙 0.45%，磷 0.4%。精粗饲料比为 40:60，粗纤维含量不少于 17%。

（2）日粮配方及喂量。

①玉米 50%，熟豆饼（粕）20%，麸皮 12%，玉米蛋白粉 10%，酵母饲料 5%，磷酸氢钙 1.6%，碳酸钙 0.4%，食盐 0.9%，强化微量元素与维生素添加剂 0.1%。精料按每产 2.7kg 奶给 1kg 供给；每产 2.5～3.0kg 奶给 1kg 鲜啤酒糟（或甜菜渣、豆腐渣）。粗料每日每头牛 20kg 玉米青贮、4kg 干草。

②体重 600kg，每日每头产奶 20kg 的奶牛其日粮组成为玉米青贮 18kg，羊草 4kg，胡萝卜 3kg，混合料 8.84kg（其中玉米 47.2%，豆饼 28.3%，麸皮 18.9%，磷酸氢钙 3.3%，食盐 2.3%）。

2.泌乳中期奶牛管理要点

（1）对日产奶量高于 35kg 的高产奶牛，一年四季均应添加缓冲剂（小苏打、氧化镁）。夏季还应添加氯化钾，有利于缓解热应激对高产奶牛造成的不利影响。

（2）应控制母牛在此期间的增重，以日增重保持在 500g 左右为宜。

（3）加强运动，供给充足的饮水；复查妊娠，做好保胎工作。

（二）泌乳后期奶牛的饲养管理

1.泌乳后期奶牛的饲养

（1）日粮营养水平。干物质应占体重的 3.0%～3.2%，每千克干物质含 2 个奶牛能量单位，粗蛋白 12%，钙 0.45%，磷 0.35%，精粗饲料比为 30:70，粗纤维含量不少于 20%。以优质青粗饲料为主，补给高能量精料。

（2）日粮配方及喂量。精料配方及日粮组成见表 3-16。

表 3-16 泌乳后期奶牛日粮配方实例

日　　粮			配方 1	配方 2	配方 3
			适于全期产奶水平为8～8.5 吨、乳脂率3.5%的高产奶牛	适于全期产奶量为7吨、乳脂率为3.5%的奶牛	适于全期产奶水平为6吨及以下,乳脂率为3.5%的奶牛
玉米青贮（kg）			20	20	20
干草（kg）			4～4.5	4	4
精料	其中(%)	喂量（kg）	10～12	9～10	8～9
		玉米	50	50	50
		熟豆饼	10	10	10
		棉仁饼	5	5	5
		胡麻饼	5	5	—
		芝麻粕	—	—	3
		花生饼	3	—	—
		葵花籽饼	4	5	5
		麸皮	20	22	24
		碳酸氢钙	1.5	1.5	1.5
		碳酸钙	0.5	0.5	0.5
		食盐	0.9	0.9	0.9
		添加剂	0.1	0.1	0.1

2.泌乳后期母牛管理要点

在日常管理工作上，预防母牛拥挤、滑跌、击打或牛相互格斗，冬季不饮冰水，夏季预防高温中暑，做好保胎，防止早产。在预计停奶以前必须进行一次直肠检查，最后确定是否妊娠，以便及时停奶。

第五节　废弃物处理与资源化利用

一、粪污无害化处理

奶牛养殖要减少污染，提高经济效益，就必须对粪尿和污水加以处理，力图实现污染物减量化、无害化，并进行综合利用。

（一）粪尿的分离技术

粪尿固液分离的方法主要有两类：①按固体物几何尺寸的不同进行分离，主要设备有筛分分离（如固定筛、振动筛、转动筛）、过滤分离（真空过滤机、带式压滤机、转辊压滤机等）以及卧式螺旋挤压机等；②按固体物与溶液的比重不同进行分离，主要设备有沉降分离（卧式离心机）、立式螺旋分离机、旋转锥形筛等。筛分分离，分离出的固形物含水率较高。一般在80%左右，且筛孔容易堵塞；过滤分离和沉降分离含水率较低，一般在65%～70%。

（二）奶牛粪便的处理与利用

1.作为肥料

牛的粪便应经过适当处理后再应用于农田。

（1）堆肥法。传统的堆肥方法采用厌氧的野外堆积法，这种方法占地多、时间长。现代化的堆肥生产一般采用好氧堆肥工艺。方法有静态堆肥或装置堆肥。一般由前处理、主发酵（一次发酵）、后发酵（二次发酵）、后处理、脱臭和储藏等工艺组成。静态堆肥不需特殊设备，可在室内进行，也可在室外进行，所需时间一般为60～70天；装置堆肥需有专门的堆肥设施，以控制堆肥的温度和空气，所需时间为30～40天。

前处理：调整水分和氮碳比。要求牛粪等物料氮碳比应在1:30～1:35，碳氮比过大，分解效率低，需时长，过低则使过剩的氮转化为氨而逸散损失，一般牛粪的氮碳比为 1:21.5，制作时适量加入杂草、秸秆等，以提高碳氮比，也可添加菌种（高温嗜粪菌等）和酶；物料的含水量以 45%～60%为宜。

主发酵（一次发酵）：在露天或发酵装置内进行。为提高堆肥质量和加速腐熟过程，通过翻堆或强制通风保持堆积层或发酵装置的好氧环境，一般将温度升高到开始降低为止的阶段称主发酵阶段，需 3～10 天。

后发酵（二次发酵）：将主发酵的半成品送到后发酵工艺，将未分解的有机物进一步分解，一般物料堆积 1～2m，要有防雨措施，通常不进行通风，而是每周进行一次翻堆。后发酵时间一般为 20～30 天。

后处理：除去杂物等。

脱臭：主要有化学除臭剂除臭，碱和水溶液过滤，熟堆肥或药用炭、沸石等吸附剂过滤等。在露天堆肥时，可在堆肥表面覆盖熟堆肥，以防止臭气散发。常用的除臭装置有堆肥过滤器等。

贮藏：贮存方法可直接堆存在发酵池中或袋装，要求干燥、透气。

（2）制成颗粒有机肥。详见"二、沼气与有机肥生产技术"。

2.利用蚯蚓处理牛粪

利用蚯蚓的生命活动来处理牛粪可以使经过发酵的牛粪，通过蚯蚓的消化系统，迅速分解、转化，成为自身或其他生物易于利用的营养物质。这样既可生产优良的动物蛋白，又可生产肥沃的复合有机肥。这项工艺简便、费用低廉，不与动植物争食、争场地，对环境不产生二次污染。

3.生产沼气

应用粪便生产沼气技术详见"二、沼气与有机肥生产技术"。

（三）奶牛场污水的处理与利用

污水处理主要有物理处理法、化学处理法和生物处理法。

1.物理处理法

就是利用化粪池或滤网等设施进行简单的物理处理方法。此法可除去40%～65%的悬浮物，并使生化需氧量（BOd）下降 25%～35%。污水流入化粪池，约 12～24 小时后，使生化需氧量降低 30%左右，其中的杂质沉降为污泥，流出的污水则排入下水道。污泥在化粪池内应存放 3 个月至半年，进行厌氧发酵。

2.化学处理法

根据污水中所含主要污染物的化学性质，用化学药品除去污水中的固体或胶体物质的方法。其中，化学消毒处理法中最方便有效的方法是采用氯化消毒法。混凝处理，即用三氯化铁、硫酸铝、硫酸亚铁等混凝剂，使污水中的悬浮物和胶体物质沉淀而达到净化的目的。

3.生物处理法

就是利用污水中微生物的代谢作用分解其中的有机物，对污水进一步处理的方法。可分为好氧处理、厌氧处理、厌氧+好氧处理法。

（1）好氧处理。就是在有氧的条件下，借助好氧微生物和兼氧微生物的代谢作用处理污水，污水中的微生物通过自身的氧化、还原、合成等过程，把吸收的一部分有机物氧化分解为简单的无机物，如水、二氧化碳、氨气等，并释放大量的能量；另一部分有机物代谢合成新的细胞物质。这样微生物不断地生长繁殖，产生更多的微生物。

（2）厌氧处理。厌氧处理又称甲烷发酵，是利用兼氧微生物和厌氧微生物的代谢作用，在无氧的条件下，将有机物转化为沼气（主要成分为二氧化碳、甲烷等）、水和少量的细胞物质。与好氧处理相比，厌氧处理效果好，可除去污水中绝大部分病原菌和寄生虫卵；能耗低，占地少；不易发生管孔堵塞等问题；污泥量少，且污泥较稳定（生产沼气部分）。

（3）厌氧+好氧处理法。该法是处理污水最经济、最有效的方法。厌氧法生化需氧量负荷大；好氧法生化需氧量负荷小。先用厌氧处理，然后再用好氧处理是高浓度有机污水常用的处理方法（图3-11）。

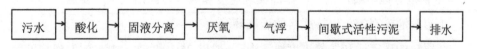

图3-11　污水厌氧+好氧的处理工艺

二、沼气与有机肥生产技术

（一）沼气生产技术

沼气是利用厌氧菌（主要是甲烷细菌）对牛粪尿和其他有机废弃物进行厌氧发酵产生一种混合气体。沼气可作为生活、生产用燃料，也可用于发电。在沼气生产过程中，因厌氧发酵可杀灭粪尿中病原微生物和寄生虫，发酵后的沼渣和沼液又是很好的肥料。这样种植业和养殖业有机的结合起来，形成一个多次利用、多次增值的生态系统（图3-12）。

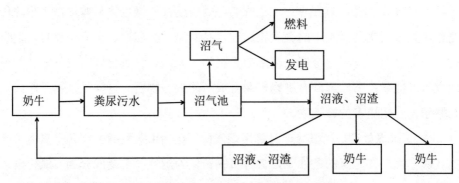

图3-12 奶牛粪尿厌氧发酵利用生态系统

由于粪便悬浮物多，固形物浓度较高，常见的处理工艺：①全混合式沼气发酵装置，常温发酵，物料滞留期40天左右，产气率低，每立方米沼气池平均每天$0.13\sim0.3m^3$；②塞流式发酵工艺，并有搅拌、污泥回流和保温装置，发酵温度为$15\sim32℃$，产气率为每平方米沼气池每天$1.2\sim2.0m^3$；③上流式污泥床反应器（UASB）或厌氧过滤器（AF），或两者结合的工艺，其优点是能够使厌氧微生物很好地附着，进一步提高反应速度和产气量。沼气生产要点：

1.沼气池应密闭，保持严格的无氧环境。

2.原料的碳氮比和发酵浓度要适当。一般以25:1和6%～10%的发酵浓度为宜，碳氮比和发酵浓度在夏季可适当低些，在冬季可适当高些。

3.原料的浓度要适当。原料太稀会降低产气量，太浓则使有机酸大量积累，使发酵受阻。原料与水的比例以1:1为宜。

4.要保持适宜的温度。甲烷细菌的适宜温度为$20\sim30℃$，当沼气池内温度

166

降到8℃时，产气量则迅速下降。

5.沼气菌适宜在中性或微碱性的环境中繁殖。保持池内 pH 6.8～8.0，发酵液过酸时，可加石灰或草木灰中和。

6.为促进细菌的生长、发育和防止池内表面结壳，应经常进行进料、出料和搅拌池底。

7.保证足够和优良的接种物。新建的沼气池，装料前应加入粪坑底角污泥，以丰富发酵菌种，接种物用量一般占总发酵液的 30%左右。

一般大型沼气工程的产气量为 1000～2000m³/天，其工程总投资在 300 万～1000 万元；中型沼气工程的产气量为 50～1000m³/天，其工程总投资 80 万～300万元。

（二）有机肥生产技术

日本富士开拓农业协会开发出"利用微生物菌种生产有机肥技术"。该技术是利用发酵射线菌 Biodeana 和 Snowex 作为菌种，培养和繁殖其他多种有效细菌，从而生成优良菌种肥源，然后再将菌种与作为堆肥原料的生牛粪混合，最终形成全熟化有机肥。

该循环堆肥流程分为两部分：

第一，菌种培养。将发酵放射线菌与固液分离后的牛粪混合发酵，约 1 周后，即可生成菌种肥源。

第二，混合发酵。将优良菌种肥与生牛粪再混合，高温发酵，大约 40 天，即可生成全熟化有机肥。

此种肥料与锯末混合后，可用于牛舍的铺垫材料，能够达到抑制牛乳腺炎发生和预防有害细菌繁殖的效果。利用该优质全熟化有机肥生产的蔬菜亦被誉为"安全蔬菜"。有机肥商品化一般需制成颗粒状。其工艺流程见图 3-13。

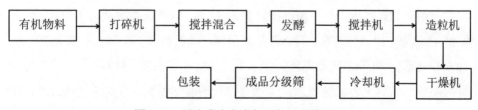

图 3-13　用牛粪生产有机肥的工艺流程图

在本工艺中，较关键的是发酵和造粒技术。

发酵技术：发酵的方法有多种，常用的方法是将分离后的牛粪与稻草、木屑等发酵填充料混合，调节到合适的碳氮比和湿度后，放置于发酵槽中（发酵槽可设计为长方形）。槽的上盖密封，并设有自动循环通风系统，臭气通过通风系统中的生物过滤器除尘除臭。发酵槽内还设有自动翻堆装置，使发酵的物料能够得到充分的供氧，同时翻堆机在翻抛物料时，还装有自动喷液系统，以调节物料的湿度，保证发酵质量。本系统还在发酵槽底部，设计有防堵塞的强制供氧系统。

造粒技术：目前制作粪便有机复合肥主要有下列几种方法。

第一，挤压式造粒机。将搅拌均匀的粉状物料喂入造粒机，物料在强压力作用下通过压膜孔被挤压成一定直径的圆柱状颗粒，成品颗粒直径在2～8mm，长度为2～5mm。此工艺造粒要控制好水分并进行磁选，此法操作简单，投资较少，并且节省能源，但圆柱形颗粒外观不好看，流动性差，运输过程中易产生粉尘，不便施用。

第二，团粒法生产球状有机肥。此法造粒工艺中，以圆盘造粒为主，对原料的细度要求较高，因此发酵后的牛粪，必须烘干到小于8%的水分，经超微磨粉机粉碎到50目以上，再采用圆盘造粒机造粒，并注意添加一定的黏结剂。此法缺点是设备投资大，生产中必须对原料烘干、微粉碎，同时要添加一定量的黏结剂，影响肥效，增加成本。

第三，新型有机肥专用造粒机。此造粒机对原料不需干燥、不需粉碎、不需加黏结剂，可直接造出具有一定硬度的外形美观的球形颗粒。

2008年，我国学者王琦对牛粪好氧发酵生产生物有机肥的工艺进行了优化。制成一次发酵用复合微生物菌剂，并确定了绿色木霉:米曲霉:枯草芽孢杆菌:假单胞菌=2:2:1:1的最佳比例；确定了一次发酵的最优工艺参数，即：含水率为70%，碳氮比为1:30，菌剂按种量为3.5%，翻堆次数为4天1次。在一次发酵15天后加入1%的氮、磷、钾有益菌群，每天翻堆，发酵5天，终止发酵，总发酵周期为20天。在此工艺条件下生产的生物有机肥，物料升温快，高温保持时间长，达到无害化的要求，生物有机肥的腐熟度高，发酵周期短，产品中的残留水分含量低，各项指标均达到国家标准要求。

第四章　山羊养殖技术

第一节　羊场规划建设和环境控制

一、羊舍建筑

（一）选址

建筑地点必须选在干燥、排水良好的地方，南面有比较平坦开阔的运动场，应接近放牧地、水源和饲料基地，根据羊群的分布而合理布局。羊舍要建在办公室和住宅区的下风和水源的下游，冬、春季容易保温的地方。

（二）面积

羊舍应有足够的面积及高度，使羊在舍内不感到拥挤，可以自由活动。羊舍面积过小，会使舍内潮湿，空气污浊，影响羊的健康发育，而且管理不便。过大的羊舍不但浪费而且不利于冬季保温。以舍饲为主的羊场，还应设计足够的运动场地。羊舍面积因山羊的生产方向、品种、性别、生理状况和当地气候等不同，要求亦不一样。具体建舍时可依据以下参数：

种公羊：1.5～2.0m²/只；

母羊：0.8～1.0m²/只；

妊娠或哺乳羊：冬季产羔 2.0～2.3m²/只，春季产羔 1.0～1.2m²/只；

幼龄羊：0.5～0.6m²/只。

（三）门窗

羊舍的门窗和地面的建筑要求，应以不影响舍内采光和羊的身体健康为原则。舍门宽度为 3m，高度 2m。羊数较少或羔羊的羊舍，舍门宽度可为 1.5～2m。寒冷地区的羊舍，为防止空气直接侵入，可在大门外增设套门。

羊舍在山坡时，可根据坡地地形建成"吊脚楼"式，有利排粪和舍内卫生。窗户面积一般占羊舍面积的 1/5，距地面 1.5m，向阳，防止贼风直接吹袭羊体。在高温潮湿的地方，为使羊舍通风干燥，门窗可大些。羊舍南面可修筑半墙，上半部敞开，保证舍内地面的采光和空气流通。羊舍地面一般应高出舍外 20～30cm，铺成缓斜坡以利排水。现代羊舍一般用竹、木条钉成漏缝式。

（四）温度与通风

一般羊舍冬季温度保持在 5℃以上，羔羊舍温度不低于 10℃，产羔舍室温在 18～20℃。为了保持羊舍干燥和空气新鲜，必须有良好的通气装置，既要保持足够的新鲜空气，又能避贼风，一般每只羊每小时需要 3～4m³ 的新鲜空气。可在屋顶上设通气孔，孔上有活门，必要时可关闭。要特别注意羊舍夏季的通风，防止出现高温。

二、羊场设施

养羊的常用基本设施主要包括草料棚、草料架、饲槽、栅栏、药浴池、青贮窖等。

（一）草料架

利用草架喂羊，可减少饲草浪费，避免草屑污染羊毛，羊粪尿不易沾染饲草，可减少疾病发生。草架有多种形式，最常见的草架有两种。

1.简易草架

用砖或石头砌成一堵墙，或直接利用羊舍墙，将数根 1.5m 以上长的木棍或木条下端埋入墙根，上端向外斜 25°，各木条或木棍的间隙应按羊体大小而定，一般以能使羊头部进出较易为度。并将各竖立的木棍上端固定在一横棍上。横棍的两端分别固定在墙壁上即可。

2.木制活动单架

先制作一个长方形立体框，再用 1.5m 高的木条制成间隔 15～20cm 的"U"形装草架，将装草架固定在立体框之间即可。

（二）饲槽

1.固定式长形饲槽

一般设置在羊舍或运动场，用砖石、水泥等砌成，平行排列。以舍饲为主的羊舍内应修建永久性饲槽，结实耐用，可根据羊舍结构进行设计建造。用水泥做成固定式长槽，上宽下窄，槽底呈圆形，便于清理和洗刷，槽上宽 50cm左右，离地面 40～50cm，槽深 20～25cm。槽长依据羊只数量而定，一般按每只大羊 30cm、羔羊 20cm 来计算。

2.活动饲槽

用厚木板钉成长 1.5～2m，上宽 35cm，下宽 30cm 的木槽。其优点是使用方便，制造简单。

（三）栅栏

1.母子栏

将两块栅栏板用铰链连接而成，每块高 1m，长 1.2～1.5m，将此活动木栏在羊舍角隔成直角展开，并将其固定在羊舍墙壁上，可围成 1.2～1.5m² 的母仔间。目的是使产羔母羊及羔羊有一安静又不受其他羊干扰的环境，便于母羊补饲和羔羊哺乳，有利于产后母羊和羔羊的护理。

2.分群栏

在进行鉴定、分群及兽医防疫注射工作时，常需要将羊分群。利用分群栏可减轻劳动强度，提高工作效率。分群栏可建成坚固永久性的或用栅栏临时隔成。分群栏设有一窄而长的通道，通道的宽度比羊体稍宽，羊在通道内只能单独前进，在通道的两侧设若干个只能出不能入的活动门，门外围以若干贮羊圈，通过控制活动门的开关决定每个羊只的去向。

（四）草料棚

每幢羊舍的外面，用土墙或铁丝围成草棚，以贮存羊补饲用的干草和作物秸秆等。堆草圈应设在地形稍高、向南有斜坡的地方，以利防潮和排水。舍饲的羊应设专门的饲草饲料库或草料棚，并应防潮，防雨淋，防风刮。

（五）药浴池

为防治羊疥癣及其他体外寄生虫病，每年应定期给羊药浴。药浴池一般用水泥筑成，形状为长方形水沟状。池的深度约 1m，长 10～15m，底宽 30～60cm，上宽 60～100cm，要以一只羊能通过而不能转身为宜，池的入口端为陡坡，在出口一端筑成台阶，在入口一端设贮羊圈，出口一端设滴流台。羊出浴后，在滴流台上停留一段时间，使身上的药液流回池内。药浴池应临近水井或水源，以利于往池内放水。

（六）青贮窖

青贮料是羊的良好饲料，可以和其他饲草搭配，提高羊的采食量。为了制作青贮饲料，应在羊舍附近修建成青贮窖或青贮壕。

（1）青贮窖一般为圆筒形，底部呈锅底状，可分地下式或半地下式。建窖时应选地势高燥、地下水位低的地方修建，先挖一个土窖，窖的大小应根据羊群数量、饲喂青贮量决定，一般窖的直径 2.5～3.5m，深 3m 左右。然后将窖壁用砖和水泥砌成，窖壁应光滑，防止雨水渗漏。

（2）塑料袋青贮这种青贮方式适于小规模羊场，投资小，设备简单，制作容易，不受气候等条件的限制，取用时浪费较少，运输方便，易于商品化等，各类羊场均可采用。但制成后一定要妥善管理，防止塑料袋破裂，导致青贮饲料霉烂变质。

（3）草捆青贮这种方法适于作半干青贮，需要一定的机械设备，制作简单，容易保存，取用方便。草捆青贮时务必要掌握好青贮草的水分含量，牧草水分保持 40%～60%，否则在保存过程中会大量霉烂变质，造成损失。有大面积饲料地或草场的羊场可采用草捆青贮。

三、环境控制及粪尿处理

畜禽养殖场的污染防治基本上以"方便、经济、有效"为原则，以综合利用为主，设施处理为辅的方法，大致分为以下几类。

（1）"林场（果、茶）圈养育肥羊"。羊粪尿分离后，羊粪经发酵生产有机肥，羊尿等污水经沉淀用作附近林场（果、茶）肥料。优点是养殖业和种植业均实现增产增效，缺点是土地配套量大，部分污水处理不充分。

（2）"羊—沼—果"。羊粪污水经沼气池发酵产生沼气，沼液用于果树、蔬菜等农作物，沼渣用于改良土壤，培肥地力。以家庭养羊场应用为主。

（3）"羊—湿地—鱼塘"。羊粪尿干湿分离，干粪堆积发酵后外卖，污水经厌氧发酵后进入氧化塘、人工湿地，最后流入鱼塘、虾池。优点是占地较少，投资省，缺点是干粪不易卖出后，大多冲入沟、河里，水体污水使用不当也会影响鱼虾生产，造成翻塘减产。

（4）"羊—蚯蚓—甲鱼"。羊粪尿进行干湿分离，干粪发酵后养殖蚯蚓，蚯蚓喂甲鱼，污水用于养鱼。优点是生成养殖，投资省，缺点是劳动强度大。

（5）"果园养鸡、养鹅，稻田养鸭"。利用承包的果园、林地放养土鸡、养肉鹅，改善肉鸡、肉鹅风味，提高肉鸡、肉鹅售价，羊粪、鸡鹅、鹅粪基本满足果园有机肥需要。

第二节 羊的品种及繁育技术

一、山羊品种

（一）波尔山羊

波尔山羊全身皮肤松软，颈部和胸部有较多的皱褶，尤以公羊为多。眼睛和无毛部分有色斑。全身毛细而短，有光泽，有少量绒毛。头颈部和耳棕红色。额端到唇端有一条白色带。体躯、胸部、腹部与前肢为白色，允许有少量棕红色斑。额部突出，鼻呈鹰钩状，角坚实且长度适中，耳宽下垂，背腰平直，胸宽深，四肢粗壮。

彼尔山羊初配年龄 10 月龄以上，发情周期 19～21 天，妊娠期 144～153 天，母羊产羔率初产 150%，经产 190%～200%，最高可达 225%。常年发情，一年二胎或二年产三胎。初生公羊重 4.15kg，母羊 3.65kg；12～18 月龄公羊体重 45～70kg，母羊 40～55kg；成年公羊体重 80～100kg，母羊 60～75kg。波尔山羊平均屠宰率 48.3%，高的可达 56.2%。波尔山羊改良本地山羊效果显著，杂交一代羊 6 月龄体重比本地羊提高 80%～120%。

（二）南江黄羊

南江黄羊全身被毛黄色，毛短、富有光泽，自枕部沿背脊有一条黑色毛带至十字部后渐浅。头大小适中，耳长直或微垂，鼻微拱，公羊、母羊均有毛髯。背腰平直，四肢粗壮，体躯各部结构良好，整个体躯略呈圆桶形。

南江黄羊平均初生重，公羔 2.28kg，母羔 2.18kg；双月断奶公羊体重 12kg，母羊 10kg；周岁公羊体重 35kg，母羊 28kg；成年公羊体重 60kg，母羊 42kg。母羊常年发情，一般年产两胎，部分两年产一胎，经产母羊产羔率 200%，周岁羯羊胴体重 15.5kg，屠宰率为 49%，南江黄羊改良各地山羊效果明显，例如，南江黄羊改良宜昌白山羊，六月龄、周岁杂交一代羊体重分别达 18.93kg 和

25.50kg，比本地山羊提高 60.95%～89.97%。

（三）马头山羊

马头山羊主要分布在湖北的十堰、恩施等地区。被毛多白色，少数为黑色、麻色和杂色。公、母羊均无角。两耳向前略下垂，颌下有髯。胸部宽深，背腰平直，体躯呈长方形。姿势端正，蹄质坚实。乳房发育良好。

马头山羊成年公羊体重 43.8kg，母羊 33.7kg；公羊体高 61.6cm，母羊 54.7cm；公羊体长 67.5cm，母羊 62.6cm。性成熟期公羊 4～6 月龄，母羊 3～5 月龄，初配年龄 10 月龄左右，母羊产羔率 191.9%～200.3%，7 月龄羯羊屠宰率 52.35%。

（四）宜昌白山羊

宜昌白山羊是我国生产"宜昌路山羊板皮"的皮肉品种，主产于鄂西南山区的宜昌、恩施两个地区。

宜昌白山羊体形匀称，体质细致紧凑，被毛白色，毛短贴身，绒毛少，种公羊毛较长。头大小适中，颌下有髯，公母羊均有角。背腰较平直，十字部略高于髯甲，腹大而圆，尾短而翻卷上翘。四肢强健有力，蹄质坚实，善于攀登陡坡。母羊有效奶头两个，还有两个副奶头。成年宜昌白山羊公羊体重 35.75kg，母羊 26.99kg。羯羊肥育速度较快，周岁体重可达 30kg。宜昌白山羊 4～5 月龄性成熟，6～8 月龄配种，年繁殖率 340%。由于其适应性强，繁殖率高，可用于培育肉用山羊的母本和生产优质山羊板皮的优良地方品种。

（五）麻城黑山羊

麻城黑山羊主产于我省麻城及大别山地区。其体质结实、结构匀称。全身被毛黑色，毛短贴身，有光泽，成年公羊背部毛长 5～16cm。少数羊初生黑色，3～6 月龄左右毛色变为黑黄，后又逐渐变黑。羊分为有角、无角。无角羊头略长，近似马头；有角羊角粗壮，公羊角更粗，多呈弧形向后弯曲。耳较大一般向前稍下垂。公羊 6 月龄左右开始长髯，有的公羊髯一直连至胸前，母羊一般周岁左右长髯。成年公羊颈粗短、雄壮，母羊颈细长、清秀。头颈肩结合良好，前胸发达，后躯发育良好，背腰平直，四肢端正粗壮，蹄质坚实，乳房发达，有效乳头两个，有些羊还有两个副乳头，尾短上翘。麻城黑山羊的平均初生重公羊为 1.93kg，母羊为 1.75kg，周岁公母羊的体重分别为 27.4kg 和 25.41kg，成年公母羊平均体重分别为 37.0kg 和 36.8kg，大的公羊为 76kg、母羊为 68kg。公羊 5 月龄、母羊 4 月龄为性成熟年龄，适宜配种年龄母羊 8 月龄、公羊 10 月龄。母羊利用年限为 4～5 年，公羊 3～4 年。

二、羊的杂交利用

（一）性成熟与初配年龄

1.性成熟

羊的性成熟，一般公羊为 5～10 月龄，母羊为 4～8 月龄，体重达到成年体重的 70%左右。但此时公、母羊的生殖器官、生长发育尚未完成，过早交配会影响母羊本身和胎儿的生长发育，一般不宜配种。因此应将公羊和母羊分开饲养管理，等到了配种年龄时再有计划地配种繁殖。

2.初配年龄

羊的初配年龄应根据其生长发育情况而定，一般比性成熟晚。在开始配种时的体重应为成年体重的 70%左右，公羊交配年龄一般在一周岁以上。

（二）发情与发情鉴定

1.发情

母羊有性活动表现时称发情。羊是季节性多次发情的家畜，一般秋季发情旺盛，这是因为在长日照转变为短日照时，气候逐渐变凉爽，有利于山羊的性活动。我国南方的一些山羊品种，因气候和饲养条件较好，可终年发情，但也有春秋旺季之分，季节性发情的品种为一年一产，终年发情的品种可一年两产或两年三产。

2.发情鉴定

发情鉴定的意义在于及时发现发情母羊判断发情程度，在排卵受孕的最佳时期输精或交配，可提高受胎率及产羔率。发情鉴定有如下几种方法：

（1）外部观察。直接观察母羊的行为征候和生殖器官变化，这是羊发情鉴定最常用的基本方法。

（2）阴道检查。应用开膣器插入阴道，观察生殖器内的变化，如阴道黏膜的颜色潮红充血、黏液增加，子宫颈变松弛等，可判定母羊已发情。

（3）公羊试情。观察母羊对试情公羊的行为，并结合外部征候来判定是否发情，试情公羊要求健康无病，性欲旺盛。试情公羊可做输精管切断手术，将试情公羊放入母羊群，如果母羊发情便会接受试情公羊爬跨。

（三）配种时间及配种方式

1.配种时间

受胎率的高低与配种时间关系密切。在繁殖季节，母羊发情后要适时配种，才能提高受胎率。山羊发情的持续时间一般为40h，排卵时间是在发情开始后30～36h，卵子在输卵管内保持受精能力的时间为12～24h，精子进入母羊生殖道内保持受精能力的时间为24～48h。由此推断，母羊发情后12～24h配种最适宜，过早过晚都不适宜。一般早晨发现母羊发情可在当天下午配种1次，第二天早晨配种1次，这样比较有把握配上种。如果母羊发情不明显，未观察到准确发情时间，可用公羊试情，将公羊放入接近母羊，它不拒绝，就可认为适于配种。

2.配种方式

目前羊的配种方式有两种：①自然交配；②人工授精。自然交配又叫本交，是让公羊与母羊直接交配的方式。人工授精是借助器械，人为的方法采集公羊精液，经过精液品质检查和一系列处理，再通过器械将精液注入到发情母羊生殖道内，使母羊受孕。

（四）妊娠与妊娠鉴定

1.妊娠

从精子和卵子在母羊生殖道内形成受精卵开始，到胎儿产出时所持续的日期称为妊娠期。山羊妊娠期一般为143～163天，平均为149天；山羊妊娠期因品种不同而有差异，还受年龄、季节的影响，一般青壮年羊比老龄羊妊娠期短，产多羔的比产单羔的妊娠期短，春季妊娠的比秋季妊娠的妊娠期短，经产母羊比初产母羊妊娠期短。

2.妊娠鉴定

在配种以后为及时掌握母羊是否妊娠、妊娠时间及胎儿和生殖器官是否异常，采用临床和实验室的方法进行检查，称为妊娠诊断。羊的妊娠诊断有三种方法：

（1）外部检查法。母羊妊娠以后，一般表现为周期发情停止，食欲增进，营养状况改善，毛色润泽，性情变得温顺，行为谨慎安稳。妊娠 5 个月以后腹部明显增大，右侧比左侧更为突出，乳房胀大。右侧腹壁可以触诊到胎儿，在胎儿胸壁紧贴母羊腹壁时，可以听到胎儿的心音。

（2）直肠检查法。母羊在触诊前应停食一夜。触诊时，先将母羊仰卧保定，用肥皂水灌肠，排出直肠宿粪，接着将涂有润滑剂的触诊棒插入肛门，贴近脊柱，向直肠内插入 30cm 左右，然后一手把棒的外端轻轻下压，使直肠一端稍微挑起，以托起胎胞；同时另一只手在腹壁触摸，如能触到块状实体为妊娠，如仍摸到触诊棒，应再使棒回到脊柱处，反复挑动触摸，如仍摸到触诊棒，即为未孕。此法检查配种后 60 天的孕羊，准确率可达 95%，85 天以后准确率 100%。此法需注意防止直肠损伤，配种 115 天以后的母羊要慎用。

（3）阴道检查法。母羊妊娠 3 周后，当开膣器刚打开阴道时，阴道黏膜为白色，几秒钟后即变为粉红色。

（五）分娩

1.分娩前的征候

母羊临分娩时，骨盆韧带变得柔软松弛，肷窝下陷，腹部下垂，荐骨活动性增大，用手握住尾根向上抬感觉荐骨后端能上下移动。乳房肿大，乳头挺立，手挤时有少量浓稠的乳汁。阴唇肿大潮红，不时有黏液流出。经常站立或躲在圈一角，或站卧不安，常发生鸣叫。不断回顾腹部，食欲减退，停止反刍等。

2.分娩与助产

分娩时，胎儿先露出前蹄和嘴部，继而产出头和全身，或者先露出后蹄，继而是臀部和全身，即为顺产。一般羊膜、胎衣破后 5～10min 后仍未产出，或仅露出一部分蹄、嘴等，而无力努责时，助产人员应将手臂用肥皂水洗净，剪短指甲，并用酒精或其他药品消毒，当母羊努责时，应趁势将羔羊向后下方用力拉出。若胎位不正，即为难产，助产人员应将手臂和母羊后躯阴部消毒，把母羊后躯垫高，将胎儿露出的部分送回，用手伸入母羊阴道内矫正胎位，然后随着母羊努责，顺势将胎儿轻轻拉出。羔羊出生后，应立即将其口鼻内的黏液清除干净，防止窒息，然后让母羊舔干羔羊身上的黏液，并注意保暖，以防止羔羊受冻。羔羊脐带多为自然拉断，断口处要用碘酒消毒，未拉断的个体应用消毒过的剪刀在离腹部 4cm 处剪断，并消毒。

第三节　羊的饲养管理

一、羊的生物学特性及消化特点

（一）羊的生活习性

了解羊的生活习性，有助于人们更好地管理它，利用它的生活习性，创造与之相适应的人工环境，发挥羊最大的生产潜力。羊的生活习性主要有以下几个方面。

（1）合群性。羊的合群性强，可以大群放牧，节省劳力。

（2）饲料利用性强。羊可利用的植物种类很广泛。天然牧草、灌木、农副产品都可作为羊的饲料。

（3）喜干恶湿。羊最怕潮湿的牧地和圈舍。潮湿的环境，易使羊发生寄生虫和腐蹄病。

（4）嗅觉灵敏。母羊识别自己的羔羊，主要靠嗅觉、视觉、听觉起辅助作用。羔羊吮乳时，母羊总要先嗅一嗅，以辨别是不是它自己的羔羊，明白这一点，便于给缺奶羔羊找"保姆"。

（5）耐粗性强。往往病很严重时，才表现出来，因此平时要对羊多观察，对放牧掉队，食欲欠佳，不反刍的羊要密切观察。

（6）爱清洁。污染过的饲料、饮水，有时空腹饿着羊亦不吃不喝。

（7）胆小，易受惊。

（二）消化机能的特点

羊的消化机能不同于猪鸡等单胃动物，它有四个胃。羔羊和成年羊的消化机能不同。

1.瘤胃的作用

瘤胃是羊的第一个胃，它不但承纳羊采食进来的许多粗饲料或青草，作为临时的"贮藏库"，以便休息时，再慢慢地反刍咀嚼，更主要的作用是其中的微生物。微生物包括细菌和原虫，起主导作用的是细菌。一毫升瘤胃液中有 5 亿～10 亿细菌，5 万～200 万个原虫。

瘤胃如发酵罐，为微生物的繁殖创造了适宜的条件。瘤胃内的温度约 40℃，pH 值为 6～8，正符合微生物的需要。微生物与羊实际上是"共生作用"，彼此有利。瘤胃微生物对羊的营养作用，可概括为三点：

（1）能分解粗纤维，羊能够消化粗纤维 50%～80%（马能够消化粗纤维 30%～50%，猪 10%～30%，鸡 0%～10%）。羊本身不产生粗纤维水解酶，而是瘤胃微生物能产生这种酶，把粗饲料中的粗纤维分解成容易消化的碳水化合物，同时产生了几种低级脂肪酸（醋酸、丙酸、丁酸）。这几种有机酸可以合成葡萄糖；可以和尿素分解后产生的氨（NH_3）作用合成氨基酸；维持瘤胃正常的酸碱度。

（2）微生物可以把质量低的蛋白质，如玉米，高粱中的蛋白质，合成质量高的蛋白质，甚至能把非蛋白结构的含氮化合物，合成质量高的"细菌蛋白"，由于羊肠蛋白酶的作用，把"细菌蛋白"消化，吸收利用。

（3）依赖微生物可以合成维生素 B_1、B_2、B_{12} 和维生素 K，因此在羊的营养中不需添加这几种维生素。

2.羔羊的消化特点

哺乳时期的羔羊起作用的主要是第四胃。因为，这时瘤胃微生物的区系尚未形成，不能利用大量粗饲料，所以哺乳时期的羔羊应当和猪鸡一样，比如猪鸡所需要的九种必需氨基酸，羔羊亦同样需要。如在羔羊哺乳期，若在精料中添加抗生素饲料 25mg（每羔每日），可提高羔羊的体重 11%，节省饲料 10%，有益无害。若用来喂成年羊正好相反，因为喂成年羊抗生素，抑制了瘤胃微生物的繁殖，进一步破坏了瘤胃有益微生物的区系，反而降低了粗纤维的分解。

3.消化道的特点

其不仅在于它有四个胃，更特殊的是小肠长。小肠是羊消化吸收的主要器官。小肠长即意味着羊的消化吸收能力强，如蛋白酶，脂肪酶，转糖酶，就产生在小肠内，上述的"细菌蛋白"即在小肠内分解吸收，构成羊本身的蛋白质。

二、羊的饲养管理

（一）羔羊饲养管理要点

1.提高羔羊成活率的措施

羔羊从出生到断奶这段时间内，影响羔羊成活的主要因素是羔羊分娩假死及出生后的"二炎一痢"，即肺炎、脐带炎和羔羊痢疾。为了尽可能减少发病死亡，应注意做到：

（1）搞好接产保羔准备工作。首先要核算母羊的预产期。对接近预产期的母羊，要分群饲养，组成待产群，不要外出放牧，以防将羔羊产在野外冻死。其次，要准备干燥、温暖的产房。产前要对产房消毒，准备好酒精、干燥毛巾等消毒接产用具，特别是寒冷地区，冬季接产应准备取暖设施。

（2）尽早吃好吃饱初乳。羔羊出生后，待母羊舔干黏液，羔羊能自我站立时即应人工辅助其吃到初乳。对细毛羊乳头周围的污毛应剪除，以利于羔羊寻找乳头和哺乳。

若一胎多羔初乳不够吃，可用保姆羊代养，或调制人工初乳。人工初乳配方是：新鲜鸡蛋2～3个，食盐9～10g，新鲜鱼肝油15g，加入1L清洁、煮沸冷却到40～50℃的水中，搅拌均匀后，按每只每次50～100mL喂给。

（3）搞好圈舍卫生。凡羔羊舍狭小拥挤，肮脏不堪，阴暗潮湿，闷热，通气不良，贼风侵袭，都可引起羔羊疾病的大量发生。

（4）加强对缺奶羔羊的补饲。无母孤羔要尽早为其找好保姆羊。缺奶羔羊喂牛乳或代乳料时，要严格掌握好温度、喂量、时间和卫生条件。初生羔羊不能喂玉米糊或小米粥，因为缺乏消化淀粉的酶，未消化淀粉在肠道内发酵易形成腹泻。

（5）安排好吃奶时间。在母子分群放牧的情况下，母羊早晨出牧，羔羊留家，直到傍晚归牧才能吃到奶，这时羔羊严重饥饱不匀。因饥饿和矿物质不足而舔毛吃土，母归时狂奔迎风吃热奶，这些可直接造成羔羊痢疾发生。

（6）严格执行消毒隔离制度。羔羊痢疾在产羔后10日龄增多，原因就在于此时的圈舍污染程度加重。这一时期要深入检查，及时治疗，认真做好脐带消毒，如脐带肿胀、化脓，须及时治疗，搞好哺乳和注射用具的清洗消毒。严重的羔羊要隔离，死羔和胎衣要集中处理。

（7）补饲抗生素。羔羊在 60 日龄前可喂少许的抗生素，如隔日在日粮精料中添加 1000IU 的金霉素。60 日龄后为防瘤胃微生物体系被破坏，不宜再继续补饲抗生素。

（8）杜绝人为事故发生。由于管理人员责任心不强，所造成的事故死亡比例也很高，有的羊群可达 20%～30%。人为事故主要是放牧丢失、下夜疏忽、看护不周等。

2.羔羊的护理

为了使初生羔羊少受冻，可将麸皮撒在羔体上，促使母羊舔干舔净羊体。特别是具有黄色黏稠胎脂的羔羊，母羊不愿舔，撒上麸皮即可得到解决。舔羔对母子双方都有利，羔羊可促进体温调节和排出胎粪；母羊可促进胎衣排出。

对产羔时间过长、生后停止呼吸的假死羔羊，可提起后肢，用手拍打其胸两侧，同时对准鼻吹气，这样做可救活羔羊。

母羊对亲生羔的识别，主要靠嗅觉辨别气味，当母羊的亲生羔死亡又有羔羊需要代哺时，可将其亲生死羔的皮披在代哺羔羊身上，可顺利达到目的。

弱羔和病羔吃奶困难时，可让羔羊吮吸小手指，缓慢带着羔羊移至乳头使羔羊吮吸乳头。羔羊频繁摆尾，表明已吃到奶，此时应控制稳定母羊，让羔羊吃饱。羔羊是否吃饱，可用手摸腹腔的大小而定。如发现羔羊边吃边撞，有时鸣叫，说明母羊可能缺奶。习惯偷吃奶的羔羊，其额头一般都染成黑色，因为偷吃奶都是从母羊后侧进行的，特别是当母羊拥挤吃料或饮水时，这种羔羊更是肆无忌惮地从后侧偷吃，这自然要影响母羊为亲生羔羊的正常哺乳。

冬季羊舍温度保持 5℃左右为宜。室温适宜与否，可根据母子表现来判断。如母子很安闲地卧在一起，说明室温适宜；如羔羊卧在母羊身体上，表明温度过低；如果母子相卧距离较远，则表明温度过高。

哺乳前期的羔羊，因瘤胃微生物区系尚未形成，不能大量利用粗饲料。此时，在精料中添加少量抗生素，对提高体重很有利。但对哺乳后期的羔羊和成年羊，则不能用抗生素，因为抗生素能抑制瘤胃微生物繁殖，反而会降低对粗纤维的分解，如，四环素常引起反刍停止、前胃弛缓、腹泻等症状。

羔羊舍应常备有青干草、粉碎饲料和盐砖，让其自由采食。切碎胡萝卜和粉碎精料拌匀，适口性好，是羔羊较好的饲料。

羔羊饲养管理要做到"三早"和"三查"，减少羔羊死亡，提高羔羊成活率。"三早"是：早喂初乳、早期开食（生后1～2周开始喂青干草和饮水，2～3周开始喂精料）、早断乳（根据羔羊发育情况，60～90天内断乳）。"三查"是：查食欲、查精神、查粪便。

（二）种母羊的饲养管理要点

1.空怀母羊的饲养管理要点

（1）提前断奶。提前断奶能使母羊体内的促乳素自然降低，促进其他生殖激素的分泌，为再次繁殖做好准备。一般早期断奶时间为8～10周，条件许可，最早可提前4周断奶，为保证断奶羔羊的生长发育，应对断奶羔羊给予适宜的乳羊料。

（2）加强配种前的饲养。力求满膘配种，母羊膘情好，则发情整齐，受胎率高，为养育壮羔打下坚实的基础。对母羊采取优饲和短期育肥等措施，具有较好的作用。具体做法是在断奶半个月内，仍给予哺乳期相同的优质日粮。在空怀期对母羊采取防疫、驱虫等疫病防治措施。

（3）选择适宜的季节集中配种。传统羔羊大多采用公母混群放牧，随时发情随时配种，分娩时间分散，羔羊出生日龄不集中，不利于集约化管理。应采取同期发情、人工授精等技术措施，使母羊按计划批量生产，力争在短时间内集中分娩产羔，有利于批量生产、批量上市。

2.妊娠期母羊的饲养管理要点

（1）妊娠前期。此阶段因胎儿发育较慢，需要的营养物质并不多，所以一般放牧即可满足，特别是在青草季节，不用补饲，只有在枯草季节放牧不饱时，再补饲一些粗饲料。

（2）妊娠后期（后两个月），胎儿生长迅速，其中80%～90%的初生体重是此时生长的。在妊娠后期，一般母羊体重要增加7～8kg，其物质代谢和能量代谢比空怀羊高30%～40%。为了满足妊娠后期母羊的生理需要，每只羊日补混合精料0.25kg，青干草1kg，青贮1kg，胡萝卜0.5kg，骨粉5g。

在母羊妊娠期，一切管理措施都应围绕保胎来考虑，不要让羊吃霜草或霉烂饲料，不饮冰水，不使羊受惊，在羊群出牧、归牧、饮水补饲时要慢而稳，防止拥挤、滑跌、严防跳崖、跳沟、最好在较平坦的牧场放牧，羊舍要保持干燥、温暖、通风良好。

3.哺乳期母羊饲养要点

（1）哺乳前期（羊舍生后1个月）。羔羊的营养主要依靠母乳，如果母羊营养好，则奶水充足，羔羊发育好，抗病力强，成活率高，反之则影响羔羊生长发育。

对大多数地区，哺乳期在枯草期或青草刚刚萌发，单靠放牧满足不了母羊的营养需要，应视母羊的体况及所带单、双羔给予不同标准的补饲，产单羔的母羊日补混合精料0.3～0.5kg，青干草、苜蓿干草0.5kg，多汁饲料1.5kg，产双羔的母羊日补混合精料0.4～0.6kg，苜蓿干草1kg，多汁饲料1.5kg。

（2）哺乳后期。即产羔的1～2个月，羔羊的胃肠功能已趋于完善，可以大量利用青草及粉碎精料，不再主要依靠母乳而生存。对哺乳后期的母羊，应以放牧吃青为主，逐渐取消补饲，对枯草期的母羊，可适当补饲一些青干草。

对哺乳期的母羊和羔羊，一般产后1周内应舍饲或在较近的优质牧场上放牧，1周后放牧的时间也要注意由短到长，距离由近到远，并注意天气变化，遇到大风和雨雪天气应提前赶羊回圈。

膘情较好的母羊，在产羔1～3天内，不喂精料和多汁饲料，只喂青干草，以防消化不良或发生乳房炎。在羔羊断奶的前1周，要减少母羊的多汁饲料、青贮料和精料喂量，以防断奶时发生乳房炎。

（三）公羊的饲养管理要点

种公羊的优劣，直接影响母羊的受胎率和后代的生产性能，特别是在开展人工授精时，种公羊的作用更显著，因此，饲养好种公羊有着十分重要的意义。

1.配种期的饲养管理要点

（1）日粮配合。由于种公羊采食的营养物质要经过几周的时间之后，才能对其精液品质产生影响，因此，在配种前0.5～2个月，种公羊日粮应由休闲期的饲养标准逐渐增加到配种期的饲养标准。由于种公羊在配种时消耗的营养和体力很多，所以每天的营养一定要全面。特别是蛋白质不仅要数量多，而且质量要好。配种期公羊应补给多样的饲草，而且不能喂给太多的粗饲料，否则会影响配种能力和精液品质。在配种季节，可以补喂 1～1.5kg 干草，1～1.5kg 混合精料，0.5kg 胡萝卜，另加 2～4 个鸡蛋或 1kg 牛奶。在放牧期，除保证在优质草场放牧外，每只日补饲精料 0.6～0.8kg；在舍饲期，日粮中优质干草占 35%～40%，多汁饲料占 20%～25%，精料占 40%。每日可分为 2～3 次给料，保证清洁饮水。

（2）配种前期。在配种前期 45～60 天，应将种公羊的日粮由非配种期逐步增加到配种期的标准，体重 80kg 的种公羊每天需要 1～15kg 混合精料，可消化精蛋白质 200g 以上。因为公羊的精子是由睾丸中的精细胞经过一段较长时期发育形成的，精细胞质量好，产生的精子活力就强。据测定，山羊精子在睾丸中产生和在附睾及输精管内移动的时间一般为 40～50 天。因此在配种前 45～60 天就要增加营养物质的供应量，这样才能保持公羊的种用体况。

（3）配种期。种公羊一次射精量 1mL，大约要消化蛋白质 80g。体重 80kg 的种公羊，每天需要混合精料 1.5～2.0kg，可消化蛋白 200～250g。随着采精次数的增加而逐渐提高饲养标准，应增加其他动物饲料，如鸡蛋、脱脂奶等。一般日补牛奶 0.5～1kg 或鲜鸡蛋 2～3 个，鸡蛋连壳打碎拌入精料内喂给。掌握配种次数，每天采精 2～4 次，连续采精 3 天，休息 1 天。注意多补充维生素，尤其是维生素 E。每天每只补维生素 E150～200mg，每天坚持运动，梳刮 1～2 次，促进皮肤血液循环。

2.休闲期的饲养管理要点

（1）营养全面，长期稳定，保持体况不肥不瘦的种用体况。每日每只补给混合精料 0.5kg，青干草 2～2.5kg，多汁饲料 0.5kg。

（2）坚持放牧和运动，每天放牧采食和运动时间应不低于 4h，经常梳刮、治虱、灭疥、修蹄，促进血液循环，保持体表整洁卫生。

（3）与母羊分开饲养，使公羊安静休息和采食。

（四）育成羊的饲养管理要点

1.合理分群

羔羊在 3～4 月龄时断奶到第一次交配繁殖的公母羊称为育成羊。羔羊断奶后的最初几个月，生长速度很快，当营养条件良好时，日增重可达 150～200g，每日需风干饲料 0.7～1.2kg，以后随着月龄增加，则应根据日增重及其体重对饲料的需要适当增加。育成羊的饲养应根据生长速度的快慢，需要营养物质多少，分别组成公、母育成羊群，结合饲养标准给予不同营养水平的日粮。

2.定期测重

在羊的一生中，其生后第一年生长强度最大，发育最快，如果羊在育成期饲养不良，就影响一生的生产性能，甚至使性成熟推迟，不能按时配种，从而降低种用价值。通过育成羊体重大小来衡量发育程度。因此，在饲养上必须注意增重这个指标，按月固定抽测体重，借以检查全群的发育情况。称重需在早晨未饲喂前进行。

3.定期驱虫

定期驱虫对育成羊极为重要。寄生虫感染是育成羊多发病。感染了寄生虫的育成羊，轻者影响日粮的利用率，重者造成育成羊营养不良，影响以后的繁殖性能。要求在断奶时驱除体内外寄生虫一次，以后每三个月驱虫一次。

4.满膘配种

即配种前应安排在优质草场放牧，补饲补料，加强营养，使育成羊在配种前保持良好体况，力争满膘配种，实现多排期、多产羔、多成活的目的。

（五）育肥羊的饲养管理要点

肉用羊的育肥，包括当年羔羊和老残羊或淘汰羊的育肥。当年羔羊的育肥可以减轻越冬饲草的压力，降低饲养成本，提高出栏率。老残羊和淘汰羊的育肥可以提高适龄母羊的比例，降低死亡率，提高山羊的经济效益。肉用山羊育肥应注意以下技术环节。

1.肉羊育肥前的准备

养羊场、养羊专业户在年初应制定肉羊生产计划，组织适度规模的羊群，进行阉割、驱虫和草场规划工作，为育肥做准备。

（1）羊群的准备。将不作种羊的冬春公羔集中起来进行育肥。有条件的羊场可组织批量生产，每批500～2000只；牧区每户可饲养200～400只；农区每户可饲养30～50只。饲养条件、人力和物力都有比较好的饲养户，还可适当增加饲养数量。

（2）计划投入育肥的羊，事前均一律经过健康检查，无病者方可进行育肥。

（3）育肥羊应分类组群。在羔羊和育肥成年羊中，除了年龄不同之外，还有性别和品种差别，其新陈代谢和采食、消化、吸收和转化的机能均有不同。为使各类羊的育肥均能获得最好的效果和最高的效益，我们在羊投入育肥之前，先将其按年龄和性别分别组群，如果品种性能差别较大，还应把不同品种的羊分开。

（4）育肥羊在育肥之前要驱虫、药浴、防疫注射和修蹄，以确保育肥工作顺利进行。

（5）早熟品种8月龄、晚熟品种10月龄以上的公羊和大公羊，在育肥前要去势，使羊肉不产生膻味和有利于育肥。但是，8～10月龄以下公羊不必去势，因为不去势的公羊在断奶前的平均日增重比阉羊高18.6g；在断奶至160日龄左右出栏的平均日增重比阉羊高77.18g。从育肥羔羊达到上市标准的平均日龄来看，不去势公羊比阉羊少15天，而平均出栏体重反而比阉羊提高2.27kg，羊肉的味道却没有差别。显然不去势公羔育肥比阉羊更为有利。

（6）育肥前称重以便掌握育肥效果。

（7）育肥羊在秋末冬初或8～10月时出栏。

2.育肥方式

（1）放牧育肥。

①选择放牧地点。根据不同天然草场的情况，确定适宜的放牧地点和方式。天然草地大致可分为林间草地、草丛草地、灌丛草地和零星草地等。在放牧育肥时，应尽量选择好的草地放牧，充分利用野生牧草和灌丛枝叶在夏秋季节生长茂盛的特点，做好山羊放牧育肥工作。

②采用划区轮牧方式。划区轮牧就是根据天然草场的面积和数量，将草场划分为若干个小放牧区，按照一定的次序轮回放牧。划区轮牧有很多优点：a.

羊经常采食到新鲜幼嫩的牧草，适口性好，吃得饱，增重快。b.牧草和灌木得到再生的机会，提高草地的载畜量和牧草的利用率。c.减少寄生虫感染的机会。划区轮牧是预防四大寄生虫，即肺丝虫、捻转胃虫、莫尼茨绦虫和肝片吸虫感染的关键措施。

③放牧育肥的注意事项。a.跟群放牧，人不离羊，羊不离群，防止羊只丢失。b.防止损坏林木和践踏庄稼。c.防止兽害和采食有毒植物。d.定期驱虫、药浴，防止寄生虫病。e.添食矿物质营养盐砖或补喂食盐。

（2）舍饲育肥。将育肥山羊完全在羊舍内喂养，使羊只获得较高的日增重，在短时期内达到育肥的目的。这种方法周转快，产肉多，经济效益高，适合集约化、工厂化生产和无放牧草场的地方采用。舍饲育肥的技术关键是根据山羊的营养需要配制混合饲料，采用科学的喂养方法和管理方式。舍饲育肥应遵循以下技术原则：

①根据不同品种和体重大小以及日增重情况，调整日粮组成和饲喂标准。配制日粮时既要考虑营养价值又要考虑成本，尽量选取价低质优的青粗饲料，例如，青干草、青草、树叶、农作物秸秆，同时饲喂混合饲料。

②饲喂定量和定顺序。每天每只羊喂优质青干草1～2kg或青粗料1kg左右，混合饲料与多汁饲料一起拌匀饲喂。饲喂时间一般早、晚分两次投喂，投喂时要防止羊只互相抢食。

③饲料要清洁、新鲜、调制好的饲料要及时喂完，防止腐坏和霉变。青贮饲料随取随喂。块类、藤蔓及长草类饲料要切碎，以提高饲料利用率。

④舍饲育肥应注意的问题。a.每天给羊供应充足的清洁饮水。b.限制羊的运动量。c.每月灌服阿苯达唑等驱虫药一次。d.保持羊圈和环境清洁卫生，并定期用3%烧碱水消毒。

（3）半舍饲育肥。采用放牧与补饲相结合的方法，使育肥的羊在一定的时间内获得较高的日增重，从而达到育肥的目的，这种育肥方式，适宜于放牧地区较少的农区。半舍饲育肥的优点是既能充分利用夏秋季丰富的牧草，又能利用各种农副产品及部分精料，特别是在育肥后期适当补喂混合饲料，可以增加育肥效果。半舍饲育肥的育肥方法与全舍饲育肥方法相同，补饲的调料量比舍饲育肥低一些，一般每天每只可补喂混合饲料0.25～0.5kg、青绿饲料 1～2kg。出栏前补饲育肥 2～3 个月，可以有效地提高屠宰前体重和产肉量。

3.提高育肥效果的特殊措施

（1）选用杂交羊。用优良肉用品种与地方品种进行杂交。利用杂交后代的杂种优势，提高羊的生产性能，各地杂交羊试验表明，用波尔山羊作父本，以本地品种羊为母本，所得的波本杂交一代，周岁体重可比本地羊提高 50%以上。

（2）添加饲料添加剂。添加一些饲料添加剂，可均衡营养，改善瘤胃环境，促进营养物质的分解和吸收，从而达到提高饲料转化率，促进育肥羊增长、增收节支的目的，常用的饲料添加剂有非蛋白氮、矿物质添加剂、维生素添加剂、瘤胃素、调节瘤胃酸碱度的缓冲剂、酶制剂等。

第五章　畜禽主要疾病防治

第一节　多种动物共患病

一、口蹄疫

口蹄疫是偶蹄动物，如猪、牛（含奶牛、牦牛）、羊、驼等共患的一种病毒性传染病，人也可以感染发病。世界动物卫生组织（OIE）和我国都把该病定为一类（A 类）疫病。

（一）主要临床症状

口腔黏膜（包括齿龈、舌面、唇内侧黏膜）、鼻镜、蹄部皮肤（包括趾间，特别是蹄部有毛与无毛交界部位）、乳房表面发生绿豆至豌豆大小的水疱，水疱破溃后，形成出血的暗红色糜烂区；有些严重的可表现为动物整个舌表皮脱落，蹄部溃烂肿胀，行走困难；患病动物流涎，吃食大幅减少或不吃，发烧，神情委顿。

（二）发病和流行特点

一年四季均可发生，但冬春季偏多，炎热夏季偏少；易感动物不论品种和年龄大小均可发生。病愈动物可长期携带病毒，这种带毒动物又可将病毒传播给其他动物而引发疫情，所以，世界各国都不主张治疗该病，一旦疫情发生，要全部捕杀患病动物和同群畜并做无害化处理。患病动物、带毒粪便、排泄物以及污染的场地、空气、车辆、工具、用具、水、饲料、人员等都可能成为传染源和传播途径。

（三）防治措施

以对该病的强制性预防免疫和强制检疫，防止感染（患畜）动物引入为主。一旦发生（不论在哪个环节），要立即报告当地动物防疫机构或人员，要坚持按《动物防疫法》《口蹄疫防治技术规范》等有关法律法规的规定，坚持"早、快、严、小"的原则处理；疫点、疫区由政府发布封锁令进行强制封锁，并按规定对疫点、疫区的易感动物等进行严格处理；平时或发生疫情后要对饲养场地、圈舍、运输车辆、工具、用具、加工和经营场地等进行严格消毒。由于该病病毒对酸、碱、温度都比较敏感，所以过去多选用酸、碱类消毒剂（如氢氧化钠等）。从既对病毒杀灭效果好，又对人畜、圈（栏）舍、环境等无副作用的角度出发，现多选用氯制剂、醛类消毒剂、季铵盐类和碘制剂作为消毒剂。

对该病的预防免疫按当地动物防疫人员或驻场兽医主管部门、动物卫生监督和疫病预防控制机构规定的疫苗种类、方法、程序进行预防。目前，我国有一个型的单苗，也有 O 型、A 型和亚洲 I 型的"三价"联苗。预防免疫时可以加注干扰素或某些增强免疫的药物，以增强疫苗作用，提高和延长机体免疫力。一个地方从外引进购入猪、牛、羊等动物前，要报当地动物防疫监督机构，经审批后到非疫区去购买，跨省引进的要经省级审批，当地县级动物防疫机构应派人员跟随，进行免疫、检疫和监督，指导防疫有关事宜。不得去疫区引进购入。经批准引进购入的要按规定隔离观察，临床监测抗原和免疫后的抗体。现已有快速检测卡用于临床，很适用基层。

二、高致病性禽流感

高致病性禽流感也是一种人畜共患病，它发病急、传播快、死亡率高，世界动物卫生组织和我国都把该病划为一类疫病。目前，该病在不少国家都有发生，一些国家和地区还有人的感染和死亡。我国近年来也有一些省（市、区）发生过此病，造成不小的经济损失。在禽类中，目前已证实对鸡、火鸡、鸭、鹅、鹌鹑、鸽、雁、麻雀、乌鸦、鹦鹉、天鹅等 80 多种禽鸟类都可以感染发病；

在自然条件下，家禽中鸡、火鸡、鸭最易感染。

（一）病毒特性及其抵抗力

造成高致病性禽流感的流感病毒（AIV）属 A 型流行性感冒病毒，亚型多，常见的有 H5N1、H1N1、H7N9 等；它的变异性较大，"每隔 2～3 年出现一次小突变""每隔 10～15 年发生一次明显变异"，这个过程称为"抗原飘移"。该病毒对热比较敏感，56℃加热 30 分钟、60℃加热 10 分钟、65～70℃加热几分钟即丧失活性，阳光直晒 40～48 小时也可灭活，但在低温下，在有甘油的保护下可存活一年以上，在 4℃以下、在湿润的粪便中可保存 1 个月以上，在 20℃也可存活 7 天，但在粪便堆积发酵处理 10～20 天病毒可全部灭活；在冰冻的禽肉和骨骼中可存活 10 个月。病毒对常用消毒剂如氯制剂、季铵盐类、醛制剂、酚制剂、碘制剂、酸碱类、乙醚、氯仿、丙酮等都敏感。

高致病性禽流感直接向人类传播，虽已被证实，但多数科学家仍认为"一场新的流感大暴发需要第三方（猪）作为'混合器'来完成从禽到人的过渡。因此，一种新的致命性流感病毒可能会来自猪而不是禽类。"

（二）主要临床症状

禽感染病毒到发病的潜伏期长短，与病毒毒力、感染强度、传播途径和禽的种类相关。在禽流感暴发和高度流行区，有不少禽没有显现什么症状就已死亡。一般情况下，潜伏期从几个小时到几天不等，长的可达 21 天。发病后通常出现体温升高、精神沉郁、身体蜷缩、采食量下降。眼结膜发炎、流泪、产蛋量明显下降（有的鸡群产蛋率严重时从 90%降到 20%甚至更低）、咳嗽、呼吸困难、下痢（拉黄绿色稀粪），有的鸡冠、肉髯、趾间皮下充血或出血，出现胶冻样水肿，有些出现神经症状，如共济失调、站立不稳、卧地不起等。

临床症状往往极易与新城疫相混淆，准确的诊断多依赖实验室检验。

（三）防治措施

总体上认真贯彻"预防为主"的方针，认真执行《中华人民共和国动物防疫法》《四川省高致病性禽流感应急预案》等法律法规的规定，坚持"综合防治"

的原则。

（1）坚持实施强制免疫。用国家和当地兽医主管部门规定的疫苗和程序进行强制免疫，鸡、鸭等家禽免疫率必须达到100%。

（2）坚持实施强制检疫。特别要加强引进禽类的检疫，不准在疫区引进种禽、种蛋等。

（3）在饲养、运输、经营、屠宰加工等各环节加强对场地、圈舍、运输车辆、工具、用具、库房、生产经营场所等的消毒。消毒要用国家正式批准生产的有效消毒药和消毒方法。

（4）发生疫情后果断采取《动物防疫法》等法规中处理一类疫病的各项措施，"早、快、严、小"地扑灭疫情。

（5）加强疫情的监测和报告。目前，已有适合基层的抗原、抗体快速检测卡。

（6）平时可以在饲料中添加一些清热解毒、消炎抗菌、增强机体抗病力及免疫力的中草药添加剂和干扰素，以减少发病、减轻发病强度和防止某些继发感染。中草药可选用银花藤、连翘、柴胡、薄荷、板蓝根、荆芥、桔梗、黄芩等。中成药可选用"莲花清瘟胶囊""金花清感方""抗病毒颗粒""银翘散""双黄连口服液"等。还可用贯叶连翘的提取物——金丝桃素加黄芪多糖配成口服液自饮。

三、巴氏杆菌病

巴氏杆菌病主要由多杀性巴氏杆菌引起，牛、羊、兔巴氏杆菌病又称"出血性败血症"（简称"牛出败""羊出败""兔出败"），猪巴氏杆菌病又称"猪肺疫"，禽巴氏杆菌病又称"禽霍乱"。

（一）牛出血性败血症

牛出血性败血症简称"牛出败"，潜伏期一般为1～7天。

1.主要临床症状

早期表现体温升高40～42℃，鼻镜干燥，食欲减退，不肯活动，被毛粗乱。随着病程发展，病牛还出现流泪、脓性眼结膜炎、鼻流黏脓性分泌物、咳嗽及呼吸困难（张口呼吸）等症状。有些病牛还出现下痢，有些病牛颈、胸皮下出现炎性水肿，急性者不治几天就会死亡，慢性者可拖至一个月。

2.防治措施

定期给牛注射巴氏杆菌病灭活疫苗，效果较好，也可辅以一些增强免疫功能的佐剂和中草药制剂。但选择有本地疫苗毒株的疫苗，其免疫效果更好。治疗时，常见的一些广谱抗生素、磺胺类药都有效。采用静脉注射葡萄糖溶液加抗生素的方法见效较快。中草药可选用清热解毒、消炎清肺的黄连、黄芩、栀子、百部、紫菀、瓜蒌、鱼腥草、前胡、枳壳、银花等。

（二）猪肺疫

猪肺疫是猪的一种急性、发热性、败血性传染病，也是一种常见病，民间常称为"锁喉风"。巴氏杆菌对直射阳光、干燥环境、高温和常用消毒剂的抵抗力都不强，但在腐败的尸体中可存活 1～3 个月；健康猪有 30%～60%带菌，病猪和带菌猪是主要传染源。本病的发病率与猪的年龄、品种、性别关系不大。在四川一年四季都可以发生，但在盆地内以 4～10 月份多见。气候突变、饲养环境改变、运输、饲料水平突降等常可刺激引发此病。发病时多与猪瘟、喘气病、传染性胸膜肺炎、流感等混合感染。

1.主要临床症状

最急性型死亡，常看不到典型的临床症状。病程稍长些的症状明显，体温升高（41～42℃），精神不振，食欲废绝，心跳加快，呼吸困难，眼结膜充血、发绀、耳根、颈部、腹侧及腹下部皮肤发红，有出血点或斑。最具特征性的症状是咽喉部红、肿、热、痛，触摸咽喉部时猪只会打抖，有明显痛感（如叫、避让等），犬坐式呼吸，鼻流血样泡沫，病程 4～6 天，剖解特征是纤维素性胸膜肺炎，并有全身败血症状。

2.防治措施

（1）免疫。现常用疫苗的免疫效果不是很理想，但能起到一定的保护作用，还需要研发新的疫苗，同时提高机体免疫能力，促进提高免疫应答能力等防治措施，以增强免疫效果。

（2）加强监测和检疫，加强饲养管理，避免应激刺激，提高机体健康水平等。

（3）治疗。常见的青霉素、头孢类、链霉素、庆大霉素、磺胺类药物都有较好的治疗效果（接种疫苗时和接种后几天内不要用抗生素）；清热解毒、清肺理气、消炎杀菌的中草药，如黄芩、穿心莲、鱼腥草、板蓝根、柴胡、桔梗、百部、前胡、栀子、苇根等都有较好的防治作用。

（三）禽霍乱

禽霍乱是由多杀性巴氏杆菌引起的鸡、鸭、鹅、鸽等禽类的一种急性、败血性传染病。发病率和死亡率很高，是危害养禽业的一种常见病。病禽和带菌禽是传染源。主要经消化道、呼吸道感染。健康带菌的禽受外界因素的影响，如潮湿、拥挤、突然换群并群、气候突变、闷热、饲料突换、长途运输等应激因素而引发。本病以秋冬和春季发病较多。

1.主要临床症状

本病潜伏期2～9天，临床上分最急性型、急性型和慢性型。最急性型在流行初期常不显临床症状，突然不安，倒地挣扎死亡，且越是高大肥壮的鸡越易出现此种情况。急性型常见体温升高到42～43℃，弯背，羽毛松乱，呆立或闭目打盹或头藏于翅下，常有剧烈腹泻。粪便呈灰黄色，或灰色，或污绿色，有时粪便中带血，鸡冠和肉髯发紫，呼吸困难，口鼻分泌物增多。鸭霍乱不如鸡的症状明显，常以病程较短的急性型为主，表现为精神不振，不愿下水，不愿走动，眼半闭，不食，喜饮水，鼻口中有黏液流出，咳嗽、呼吸困难，摇头，故有"摇头瘟"之称。部分病鸭下痢，粪便呈铜绿色或灰白色，病程长一些的常见关节肿大，不能行走，鸭掌部肿胀、变硬，切开有干酪样坏死。成年鹅症状与鸭相似，幼鹅发病和死亡率较成年鹅高，急性为主，病程1～2天。

2.防治措施

预防可用疫苗。现有疫苗免疫力不够理想，保护期较短（3～5个月）。

治疗时，可用青霉素、链霉素、土霉素之类抗生素和磺胺类药治疗，也可用中草药粉作饲料添加成群体饮药水（或煎服），用以预防和治疗。具体的中草药见猪肺疫、牛出败的治疗。

（四）兔出败

兔出血性败血症，简称"兔出败"。家兔对多杀性巴氏杆菌非常敏感，常引起大批发病和死亡。兔子的正常带菌率较高（35%～70%），发病率一般情况下可达 20%～70%，主要通过呼吸道传播，各种应激因素如运输、拥挤、饲养管理方法、变化等都可引发本病。潜伏期1～5天。

1.主要临床症状

发病后可表现为几种类型：（1）是败血型，突然死亡，常不见临床症状；（2）是传染性鼻炎型，发病初期流出浆液性鼻涕，后变为黏液性和脓性鼻液，常打喷嚏、咳嗽，病兔常抓擦鼻部；（3）是流行性肺炎型；（4）是中耳炎型，表现为头眼歪斜，身体向一侧转动，有的出现运动失调；（5）是生殖器官感染；（6）是结膜炎型；幼兔多见流泪、眼有黏液性或脓性分泌物、结膜发炎红肿。

2.防治措施

坚持自繁自养，兔场单独饲养兔，不要与禽、猪混养。圈舍坚持经常性的清洁卫生和消毒。疫苗注射可用兔瘟、兔巴氏干菌病二联苗。治疗方法与禽霍乱、猪肺疫等相同。在使用化学药物和抗生素治疗时，对即将出栏屠宰的兔一定要注意停药期。

四、大肠杆菌病

大肠杆菌病在世界各国分布很广，我国各地也常有发生，致病性大肠杆菌根据 O 抗原和 K 抗原不同又分多种血清型（已发现 O 抗原有 173 种，K 抗原80 种，H 抗原 56 种，F 抗原 17 种），猪发生此病时可引起仔猪下痢（如黄痢、白痢、水肿等）；牛、羊多见牛犊和羔羊的下痢；禽则以败血症、腹膜炎、卵巢炎、脐炎及引起胚胎和雏禽死亡多见；兔则以胃肠道炎症、拉稀为主。大肠杆菌病多见观赏动物、鸟类，如熊猫、鹤、猴、鸽等。

（一）仔猪黄痢

仔猪黄痢病是初生仔猪常发的急性、致死性传染病。本病从临床上不难诊断，出生后一周内的仔猪多见，6月龄后很少见，此病发病率高，死亡率也高。往往在一个猪场发生一次流行后，很难在一个猪场断根。

1.主要临床症状

仔猪出生时尚健康，有的乳仔猪出生后12小时左右就发生此病，有的在1～3日龄发生此病。最急性型不显临床症状就突然死亡。病仔猪突然发生腹泻，粪便呈黄色浆状或黄色水样，并含有凝乳小片。病仔猪肛门松弛，肛门排出的稀粪，常呈水样喷出。病程稍长者，很快消瘦、脱水，最后因衰竭昏迷而死。

2.防治措施

治疗本病的药物不少，但很难根治。常用的一些抗生素（如阿莫西林、土霉素等）、喹诺酮类药、磺胺类药都有较好效果，但抗生素易引起抗药性；抗菌消炎止痢的中草药如黄连、黄柏、地榆、白头翁、马齿苋、大蒜、穿心莲、苍术等都有较好的作用。许多兽药生产厂家也生产不少成品药。国内不少资料还报道用微生态制剂调节肠道菌群，"扶正祛邪"，也可达到较好的防治效果。免疫上目前也有疫苗（包括基因工程疫苗），可以根据血清型选用，有一定的预防效果。对本病一定要坚持综合防治，加强饲养管理，搞好圈舍和猪体卫生，经常消毒。

（二）仔猪白痢

多发于10～30日龄仔猪。此病也是仔猪肠道中大肠杆菌迅速繁殖增多，与正常菌群比例失调有关。还从不少下痢的仔猪的粪便中分离出轮状病毒，说明与轮状病毒感染也有关。防治措施同黄痢。

（三）猪水肿

多发生于断奶后的幼猪，由致病性大肠杆菌所产生的溶血毒素引起。春秋季多见此病，特别是气候突变及长时间阴雨情况下易发。饲料比较单一，饲料中缺乏微量元素硒和维生素B、E等情况下也易发生此病。

1.主要临床症状

脸部、眼周、结膜，有时甚至头、颈、腹部皮下水肿，初期体温升高，后降至正常或稍低。过去大多数学者和书籍记载都认为是 O 型群的大肠杆菌的毒素引起的，现在也有学者认为是由一种专门的致水肿菌引起的。

2.防治措施

在仔猪的饲料中添加一些含硒的制剂和维生素 B、E 等物质，多加一些青绿饲料。治疗常用药物有土霉素和磺胺类药，也可加苯甲酸钠咖啡因、葡萄糖静注。报道有厂家生产猪水肿抗毒素，治疗有效。预防方面，现已有些研究单位、厂家开发生产了疫苗和抗毒血清，可以试用。

（四）牛犊和羔羊大肠杆菌病（牛犊腹泻病、牛犊白痢、羔羊痢疾）

1.主要临床症状

牛犊大肠杆菌病常见的有败血型、肠毒血型和肠型（白痢）。败血型常见于一周内和未吃初乳的牛犊，多出现发热、拉稀粪，常突然死亡；肠毒血型是由于肠道内致病性大肠杆菌的大量繁殖产生肠毒素所致；牛犊白痢常见于 7～10 日龄吃过初乳的牛犊，发病初期体温升高到 39～40℃，食欲减退，数小时后开始下痢，初粪如稀粥，后呈水样，混有未消化的奶凝块、血块和气泡，脱水，不治者 1～5 天即死亡。大肠杆菌引起的羔羊痢疾分肠型和败血型。肠型发病急，死亡快，多见于 7 日龄以内小羔羊，病程稍长一些的可见精神不振，呆立不动，呼吸困难，口流胶样液体，结膜潮红，少数羔羊还有拉黄色、灰色或带血稀粪，1～2 天内死亡者偏多。败血型的羔羊痢疾常见于 2～16 周龄的羔羊，体温升高到 41.5～42℃，脉快而弱，结膜潮红，常出现一些神经症状（如运步失调、头弯于一侧、四肢僵硬等），病羔口吐白沫，四肢关节肿胀，发生腹泻的较少。

2.防治措施

预防可根据血清型选用疫苗，或高免血清，治疗应遵循抗菌、补液、调整肠道菌群和机能等原则，常用的抗生素如新霉素、土霉素均有效，补液常用葡萄糖生理盐水或同时加入碳酸氢钠、乳酸钠，电解多维等。

（五）禽大肠杆菌病

主要感染菌为大肠杆菌。鸡、火鸡、鹅、鸭、鸽、鹌鹑、鹧鸪等多种禽都可感染致病，主要特征是胚胎和幼雏死亡。有气管炎、腹膜炎、卵巢炎、输卵管炎、脐炎、肉芽肿等病变。本病一年四季均有发生，但以冬末春初多见。本病发生与气候变化、饲养管理不当、拥挤潮湿、卫生状况差以及饲料骤变等密切相关。

1.主要临床症状

本病的急性败血型常见于幼禽，部分幼禽突然死亡，有的体温升高、呼吸困难、拉黄白色稀粪、精神不振，3～5 天死亡。亚急性和慢性型多见于成年禽，常见气囊炎和部分禽滑膜炎、关节炎、跛行、喜饮水、下痢、消瘦，母禽还有卵巢炎和输卵管炎，产蛋率降低。部分鸡出现脑型大肠杆菌病，除上述症状外，还有昏睡、头不断向上抬、伸颈等神经症状。

2.防治措施

预防可选用血清型相同的疫苗接种。同时加强饲养管理，保持舍内外卫生，饮用水要清洁，场地用具、圈舍、环境常消毒。治疗可选用庆大霉素、卡那霉素、恩诺沙星、磺胺类药和中草药饮水剂。常用中草药见猪大肠杆菌病。

（六）兔大肠杆菌病

兔的大肠杆菌病主要发生于仔兔、幼兔。其特征是患兔发生胶冻样或水样腹泻，严重脱水，病程 7～8 天，死亡率高。在诊断时注意与沙门氏菌病、球虫病相区别。防治见猪、禽大肠杆菌病。

五、沙门氏菌病

沙门氏菌是肠杆菌科中一个重要的菌属。目前发现的沙门氏菌病有 1600 多种类型，2000 多种血清型，但能危害人畜（禽）的只有几十种。对幼畜幼禽的危害较大。常发生于动物肠道之中，有时也出现于患病动物血液和组织中，有时在流行地区的下水道、池塘、沟渠、饲料和食物中也能分离到。沙门氏菌能感染人，但不能在环境中长久生存，抵抗力中等，55℃的环境中 1 小时、60℃的环境中 15～20 分钟内即能被杀死。常用的消毒药均能杀死该病菌。

（一）猪沙门氏菌病

又称仔猪副伤寒。猪霍乱沙门氏菌、猪伤寒沙门氏菌、鼠伤寒沙门氏菌、肠炎沙门氏菌等都能引起本病。断奶太早、吸入奶不均、长途运输、卫生条件不好、过分拥挤等刺激均可引发此病。

1.主要临床症状

急性者常呈败血症，亚急性和慢性者以坏死性肠炎为特征。病猪和带菌猪是本病主要传染源，可以从粪、尿、乳汁、流产胎儿、胎衣、羊水排菌。本病主要通过消化道传播。1～4月龄仔猪感染发病较多。急性型多见于断奶前的仔猪，往往突然发病死亡，病程稍长一点的则见体温升高，呼吸困难，下痢，耳根、胸前、膜下皮肤有紫斑，病程1～4天。亚急性和慢性病例多见，猪体温升高、贫血、眼结膜发炎，长期腹泻，拉灰白色或黄绿色恶臭粪，并混有大量坏死组织块。猪消瘦，生长停滞。临床上应注意与猪瘟、猪肺疫、猪痢疾等病相区别。

2.防治措施

可选用与本地血清型一致的疫苗预防免疫。使用庆大霉素、土霉素、磺胺类、哇诺酮类治疗都有较好效果。甲氧苄啶与磺胺类药以1:5混合使用可使抗菌作用增强十倍。一些抗菌、消炎、利尿、除湿的中草药也可以选用，如黄连、穿心莲、大蒜、白头翁、紫花地丁、地榆、槐花等。

（二）牛羊沙门氏菌病

也称副伤寒。牛的副伤寒主要症状是下痢，牛犊多呈流行性，成年牛多散发此病。羊有下痢型羔羊副伤寒和流产型副伤寒。

1.主要临床症状

（1）牛犊副伤寒。超急性型出现败血症/毒血症，2～4天即死亡；急性病例初期体温升高到40～41℃，食欲减退，发病2～3天出现胃肠炎症状，拉黄色或灰黄色并混有血液的稀粪，恶臭，有时伴有咳嗽，呼吸困难，病程1～3周。慢性病例除有上述症状外，可见关节肿大，病程数周至3个月左右。

（2）成年牛副伤寒。多见于2～3岁牛，呈地方性流行或散发，先食欲减退，产奶减少，发烧40～41℃，结膜发炎、咳嗽，继而下痢，粪中带血和纤维素，恶臭，病畜脱水消瘦，母牛常发生流产。牛副伤寒（含牛犊副伤寒）已有疫苗预防，如牛副伤寒灭活疫苗。

（3）下痢型羔羊副伤寒。多见于半月至1月龄羔羊，发病初期出现发热40～41℃、畏寒、钻草窝、厌食或不食、虚脱等症状，体质差的羊往往数小时内死亡。大多数病羔羊继而出现拉稀（粪呈灰黄色糊状）、腹疼、后肢踢腹、脱水、消瘦、脉细弱无力、呼吸困难等。病程1～5天。

（4）流产型羊副伤寒。流产多见于妊娠的最后两个月，流产前体温升高，厌食，有腹痛症状，阴道流出污秽物，同时伴有胃肠炎、下痢，流产的胎儿往往已腐败。

2.防治措施

牛羊沙门氏菌病可以选用活菌苗进行预防免疫。治疗可选用青霉素（头孢类）、新霉素等，同时加强饲养管理，注意栏舍、食槽和饲料卫生，牛犊和羔羊都要多吃初乳，圈舍、场地、环境经常消毒。也可选用一些中草药进行防治。

（三）禽的沙门氏菌病

禽的沙门氏菌病很普遍，正常的禽带沙门氏菌也很严重，禽的许多沙门氏菌都可以感染人，最常见的是通过带菌蛋传播。有的是健康蛋壳受到污染，有的是细菌进入蛋的气孔或在产蛋时细菌通过蛋上撕裂的小缝隙侵入。有些地方所称的"皮蛋中毒"就是沙门氏中的"鼠伤寒沙门氏菌"，从破裂的蛋壳小缝隙中进入蛋内，在碱性环境中暂停生长，一旦人们食入，在温度等适宜的人体中大量繁殖引起人发病（发烧、呕吐、腹泻、脱水、败血症等）。日本平井克哉教授2009年2月3日在《朝日新闻》上报道，经2年多调查证实日本20%的鸡肉污染有沙门氏菌。禽的沙门氏菌病在鸡中常见的是鸡白痢、禽伤寒、禽副伤寒等。

1.主要临床症状

（1）鸡白痢。各品种鸡均易感，但以2～3周龄内的雏鸡发病率和病死率为高，呈流行性。雏鸡白痢发病后表现为精神萎顿、绒毛松乱、两翼下垂、腹泻、常尖叫、有的眼盲，病程1～7天（鸡的日龄越大，病程越长），3周龄以上死亡较少；成年鸡症状不明显，往往表现为产蛋量减少，受精率降低，少数成年鸡也有发病的。鸭、雏鹅、鹌鹑、鸽、麻雀也有感染发病的报道。乳兔也易感本病。

（2）禽伤寒。主要发生于鸡，火鸡、鸭、鹌鹑等也可感染，鹅、鸽不易感染。雏鸡、雏鸭发病时症状与鸡白痢相似。成年鸡、青年鸡发病后体温上升、停食、排绿色稀粪，鸡冠和肉髯苍白萎缩。

（3）禽副伤寒。多种家禽及野禽对本病均易感，家禽中的鸡和火鸡常见。禽常在孵化后两周内感染发病，6～10天达最高峰，呈地方流行，1月龄以上的家禽有较强的抵抗力，成年禽往往不表现症状。各种幼禽的症状与鸡白痢症状相似。

2.防治措施

磺胺类、抗生素类药治疗有效，常用的用药方式是添加到饲料或饮水中。同时，坚持自繁自养，少从外引进种鸡和种蛋；加强孵化前的蛋壳消毒、孵化室和孵化用具消毒；加强饲养管理；注意孵化房和饲养场地、饲料、饮水等的卫生。

六、衣原体病

动物的衣原体病是由鹦鹉热衣原体引起的多种哺乳动物（如猪、牛、羊、犬、猫、兔等）和禽类的接触性传染病，也是人畜共患病之一。在哺乳动物引起地方性流产、肺炎、肠炎、浆膜炎、多发性关节炎、角膜结膜炎、脑脊髓脑炎、乳腺炎、生殖道感染等。在禽类多呈亚急性和慢性经过；在人则多表现为肺炎症状。

（一）主要临床症状

鹦鹉热又称鸟疫，为一种全身性感染，病禽精神萎顿、羽毛蓬松、站立似企鹅样姿势、厌食、嗜睡、腹泻、排黄绿色硫黄样粪或带血（胶冻状）粪便，眼黏液性或脓性结膜炎，眼睑肿胀，有的眼角膜浑浊，失明，呼吸困难，共济失调，病程多为1～3周。

哺乳动物感染后常有流产、肺炎、肠炎、多发性关节炎、脑脊髓炎等。各个孕期的母畜都可发生流产，头胎和二胎母畜多发，早产、死产、产弱仔都有。患肺炎的动物常伴有肠道衣原体感染和眼结膜角膜炎，并伴有浆液性或黏液性鼻漏、流泪、喷嚏、咳嗽，肺炎型以幼龄动物感染较普遍。

（二）防治措施

每个养禽场都要制定有效的适用于本场的防疫措施（包括检疫措施）、消毒措施、饲料和环境卫生措施及场内各种管理措施。其中"全进全出制"和彻底消毒制非常重要。治疗方面，选用泰乐菌素、红霉素、土霉素、螺旋霉素等都有效。

七、流行性乙型脑炎（日本脑炎）

流行性乙型脑炎又叫日本乙型脑炎，简称乙脑。本病既是多种动物共患，又是人畜共患的病毒性传染病之一。

（一）主要临床症状

人主要引起中枢神经系统症状，发热、头痛、烦躁、痉挛、麻痹、昏睡等，死亡率很高。在流行区，除人的感染外，许多家畜家禽都可能感染，对人类威胁最大的是猪。传播媒介主要是蚊，越冬蚊虫可以隔年传播。蛇、蝙蝠也可以带毒越冬，第二年传播。在亚热带和温带地区，此病多集中在7～9月份发生。猪以6月龄内的多发，人以儿童多发，马以驹多发。

自然感染的猪症状很轻，母猪常表现为流产（特别是妊娠后期的猪），公猪常伴有睾丸炎。牛、犬、猫、羊等多为隐性感染。该病有明显的季节性和地理分布。患病者恢复后有较长时间的免疫力。

（二）防治措施

患病动物恢复正常后有较长时间的免疫力。应用疫苗免疫有效。治疗上无特效药，可用一些对症药物、防止继续感染的药和减轻症状的药。一些清热解毒、抗病毒的中草药防治有一定效果，如柴胡、大青叶、石膏、板蓝根、茵陈、栀子、葛根、银花藤、土茯苓等。注意搞好环境和圈舍卫生，经常消毒、灭蚊、灭蝇等也很重要。

八、轮状病毒

由轮状病毒引起的猪、牛、羊、犬等多种初生或幼龄动物及婴幼儿的一种急性胃肠道传染病。

（一）主要临床症状

病猪以精神萎顿、厌食、呕吐、急性腹泻、严重脱水为主要特征，成年人和成年动物一般呈隐性感染。本病能侵害许多家畜和人类，不少野生动物也可感染。有专家指出："人类和家畜的大多数急性非细菌性胃肠炎病例是由 A 群轮状病毒引起的。"后来又发现了一些新的轮状病毒，其电泳型与 A 群不同，称为 B、C、d、E 和 F 群轮状病毒。

本病多发生在出生后数周以内的幼龄动物，特别是 40~45 日龄者。本病四季均可发生，但以晚秋、冬季和早春多发。猪的轮状病毒潜伏期为 2~4 天，新生幼猪暴发性病例多发生在 2~6 周龄，甚至在哺乳后期或断奶后数天的猪也有发病的，病猪一般出现厌食、精神萎顿，数小时后出现呕吐、水样下痢，后粪便变为黄绿色到白色，有腥臭。牛犊感染后，腹泻粪便呈白色、灰白色、黄色或黑褐色，有时还带肠黏膜。羔羊症状与其他动物相似。

（二）防治措施

目前多用补液法（如葡萄糖甘氨酸溶液口服液，静脉输入葡萄糖盐水、碳酸氢钠溶液）。现已有疫苗可以预防，如预防免疫猪传染性胃肠炎、猪流行性腹泻、猪轮状病毒的三联活疫苗。治疗上可以口服或注射维生素，注射葡萄糖甘氨酸溶液、口服碳酸氢钠溶液等。用白头翁、大蒜、贯众、黄连、地榆等中草药治疗有效。

九、禽畜霉变饲料中毒

谷物、饲料霉菌及其毒素引起的畜禽和人类中毒十分普遍，只是轻重程度不同。霉菌及其毒素种类很多，中毒后的症状也不一样。霉菌的来源大致有两个方面：一是籽料、粉料、块根等贮存中因潮湿等多种原因而毒变，如玉米粉、玉米、豆饼、花生饼、小麦及麸皮等的霉变。二是贮存的秸秆、干（青）草等因潮湿等引起霉菌滋生。引起中毒的真菌（霉菌）常见的有黄曲霉、黑曲霉、青曲霉、烟曲霉、紫青霉、棒曲霉、红色青霉、岛青霉、溜曲霉、麦角等。黄曲霉的毒素有 B_1、B_2、G_1、G_2 等。

（一）主要临床症状

被黄曲霉污染的玉米（粉）、花生（饼）、豆饼（粕）、棉籽饼等可引起猪中毒，主要症状有失明、转圈、卧地不起、磨牙、抽搐、全身黄疸，严重的里急后重，直肠外翻，体质下降；有些母猪流产；有些出现肝硬化和肝纤维化，血液凝固性差，多处大出血。烟曲霉主要引起大脑皮质退行性变化，从而造成共济失调、麻痹等。发黄稻米上的岛青霉中有一种叫黄天精的物质，能引起急性肝损害。长期使用的潮湿垫草上有许多棒曲霉、烟曲霉、紫青霉、红色青霉和交链孢霉等，在这种草料上饲养的畜禽很容易发生出血性综合征，临床上表现为结膜苍白，免疫抑制，体质下降，解剖可见贫血和广泛的出血症状。目前，由黄曲霉及毒素引起的猪中毒较多。黄曲霉素中毒不但使动物自身受到直接伤害，而且机体的体液免疫和细胞免疫也受到抑制，降低了不少疫苗的免疫应答能力。

（二）防治措施

预防的主要措施是保证饲料的场所卫生、干燥，不让饲料（草料）受潮霉变，对保存和购回的饲料注意随时监测观察，不用已霉变的饲料喂畜禽。原已有一些添加剂，不论是无机类吸附，还是有机类吸附（燕麦皮、麦麸、酵母、活性炭等），其多数只能祛除表面的霉菌，且防霉剂本身的安全也是个问题。目前，市场上已有一些生物制剂、中草药制剂，可以清（消）除体内的霉菌及毒素。

在诊断上，目前已有方便于基层使用的黄曲霉及毒素的快速检测卡。

十、登革热和登革出血热（登革类疾病）

登革热和登革出血热是由登革热病毒所引起的一种人畜共患传染病。1954年菲律宾首先报道。临床上以高热、出疹、出血、全身肌肉和关节疼痛为主要症状。全世界每年发病人数超过 8000 万，受威胁的人数有 25 亿，是世界上虫媒病毒性疾病中分布最广、发病最多、危害最大的一种。

登革热病毒有 1～4 个相关而又不同的血清型。已知有 12 种伊蚊可传播本病，但最主要的是埃及伊蚊和白伊蚊。该病毒是联合国生物武器核查条约规定的标准生物战剂之一。

该病临床上分为典型登革热（dF）、登革出血热（dHF）、登革休克综合征三种。

（一）主要临床症状

1.典型登革热

又有"碎骨热"之称，以发热、骨关节剧烈疼痛为主，兼有腹痛、腹泻或便秘、恶心、呕吐等，死亡率较低。

2.登革出血热

除有上述症状外，还有明显的出血症状。出血多见于呼吸道、消化道、泌尿生殖道和中枢神经系统，有的还有口腔和牙龈出血。病死率较高，多发生于14 岁以下儿童。

3.登革休克综合征

除了有前述两种症状外，还有缺氧、高热、口唇发绀、四肢厥冷、血压下降，往往休克死亡，属于重危症。

以上三种在实际中往往无明显的界线可分，故统称"登革类疾病"。

此病有明显的季节性和区域性。亚热带、热带、温带偏南地区流行较多。我国台湾、广东、海南、云南、广西、上海都发生过此病。1978 年广东佛山暴发此病，涉及江门、三水市和海南省。

（二）防治措施

目前还没有特效的预防免疫和治疗药物，主要是改变环境，注意卫生，减少或消灭蚊子滋生，预防蚊子叮咬。流行季节避免或减少前往疫区。南方要减少傍晚到户外活动，发现病人要采取综合措施控制疫情。出国、旅游到疫区回来后，要加强身体检查（包括血清学监测），发现可疑者应立即隔离观察和处治。临床上可试用干扰素和中草药，如板蓝根、大青叶、金银花藤、茵陈、柴胡等试治。

十一、螨病

螨病是由疥螨科、痒螨科、刺皮螨科、牦螨科、蠕形螨科、羽管螨科等多种螨寄生于动物皮肤所致，分布甚广，尤其对羊、牛、猪、兔、犬的危害严重。

（一）主要临床症状

临床上主要是患病动物皮肤剧痒，患畜不停咬、擦皮肤，造成皮肤发红、毛脱落、皮肤增厚、动物日渐消瘦。蠕形螨还造成毛皮穿孔、损伤。

（二）防治措施

针对该病治疗的药较多，如双甲脒（0.05%的浓度外擦或药浴）。蠕形螨因寄生于皮下，加之代谢产物阻塞"洞口"，外用药作用不大，因而常用皮下注射或内服药的办法。如用1%浓度的针剂阿维菌素皮下注射，牛、羊、兔按0.2毫克/千克注射，内服按2%浓度，0.3克/千克。伊维菌素按0.2毫克/千克皮下注射，阿维菌素皮下注射猪按0.3毫克/千克，内服2%的浓度按0.4毫克/千克，在初、中期效果较好。

十二、裂谷热

裂谷热是由裂谷热病毒引起的一种急性、热性人兽共患传染病，OIE定为

A 类病。病变特征为肝损伤。

（一）病原

裂谷热病毒属于布尼亚病毒科白蛉病毒属（Phlebovirus），其基因为单股负链 RNA。裂谷热病毒耐受气溶胶化，具有很强的传染性，可通过悬浮培养或微载体大量培养，世界卫生组织（WHO）已将其列为生物战剂之一。该病毒对脂溶剂乙醚、脱氧胆酸盐等物质敏感，不耐酸，在丙酮中于-30℃条件下过夜、0.25%的福尔马林处理 3 天、亚甲蓝光条件下 50℃处理 30 分钟及 pH 值低于 6.8 以下均可使之灭活（pH7～pH8 最稳定）。在 40℃条件下可活 8 天，在-20℃或冻干（结）状态下可长期存活。能抵抗 0.5%的石炭酸达 6 个月，在 56℃的温度下40 分钟才能灭活，次氯酸钠/钙残存量不低于 5000 毫克/千克和 pH 值小于 6.2的酸液、0.1%福尔马林等可使其灭活。

（二）对动物和人的致病性

对家畜有很强的致病性。新生仔畜或幼畜感染后常在病毒血症期死亡；年龄较大的死亡较晚些，但常出现肝炎、肝部出现灶性弥漫性坏死。动物中绵羊发病最严重，其次是山羊。在流行期间，外来品种比当地品种更易感染，羔羊感染后死亡率约为 90%，成龄绵羊致死率为 50%，而成年山羊的死亡率不足10%，怀孕母羊感染后几乎 100%流产；动物间的传播流行常导致牛羊流产，牛犊、羔羊大量死亡。对人的致病性高但死亡率不高，人体皮肤伤口接触患病动物的血液、唾液、分泌物而受感染。潜伏期通常为 3～6 天，以发热、出血（鼻出血、呕血、黑便、颅内出血，甚至出血性休克）、肝炎（黄疸和肝功能受损），严重者肝坏死。

（三）易感动物及人群

主要是反刍动物，其他家养动物偶有感染。带毒的牛、羊、骆驼、猴子、鼠类为主要传染源，在牛羊中发病最为严重。绵羊是该病的二级传染源，成年绵羊感染后的致死率为 50%左右；犬、猫、驴、齿啮类动物也能感染。人普遍易感，但高危者是牧民、兽医、动物防疫人员、屠宰场工人、与肉类密切接触的厨师、从事病毒学研究或应用的工作人员、在牧区流行区的露宿者、游客。

（四）流行情况及特征

无论人或动物，多系蚊虫（主要是伊蚊、库蚊）叮咬传播；发病和流行高峰期在晚秋季节，气候炎热潮湿、蚊虫活动频繁是此病毒繁殖传播的有利条件。1977 年埃及暴发流行此病，在尼罗河三角洲造成大批人群和牛、羊、骆驼死亡。目前至少在 15 个以上的国家，如肯尼亚、乍得、喀麦隆、莫桑比克、南非津巴布韦、乌干达、苏丹、埃及等国的羊或人的血清中分离到此病毒，有的还从蚊虫和其他动物中分离到此病毒，2000 年 9 月也门和沙特阿拉伯暴发此病。传播者主要为伊蚊和库蚊，以后非洲等一些国家、地区先后都有报道。

（五）主要临床症状

羊发热期间厌食、虚弱、腹疼、便稀带血。鼻涕黏稠脓性，羔羊多数于 24 小时后死亡。有些母羊有短暂的潜伏期，体温升高 40～41.5℃，流产、呕吐、发热期间白细胞（特别是中性白细胞）显著减少，病程数天，死亡率在 10%左右，牛的症状与绵羊相同。

人主要表现为发病迅速，常伴随流感样症状，体温升高 38.3～40℃，厌食、味觉丧失、头痛、上腹疼痛、周身不适、面部潮红、结膜充血。2～3 天后体温开始下降，症状逐步消失，接着又是第二次发热，前述症状又陆续出现，但症状较轻微些，总热程约为 4 周。

（六）防治措施

目前，国外已有减毒活疫苗和灭活疫苗供动物防疫人员、兽医、从事此病研究的科研人员使用。活疫苗只接种一次即可终身免疫。动物活疫苗会引起怀孕动物流产；灭活疫苗不引起流产但要给予大剂量注射。但总体上，这些疫苗都还未注册和商品化。

有效措施中还必须加强监测、注意检疫，不去疫区国家引种和带回生鲜肉品，搞好卫生，防蚊灭蚊。去疫区国家地区的人员回来应加强监测和检疫，发现病者或可疑者应立即隔离，对症治疗。发现疫情要及时报告。

十三、莱姆病

莱姆病是由伯氏疏螺旋体引起的一种人兽共患传染病，也是 20 世纪 80 年代新发现的一种疫病。主要传播途径是蜱叮咬传播。

（一）主要临床症状

临床上主要表现为发热、关节炎、脑炎、心肌炎、慢性游走性红斑、精神萎靡、四肢乏力、食欲不振，有的还出现眼炎、肾炎等症状。蜱叮咬处皮肤损害，出血、脱皮、脱毛。

1.马

主要表现为进行性消瘦、低烧、嗜睡、散发性跛行、蹄叶炎、流产等。死亡解剖最典型的是关节淋巴细胞增生性滑膜炎、滑液性炎、腕关节滑膜绒毛性增生，弥漫性增生肾小球肾炎等。

2.牛

急性病例发热、肢体僵硬、关节肿大、跛行、奶牛的奶量下降。慢性病例进行性消瘦、疲乏、流产。死后皮下组织浆液性萎缩、心肾表面白色灰点、腕关节变厚、关节内含淡红色液体、心肌炎、肾炎。从血液、尿、关节液和肠中可检出伯氏疏螺旋体。

3.犬

发热、厌食、嗜睡、关节肿胀、肾功能紊乱，出现蛋白尿、脓尿、血尿等。

4.人

早期为慢性、游走性红斑，随后逐步出现神经系统损害症状，如神经炎、心肌炎、慢性虹膜炎，常伴有流感样症状，不适、头痛、发冷发热、肌肉疼痛、关节痛等。

确诊依靠检验发现伯氏疏螺旋体。

（二）防治措施

目前没有免疫用的疫苗。主要是防止蜱的繁殖和叮咬，不去或少去蜱生存的地方放牧，同时注意防鼠灭鼠，不接触鼠类吃过的食物、尿液、粪便。病死亡的家畜肉也不能食用。

十四、Q 热

Q 热是由伯纳特科克斯体（Coxiella burnetii）或称 Q 热立克次氏体引起的自然疫源性人兽共患传染病。牛、羊、犬、马、猪等家畜是主要感染对象，在自然界，黄牛、水牛、牦牛、绵羊、山羊、马、骡、犬、驴、骆驼、猪、兔、禽类、蜱、螨，一些野生动物都可感染并成为传染源。Q 热立克次氏体是立克次氏体中唯一可不借助于媒介节肢动物，而通过气溶胶传给人和动物的病原体。该立克次氏体致病力强，10 个以下病原就足以使人发病。由于它的致病性，并能用鸡胚大量生产，且能长期保存，可随气溶胶施放，具有较大的杀伤力，故美军在 20 世纪 60 年代将其列为生物战剂；1996 年，日内瓦"禁止生物武器公约"国际会议也将其列为核查和禁止的生物战剂。

（一）传播途径

进入人体的途径有呼吸道传播、接触传播、虫媒传播、消化道传播、气溶胶传播。

（二）主要临床症状

反刍动物感染后多为一过性，数月后可自愈，可成为带菌者，奶牛感染后其受孕、泌乳和胎儿发育都会受到影响，妊娠后期的可引起流产、胎衣不下、子宫内膜发炎；分娩和泌乳期乳中排出大量菌体，绵羊、山羊怀孕后期也可引起流产。少数病例出现结膜炎、支气管肺炎、关节肿胀、乳腺炎；犬自然感染后发生支气管肺炎和脾肿大；猫、兔出现相同或相类似症状。

人感染后的潜伏期为 14～39 天，平均 20 天左右。一般可分为急性型和慢性型。急性型发病急、发热、体温 2～3 天即升高到 39～40℃，呈弛张热，热程 10～14 天。发热 5～6 天时往往出现肺炎、咳嗽、胸痛。多数患者肝肿大，一般不出现黄疸和皮疹。慢性型多由急性型转来，主要表现为心内膜炎、慢性肉芽肿肝炎，长期不规则发热、贫血、心脏杂音、呼吸困难。

（三）流行特征

本病发生无明显季节性，各种年龄的人、动物均可感染，世界不少国家都有发生。1950 年，在北京发现此病，以后陆续在新疆、西藏、甘肃、广东、广西、海南、辽宁、吉林、黑龙江、福建、安徽、内蒙古等省（自治区）有 Q 热暴发，在内蒙古还发现与布病混感现象；1996 年，山东报道犬血清中 Q 热抗体率高于山羊和牛；1998 年，广东、广西两省军区的军犬血清阳性率为 3.74%，还有报道，称一个 Q 热阳性率高达 77.8%的犬群体外寄生的铃头血蜱中分离出 Q 热病原体，也有报道称医院病人传给医务人员，还有关于参与患病、死者尸体解剖 17 人中有 16 人为阳性的报道。

（四）防治措施

非疫区要加强对引进动物的检疫，防止隐性感染动物和带菌动物传入。注意环境和圈舍卫生、干燥、通风；坚持灭鼠灭蚊灭蜱；建立卫生防疫制度。可用卵黄囊灭活疫苗预防，奶牛每次 10 毫升，初免 7 天后再免一次。治疗可用四环素类抗生素（青、链霉素无效）。

人的预防也可用疫苗进行皮肤划痕接种或口服糖丸。目前有 Qm-6801 株制成的活疫苗。对屠宰场、皮革加工厂、毛纺厂、兽医、牧场工作人员、牧民、军犬训练人员和有关科研人员应进行抗体监测，免疫接种。治疗可用四环素、多西环素、联合林可霉素等，也可对症治疗。

十五、严重急性呼吸综合征（传染性非典型肺炎，SARS）

该病是一种新型冠状病毒引起的人类和动物急性呼吸道传染病。临床上主要表现为以发热、乏力、头痛、肌肉关节酸痛和淋巴细胞减少等全身症状，以及干咳、胸闷、呼吸困难等呼吸道症状。

研究报道，野生动物果子狸、浣熊等是其主要的自然宿主、中间传播者和传染源，蝙蝠带菌也很普遍。其中果子狸易感性最强。最近，我国科学家从蝙蝠体内分离出一种新型病毒，与人的 SARS 病毒完全一致。

（一）病原

冠状病毒是一种典型的人畜（兽）共患共感病原。动物的冠状病毒包括鸡传染性支气管炎、猪传染性胃肠炎、流行性腹泻、猪血凝性脑脊髓炎、初生牛犊腹泻、幼驹胃肠炎、猫传染性胃肠炎、猫肠道冠状病毒病、犬冠状病毒病、鼠肝炎、大鼠冠状病毒病、火鸡蓝冠病等。人的冠状病毒有呼吸道冠状病毒病、肠道冠状病毒病和新发现的 SARS。冠状病毒感染在世界上非常普遍，人群中 10%～30% 的冬季上呼吸道感染是由冠状病毒引起，在导致普通感冒的因素中居第二位。人的冠状病毒有多少个血型至今仍不清楚。

新发现的 SARS 病原体是 2003 年 4 月 16 日世界卫生组织正式宣布为一种新型冠状病毒，并命名为冠状病毒病，SARS 归属于冠状病毒科的冠状病毒素。SARS 对外界环境抵抗力较强，在人体和动物体的痰液中、粪便和尿液中均可存活 10 天，血液中可存活 15 天，干燥环境能缩短存活期。在吸水性材料表面可存活 6 天，而在表面干滑不吸水的条件下存活仅 2 天，在自来水中放置 2 天病毒仍保持较强的感染性。

紫外线可杀灭 SARS：200～800NMUV 可在 3 厘米距离 15 分钟达到完全灭活；在距离 80～90 厘米，强度大于 9 微瓦/cm² 的条件下，30 分钟可杀灭。

SARS 对热敏感：56℃和 65℃加热 20 分钟可杀灭大部分病毒，90 分钟可完全杀灭，75℃加热 45 分钟可完全杀灭。

SARS 对 pH5～pH10 的环境有一定的抵抗力，但在大于 pH12 和小于 pH3 的溶液中可被完全杀灭。

SARS 对温度的抵抗力：在 40℃和 25℃条件下病毒比较稳定，可存活 5～10 天，但在 37℃下放置 4 天则被完全灭活。

传播：SARS 在人类间传播迅速，死亡率较高，危害公共卫生，病原体容易培养，对外界有较强的抵抗力，容易被恐怖组织作为生物战剂。人体自然感染后可以产生高水平的中和抗体，康复的畜、人也有较强免疫力。

（二）传播途径

飞沫、气溶胶、污染的器皿、工具、用具是传播携带者和途径。空气传播是一种主要形式。畜、人的痰液、尿液、粪便、排泄物、污染物是另一重要的传播途径。同时，SARS 也具有食源性特点，对人的威胁、危害巨大。

（三）流行情况

SARS 起源于我国广东，2002 年 11 月 6 日，广东佛山发生世界首例病人。2003 年 12 月至 2004 年 1 月，在广东食品加工厂和烹饪者中感染传播，其中一位美国商人旅行到香港后不知情地传染给了当地人和外国人，以后全香港暴发流行又传到国外，仅 4～5 个月时间引起全球 30 多个国家和地区大流行，全球 1 万多人受感染，几千人丧生。我国广东全省蔓延，并传播到全国 24 个省、市、自治区，共发病 7748 例，死亡 829 人，其中北京就超过 2500 例，广东 1500 多例，香港 1755 例，台湾 665 例。从我国内地发病的 5000 余人中分析，发病年龄在 20～60 岁的占总发病数的 85%，其中 20～29 岁的占 30%，性别无多大差异。据世界卫生组织统计，死亡率占 11%，其中 24 岁以下不足 1%，25～44 岁为 6%，45～64 岁为 15%，65 岁以上超过 5%，比糖尿病、心脏病患者死亡率更高些。

（四）防治措施

目前没有疫苗，可对症治疗，减轻症状，增强抗病力，中草药制剂可以解除一些症状，降低发病率和死亡率。平时注意卫生，住地、宿舍内注意保温、通风、空气新鲜，流行季节少在市场活动。尽量避免与带毒或易带毒的动物接触，注意洗手、消毒等。

十六、李氏杆菌病

本病是由单核细胞增多性李氏杆菌引起的人与多种畜禽（动物）共患的一种食源性、散发性人畜共患传染病，其致死率较高。人和家畜以流产、脑膜炎、败血症等症状为主，家禽、啮齿类动物则以坏死性肝炎、心肌炎和单核细胞增多为特征。

（一）病原

已知李氏杆菌属有 8 个种，其中单核细胞增多性李氏杆菌和伊氏李氏杆菌是人和动物的重要病原。本菌为革兰氏阳性，为两端钝圆、平直和弯曲的小球杆菌，无荚膜，不形成芽孢，但周身有鞭毛，能运动，以翻腾、打滚方式运动为特征（在 20～25℃以下）。本菌需氧及兼厌氧，在 3～45℃下可生长，最适宜温度为 30～37℃。最适宜的酸碱度为 pH 5～9。本菌秋冬时期在土壤中可保存 5 个月以上，在冰块中可保存 3～5 个月，在骨粉中可保存 4～7 个月，在皮张内可保存 62～92 天，在尸体内可保存 1.5～5 个月。100℃以下 15～30 分钟，70℃经 30 分钟才能致死。2.5%的石炭酸溶液 5 分钟，2.5%的烧碱溶液 20 分钟，2.5%甲醛溶液 5 分钟可杀死该菌，在青贮料、干草或土壤中长期存活。

（二）流行特征

李氏杆菌可致多种动物和人发病。猪、牛、羊、马、犬、猫、鸡、鸭、鹅、鼠、鹦鹉、鹧鸪等均可感染发病，自然发病以绵羊、家兔较多，牛、山羊次之。各种年龄的动物均可感染，但幼龄最易发病，且发病急。人偶尔也感染，并发生败血症、流产和脑膜炎。

（三）主要临床症状

本病的潜伏期一般为 2～3 周，短的数天，长的可达 2 个月。临床以发热、神经症状、孕畜流产、幼龄动物和啮齿动物呈败血症为特征。但各种家禽的症状表现不一样。

1.猪

潜伏期为 2～3 周，短的几天，长的 2 个月左右。断奶仔猪及辅乳仔猪多表现为脑膜炎症状，意识障碍，共济失调，无自主地行走或后退，严重者肌肉震颤、强硬，颈部和颊部尤为明显，阵发性痉挛，卧地不起，口吐白沫，四肢乱划，后肢麻痹，1～9 天死亡。以败血症状为主的猪表现为体温上升，食欲减少或废绝、咳嗽、呼吸困难、腹泻、耳颈部皮肤发绀，怀孕母猪流产。

2.家禽

一般没有特殊症状，主要为败血症。

3.牛

发病初期发热，患牛突然出现食欲废绝，精神沉郁，呆立、流涎、流泪，不久头颈一侧性麻痹，视力丧失，转圈运动，有的角弓反张，大量流涎，昏迷而死，病程长短不一，有的1～3天，有的长达数周，牛犊症状除脑炎外，有的还有败血症、发热、下痢等。

4.羊

三种型都存在（子宫炎型、脑炎型和败血性型）：子宫炎型常伴有流产、死胎和胎盘滞留不下，有的则胎死腹中。

5.兔

病兔常急性死亡，死前症状并不明显。多数情况下则为精神沉郁，不愿行走，口吐白沫，神经症状间歇性发作，转圈、扭曲、抽搐2～3天死亡，慢性者常出现脑膜炎和子宫炎，运动失调，病兔很快衰竭而死。

十七、布鲁氏菌病（布氏杆菌病）

布鲁氏菌病为人畜共患传染病，以生殖器官和胎膜发炎，引起不孕、流产、关节炎、睾丸炎等为特征。人感染后，全身无力、发热、多汗、神经痛、关节痛、肝脾肿大、不孕、流产、睾丸炎等。

（一）病原

布鲁氏菌呈球形或球杆形、短杆形，不形成芽孢，无荚膜和鞭毛，不运动，革兰阴性。专性需氧菌，不产生外毒素，但有毒性较强的内毒素。

目前，世界卫生组织和联合国粮食及农业组织将布鲁氏菌划分为6个生物种，每个种又分若干生物型，即牛布鲁氏菌——流产布鲁氏菌，9个生物型；对水牛、牦牛、马和人致病性较强。马耳他布鲁氏菌——羊布鲁氏菌，3个生物型；对山羊、绵羊、牛、鹿和人的致病性较强。

本菌最适宜的生长温度为37℃，最适宜的pH值为6.6～7.4。日光照射和干燥条件下可降低其抵抗力。在自然粪便中可存活8～25天，常规鲜乳中可存活3～15天。

猪布鲁氏菌，5个生物型；对野兔、人的致病性较强。

犬布鲁氏菌；林鼠布鲁氏菌；绵羊布鲁氏菌。

绵羊种和犬种布鲁氏菌是天然的R型，其他为S型。

（二）流行特征

此病的传染源是带菌的和发病的羊、马、牛、熊、犬等。易感动物很广泛，如牛、羊、猪、水牛、牦牛、野牛、骆驼、肉食兽、禽、某些啮齿动物等，但主要是羊、牛、猪。

此病在四川省也曾广泛存在。20世纪80年代全省有52个县（市、区）有此病，到2015年达到农业部颁布的稳定控制区标准的35个，达到控制区标准的13个，只有4个未达标。

（三）防治措施

疫病接种是控制此病的有效措施。常用的疫苗是猪布鲁氏菌病菌苗、羊布鲁氏菌M5菌苗、牛布鲁氏菌19号菌苗。

猪布鲁氏菌S_2菌苗（简称猪2号菌或S_2菌）广泛应用于山羊、绵羊、猪和牛，均为皮下注射；羊布鲁氏5号弱毒苗（M5）可用于山羊、绵羊、牛和鹿的免疫，可以皮下注射，也有在群体免疫中采取气雾、粉雾免疫。

平时，应做好监测、控制，对内地农区来说，不是很大群的或大规模饲养者，可用检疫监测淘汰阳性病畜的方法来净化；还应加强消毒工作。治疗此病可选择四环素、土霉素或链霉素等药物。

十八、钩端螺旋体病

此病是由不同血清型的钩端螺旋体引起的一种复杂的人畜共患病，也是多种家畜、家禽及野禽、野鸟等野生动物的共患病。

（一）病原

钩端螺旋体为钩端螺旋体科、钩端螺旋体属的成员之一。钩体长 6～20 微米，宽 0.1～0.2 微米，形态纤细，革兰阴性，且不易作色，姬姆萨染色为红色，镀银法染色菌体为褐色或黑色。

根据菌体内部抗原可分为若干血清群，各血清群内又可根据其表面抗原分为若干血清型。目前世界已发现有 19 个血清群、180 多个血清型；我国已发现 18 个血清群、75 个血清型，其中曼耗型钩端螺旋体是我国特有的新血清型。在这些血清型中，黄疸出血群、秋季群、波摩那群、流感伤寒群、七日热群、犬群、澳洲群、爪哇群是重要的菌群。

钩端螺旋体在一般水田、池塘、沼泽及淤泥中可生存数月或更长，对干燥、冰冻、加热、胆盐、消毒剂敏感、在酸性、碱性水中的危害将大大受限。在 60℃温度以下 1 分钟立即死亡，0.5%的漂白粉中 1～3 分钟死亡。常用消毒剂大多有效。

（二）流行特征

钩端螺旋体病几乎遍及全世界，特别是气候温暖，雨量较多的热带、亚热带和温带的江河两岸及湖泊、沼泽、池塘、水田地带，我国主要是在长江流域及以南广大地区。

此病的主要传染源是带菌动物和发病动物，以猪、水牛、黄牛、鸭、羊的感染率为最高，排菌时间长（猪 371 天、马 210 天、水牛 180 天、羊 180 天），蛙类感染率为 1.26%～13.7%。以鼠类中的黑线姬鼠为主构成我国钩端螺旋体病的主要传染源。而鼠类、家畜和人的钩端螺旋体交替传染，构成错综复杂的传播链。

（三）传播途径

传播途径多种多样，经尿、乳汁、唾液、精液向外排泄钩端螺旋体（从尿中排出量最大，持续时间最长）、污染水、土壤、植物、饲料、食物、用具等，通过皮肤、黏膜、消化道感染。在菌血症阶段也通过吸血昆虫，如蝉、蚊、蝇等传播。

（四）主要临床症状

此病一年四季均可发生，但以夏秋潮湿多雨、洪水泛滥季节多发。

1.猪

最主要的是波摩拉型和犬型。急性者表现为发热、厌食、皮肤干燥、黄疸及后肢神经性无力震颤，脑膜炎、尿浓茶样或血尿，短时间内惊厥而死。亚急性和慢性者发热、无乳，或有乳腺炎、流产、死胎，母猪流产率达70%以上。

2.牛

急性者表现为突然发热、黄疸、血红蛋白尿和贫血，尿色很暗，尿中含大量白蛋白、血红蛋白和胆红素，皮肤干裂、坏死和溃疡，多于发病后1～5天内死亡。亚急性型常见于哺乳母牛，病程2天以上，体温升高，食欲减退，黏膜黄染，产奶量下降或停止，乳汁变黄，并混有凝血块，口腔黏膜出血，乳房与生殖器皮肤坏死、溃疡。慢性者多见于怀孕母牛，短期发热、贫血、消瘦、血尿、流产、产死胎或弱胎。病程5～20天，2个月后可恢复。

3.羊

羊的临床症状与牛相似。

4.犬

病犬以发热、昏睡、呕吐、便血、血红蛋白尿及黄疸，口腔黏膜出血、坏死和溃疡为主要特征。严重者3～5天死亡。幼犬发病多，成年犬常呈隐性感染。

（五）防治措施

1.灭鼠。这是控制此病的最重要甚至是最根本的措施。灭鼠包括田间灭鼠，要坚持数年。

2.加强饲养管理，动物不要混养。

3.坚持消毒，保持舍内卫生。

4.定期检疫、淘汰病畜。

5.改造疫源地。

6.预防免疫，已有灭活菌苗和弱毒苗可用。

7.发病畜可用强力霉素、土霉素、四环素、链霉素等治疗，也可对症下药，强心、利尿、补充维生素C等提高疗效。

第二节　猪　病

一、猪瘟

猪瘟是猪的一种病毒性传染病，世界动物卫生组织和我国都将此病列为一类病，长期以来，猪瘟对我国的养猪业危害很大。目前，世界上仍没有特效的治疗药物，但可以有效预防。我国的猪瘟疫苗在世界上已得到公认。石门系毒株是最好的制苗毒株。

在没有免疫的情况下，各品种、年龄、性别的猪，一年四季都可以发生此病。

（一）主要临床症状

典型的猪瘟以发热（40～41℃）、寒战、全身败血、出血、拉稀、便秘交替发生后还带假膜、恶臭、盲肠直肠等出现溃疡坏死、脾脏边沿梗塞、淋巴结肿大切面呈大理石状、回盲瓣处纽扣状溃疡等症状；现在临床上多以"温和型"猪瘟为主，症状在一头猪上很不典型，病程多呈慢性过程，抗生素治疗无效，死亡率极高。

（二）防治措施

免疫接种是预防猪瘟的主要手段和措施，我国的猪瘟兔化弱毒疫苗是世界上最好的疫苗，现已有细胞苗（含同源细胞苗和异源细胞苗）、组织苗（含脾淋苗和兔源组织苗）等多种苗。目前比较好的是同源细胞苗（传代细胞源）即ST苗，含免疫量高，免疫后产生抗体快，批间差异小，感染异源病毒机会特少。疫苗在运输、保存、使用各环节一定要按规定控制好温度，严防减效失效。可以按照各地和各猪场的实际制定科学的免疫程序进行预防免疫。专家学者们主张按抗体消长情况来确定免疫时间。但目前绝大多数场（户）办不到，因此，他们主张和推荐仔猪 30 日龄左右普免，母猪空怀时加强免疫。在免疫猪瘟的同时，要加强对圆环病毒病、PPPS、霉菌中毒病和寄生虫病的防治。以减少免疫抑制。可用免疫增强剂，提高免疫效果。在有疫情的情况下，首先，对已感染的猪场可普遍进行紧急免疫接种，这种情况下常加大疫苗剂量 3～4 倍。其次，对感染过的猪只，特别是那些耐过的猪只、"僵猪"等应及早淘汰处理；对猪群应经常进行监测；对猪舍、环境等进行严格消毒。发生疫情后，要严格按《中华人民共和国动物防疫法》《猪瘟防治技术规范》等有关规定进行严格处理。

二、高致病性猪蓝耳病

猪的高致病性蓝耳病是由猪繁殖与呼吸综合征（PRRS）病毒的变异毒株引起的一种急性、高致死性传染病。

（一）流行特点

该病具有发病急、传播快、发病率和死亡率高、病程长等特点。夏、秋季多发。该病的发生与猪的性别、年龄、品种等没有多大相关性。其传播主要为猪与猪之间的相互传播。在猪群中，往往与猪瘟、附红细胞体病、伪狂犬病、巴氏杆菌病、传染性胸膜肺炎等混合感染。

（二）病毒的抵抗力

通常情况下，病毒对环境因素的抵抗力不强。病毒在 37℃温度下 3～24 小时，56℃温度下 6～20 分钟以及干燥环境中极易失活；在 pH 值低于 6 和高于 7.5 时其感染性很快丧失，但在 pH6～pH7.5 环境中比较稳定；在-20℃时可长期稳定，20℃温度条件下感染性可持续 1～6 天，4℃温度下一周内病毒的感染性丧失 90%，但在一个月内仍可检测到低滴度的感染性病毒。用脂溶剂（如氯仿、乙醚）、去污剂处理后，病毒的囊膜即被破坏而失去感染性。

（三）主要临床症状

发病流行传播快、体温高（可达 41℃以上）、精神沉郁、食欲大减或绝食，耳部发绀，腹下和四肢末梢等皮肤呈紫红色斑块状；便秘和拉稀交替发生；眼结膜发炎，眼、脸肿胀，部分猪出现抽搐、跛行、共济失调。怀孕母猪大批流产、早产、死胎、产弱仔、木乃伊胎；流产率可达 30%以上，甚至达 70%～80%；经产母猪不发情或发情不正常，屡配不孕，哺乳母猪少奶或无奶。呼吸道症状主要表现为咳嗽，呼吸困难，日龄越小呼吸道症状越重。该病的感染可导致猪瘟疫苗体液免疫受到明显抑制、干扰猪瘟疫苗的免疫效果。准确的诊断往往依靠实验室的 RT-PCR 检测或病毒分离鉴定。

（四）防治措施

1.预防免疫

要根据农业部和地方制定的《高致病性猪蓝耳病防治技术规范》和《猪病免疫程序推荐方案》的要求，用国家和省统一规定的疫苗，根据当地情况制定合理的免疫程序。一般首免后一个月左右应再加强免疫 1 次。母猪、公猪都应预防。仔猪、阳性猪场均宜用弱毒苗，母猪、阴性猪场宜用灭活菌。在搞好本病免疫的同时，对猪瘟、传染性胸膜肺炎等也应做好预防免疫。

2.搞好消毒工作

对环境、栏舍、用具、排泄物等都要常消毒，常见的醛制剂、氯制剂、酚制剂、氧化剂、碱类消毒药都有效。

3.科学饲养管理

坚持"自繁自养、全进全出"的养殖模式，搞好栏舍卫生，饲料营养要全面，可适当添加维生素和微量元素；不与其他动物混养。

4.应用免疫佐剂、免疫增强剂

在进行预防免疫的时候，可同时应用一些免疫佐剂、免疫增强剂，如多种细胞因子，可提高免疫效果；细胞因子的研究主要集中在白细胞介素、干扰素、肿瘤坏死因子及转移因子；细胞因子在增强体液免疫应答方面有一系列成功的报道。

5.应用中草药及其制剂

应用中草药及其制剂防治猪蓝耳病已有不少报道，如藿香正气散、普济消毒饮、荆防败毒散、清瘟败毒散、消黄散以及一些清热解毒、提高机体抗病力、免疫力的"扶正祛邪"的中草药等。还可试用疫苗、干扰素、中草药三者相结合的防治方案。

三、猪圆环病毒病

圆环病毒病是 20 世纪 70 年代最先在德国发现，以后相继在加拿大、新西兰、美国、英国、北爱尔兰、法国、西班牙、丹麦、荷兰、墨西哥、日本等不少国家发现和确诊的一种新病。我国自 2000 年开始有此病的报道，后相继在北京、河北等 7 个省市的几十个猪场检出 PCV-2 病毒。目前，已成为影响我国养猪业生产的重要的病毒性传染病之一，特别危害母猪和仔猪，伤害猪的免疫器官和免疫功能。

（一）病毒特性和危害

目前已知猪圆环病毒（PCV）有两个血清型，即 PCV-1 和 PCV-2，危害严重的是 PCV-2。PCV 主要感染猪，目前我国猪的血清学阳性很高，据报道，牛、羊、马也可感染。PCV 可经口腔、呼吸道感染不同年龄的猪，少数怀孕母猪也可经胎盘感染仔猪。用 PCV 人工感染试验猪后，其他未接种病毒的同群猪自然感染率可达 100%。病毒可经鼻液、粪便、精液等排出体外。PCV-2 能严重破坏猪的免疫系统和功能，造成抗病力减弱，还导致对其他一些疫苗（如猪瘟疫苗）接种的应答能力大幅降低，从而诱发其他病的发生。

（二）主要临床症状和流行特点

猪圆环病毒病在临床上主要表现为渐进性消瘦、生长迟缓、吃食下降、被毛粗乱、精神沉郁，有些猪皮肤苍白（贫血），有部分猪喘气、呼吸困难或呈腹式呼吸，少数猪只出现拉稀。解剖病猪可见全身淋巴结水肿、切面苍白且硬度增大，特别是腹股沟淋巴结水肿；脾肿大、肝萎缩、肾水肿、肺肿胀、坚硬，严重者肺泡出血。断奶仔猪多系统衰竭综合征（PMWS）常见于 6～8 周龄仔猪，发病率可达 30%～50%，死亡率可达 80%～100%；由于 PCV 对淋巴细胞的破坏和对整个免疫系统的损害，造成对机体免疫力、抗病力的下降，对许多其他接种疫苗的免疫应答力大大降低，因此，猪圆环病毒病常与蓝耳病、细小病毒病、猪瘟、传染性胸膜肺炎、传染性乙型脑炎、伪狂犬病、喘气病、附红细胞体病、弓形体病等病中的一种或几种混合感染，使猪群疫病的检测诊断和防治净化变得更加复杂艰难。

（三）防治措施

迄今为止，还没有一套完整有效的控制本病的措施，国内已有正式生产的疫苗用于预防。据有关资料记载，国外市场已有 Suvaxyu pcy2 嵌合灭活疫苗、Circoflex 和 Cireunt 基因工程疫苗、Circovac 全病毒灭活疫苗，其免疫效果不错；国内也有几家企业生产圆环病毒 2 型基因工程亚单位疫苗。目前，一些大中型猪场采取的措施是加强饲养管理，减少饲养密度，实行严格的"全进全出"制；同时加强其他病如猪瘟、口蹄疫、伪狂犬病、呼吸生殖综合征（蓝耳病）、喘气病等基础免疫；减少应激；在饲料中添加多维和能提高机体免疫力、抗病力的中草药如黄芪、刺五加、淮山药、鱼腥草、贯众等，也可在饲料中添加电解多维（按每千克饲料 1～2 克拌料），以减少应激。为了提高机体自身免疫力，在使用疫苗预防一些常见病时，猪场可以考虑应用一些免疫增强剂和佐剂。

四、猪喘气病（猪支原体肺炎）

（一）主要临床症状和流行特点

猪喘气病又名猪霉形体肺炎，是由猪肺炎霉形体引起的猪慢性呼吸道传染病。国外又叫猪地方性流行性肺炎，主要症状以咳嗽、喘气为主，一般体温不高。该病一年四季都可发生，但在寒冷、多雨潮湿和气候突变的情况下易发。新疫区往往呈暴发流行，老疫区常呈慢性发病过程。如果没有继发感染，死亡率就不高，但病程很长。在一个猪场只要有此病流行很难净化。使用灭活疫苗免疫，能显著降低发病率。

（二）防治措施

疫苗免疫有一定的预防作用，有注射的，也有喷鼻的活疫苗，可以选用。

同时要加强饲养管理，减少应激。没有此病的猪场在引种时，一定要加强检疫，防止带入本病。要坚持自繁自养。治疗初期可选用土霉素、卡那霉素、支原净、泰妙菌素、林可霉素、泰乐菌素等。平时也可选用一些止咳平喘、理肺消炎的中草药进行防治，如杏仁、瓜蒌、枳壳、百部、鱼腥草、前胡等。

五、传染性胸膜肺炎

本病是由胸膜肺炎嗜血杆菌引起，以肺炎和胸膜炎的症状为特征。健康猪与病猪接触是传染的主要方式。各品种年龄的猪都易感。

（一）主要临床症状

体温高达 41℃以上，短期轻泻和呕吐，逐步出现呼吸道症状，张口伸舌，呼吸困难，心跳加快，触诊胸部有疼痛感。双侧性肺炎，肺表面和胸膜出现纤维性粘连。鼻流出带血的泡沫样分泌物。

（二）防治措施

预防本病主要坚持自繁自养；防止病从外引入，猪场可选用亚单疫苗，有一定预防效果。传统的灭活疫苗有血清型特异性，应用 APP 灭活苗可减少死亡，但对慢性感染几乎无效。也有从美国、罗马尼亚进口三联苗的，效果较好。治疗可选用头孢菌素、链霉素、庆大霉素、泰乐菌素、泰妙菌素、青霉素类和磺胺类药，也可选用一些中草药制剂，如穿心莲注射液、鱼腥草注射液等。中草药黄芩、百部、栀子、枳壳、黄药子、前胡、知母、瓜蒌、紫菀等，早期治疗也有一定的防治作用。

六、猪链球菌病

猪链球菌病是由链球菌属的多种链球菌群引起的链球菌病的总称。其中 II 型可导致人感染发病，如猩红热、脑膜炎、败血症等。四川省 20 世纪 70 年代曾在许多市及地区发生内溶血性（败血性）链球菌引起的猪链球菌病。2005 年又在 14 个市的部分县发生由猪Ⅱ型链球菌引起的猪链球菌病，并引起 30 多人感染发病死亡。该病没有明显的季节性。该菌对热的抵抗力不强，在 60℃的水中可存活 10 分钟，在 50℃水中可存活 2 小时，75℃很快死亡；在 40℃的尸体中，可存活 6 周；在粪池中可存活 8 天。对病猪和病死猪不要解剖，不准买卖，不要食用。本菌群对常用消毒剂，特别是氯制剂、醛制剂比较敏感。

猪、牛、马属动物，羊、兔、鸡、水貂、一些野生和水生动物均易感，不同年龄、品种和性别的猪均易感，人也易感，所以猪的链球菌病既是多种动物共患病，又是人畜共患病之一。此病一年四季均可发生，夏、秋季偏多。该菌广泛存在于自然界，也常在动物和人的呼吸道、消化道、生殖道等以"健康带菌"方式存在，气候突变、高温潮湿、长途运输、环境和饲料突变可刺激引起发病。

（一）主要临床症状

最急性型往往不显症状，突然死亡；急性型突然发病，体温升高至 41～43℃，高温不退，呼吸急促，从鼻腔中流出脓性分泌物，腹下和四肢下端及耳部等皮肤出现紫红色血斑，眼结膜潮红，有出血点，尿黄或有尿血；脑膜脑炎型多见于仔猪，有抽搐、共济失调、尖叫、转圈运动等症状。

（二）防治措施

中国已研制有弱毒疫苗和灭活菌，效果较好。加强饲养管理，栏舍猪不宜太密、拥挤，要通风、卫生，推行"全进全出"的管理制度。严格按规定做好免疫、检疫、消毒和疫情管理等工作。用青霉素、阿莫西林、氨苄青霉素、链霉素、环丙沙星、磺胺嘧啶钠治疗都有效（对四环素、红霉素、卡那霉素有抗性）。中草药以凤尾草、野菊花、银花藤、紫花地丁、夏枯草、黄芩、栀子等有治疗效果。

七、猪痢疾

猪痢疾又称猪血痢，是由猪痢疾密螺旋体引起的一种严重的肠道传染病。

（一）主要临床症状

其临床特征是大肠黏膜发生卡他性、出血性炎症，表现为黏液性出血性下痢。

（二）防治措施

目前还没有可靠的疫苗预防。常用的泰妙菌素、泰乐菌素、林可霉素、土霉素、新霉素及磺胺类药治疗均有效。中草药以地榆、大蒜、马齿苋、黄连、穿心莲、栀子、白头翁等都有效。

八、猪传染性胃肠炎和流行性腹泻

这两种病分别由猪传染性胃肠炎病毒和猪流行性腹泻病毒引起（这两种病毒都属于冠状病毒），但在临床症状上很难区分。大小猪都可发生，小猪发病率相对较高。

（一）主要临床症状

临床特征都是腹泻，呈水泻，伴有呕吐、脱水等症状，均以冬季多见，一次寒潮袭来，往往普遍发病。近两年，美、日这两种病流行严重。我国南方一些省（区）的部分猪场也有发生。

（二）防治措施

目前已有疫苗（单苗、二联苗、三联苗均有）用于预防。如猪传染性胃肠炎、流行性腹泻、轮状病毒病三联苗（商品名：三利），预防猪的这三种病效果很好，同时综合防治。加强饲养管理，特别是冬天栏舍防寒保暖十分重要。治疗常用的止泻药都有一定止泻效果，但不能根治。可给猪补充电解质、维生素和保证充足的营养。据四川省畜牧科学院和四川世红生物技术有限公司研究表明，猪白细胞干扰素在防治猪流行性腹泻中有较好的作用，并获得国家专利。

九、猪流感

猪流感是由猪流感病毒引起的猪的一种急性、热性、高度接触性传染病。

（一）流行特征及主要临床症状

其特征为突然发生，迅速波及全群，发热、肌肉或关节有痛感、有咳嗽、繁殖障碍（流产、死胎、木乃伊胎）等。引起猪流感的流感病毒种类多样。猪的流感病毒极易变异，特别是 A 型，大体每隔 10～15 年发生一次明显的变异。流感病毒除猪感染发病外，还可以感染人，A 型流感病毒可以通过感染猪后再感染人，故有人称猪是人类流感的"放大器"和"中间站"，人与人之间也可以传染。传播途径主要是呼吸道，所以又将其归为"呼吸道传染病"。

（二）防治措施

目前，对猪的本病还无特效的西药防治，主要应搞好各环节的消毒。临床可用中草药防治，如银花、连翘、薄荷、荆芥、贯叶连翘、黄花地丁、防风、白芷、鱼腥草、黄芩、茵陈、板蓝根、桑叶、柴胡、葛根、白术等。中成药"莲花清瘟胶囊"、老川方"抗病毒颗粒""银翘散"以及卫生部推荐用于人的 H1N1 甲流防治的中草药制剂"金花清感方"，以及西方提取的"达菲"等都可以用来治疗。

十、猪伪狂犬病（假性狂犬病、奥斯可病）

猪伪狂犬病是由伪狂犬病毒引起的一种急性传染病。此病实际上也是多种动物共患病，牛、羊、猫、犬、兔、貂、马、鼠、蝙蝠、鸡、鸭、鹅都可以感染，健康猪与病猪、带毒猪直接接触可以感染，也可经皮肤伤口传染。仔猪感染后发病较多，成年大猪感染后往往不发病，呈隐性感染。

（一）主要临床症状

2周龄内仔猪发病出现发热（体温可达40℃以上）、下痢、呕吐、厌食，逐步出现震颤、步态不稳、共济失调、后躯麻痹、做转圈运动，有时伴有昏睡、瘙痒、抽搐等症状；孕猪后期出现早产、死胎、流产等症状。近年，该病的危害从流产、死胎等逐步变成以免疫抑制为主要危害的趋势。育肥成年猪多呈隐性感染。病毒对热、紫外线、甲醛、碱都敏感，0.5%～1.0%的氢氧化钠和氯制剂可将其杀灭。

（二）防治措施

现全国已有多家公司生产疫苗，效果很好。进口苗也有。四川农业大学郭万柱等研究的伪狂犬病基因缺失疫苗效果也比较理想。平时注意监测和检疫，淘汰病猪和血清学阳性猪，没有病猪的养猪场要禁止从疫区和疫场引进猪只。同时，加强卫生管理和消毒工作。

十一、猪细小病毒感染

（一）主要临床症状

本病是由猪细小病毒引起的猪的一种繁殖障碍性疾病，以胚胎和胎儿感染及死亡为特征，常出现死胎、木乃伊胎、流产、死产和初生仔猪死亡为特征，易感母猪多在怀孕前期感染。本病毒只有一个血清型，与其他细小病毒无抗原关系，其他动物对本病毒不易感。本病毒对热（70℃两小时）、消毒药（10%～40%的乙醇30分钟至2小时）和酶的耐受力很强，对不同pH值（3～10）的适应范围也很广。

（二）防治措施

1.严格控制带毒猪入场。

2.坚持自繁自养。

3.引种要注意检疫，引回要隔离观察。

4.平时加强监测，有阳性者（特别是阳性公猪）要坚决淘汰。

5.可选用疫苗免疫。

6.加强消毒工作。

7.可以用中草药加干扰素试治。

十二、猪囊虫病

（一）病原

猪囊虫病的病原体是寄生在人体内的猪带绦虫的幼虫——猪囊尾蚴虫。所以，猪囊虫实际上是中间宿主体内存在形式，即猪、野猪是中间宿主，犬、骆驼、猫、人都可以成为中间宿主；人又是猪带绦虫的终末宿主，所以也是对人危害较严重的一种寄生虫病，特别在牧区、少数民族聚居区。

猪囊虫多寄生于中间宿主的横纹肌里，脑、眼和肝、脾、肺等脏器也常有寄生。成熟的猪囊虫外形椭圆，约黄豆大，长 6～10 毫米，呈半透明胶囊状，囊内充满液体，囊壁是一层薄膜。

（二）主要临床症状

消瘦、生长缓慢、贫血。猪肉苍白、手摸有较硬颗粒、眼观有白色小颗粒，民间常称为"米猪肉"。

（三）防治措施

治疗：一般情况下可用丙硫苯咪唑和吡喹酮口服。吡喹酮按一次 10 毫克/千克，每天 2 次，连服 6 天。严重感染者（每 4 平方厘米有 3 个以上囊要按有关规定作无害化处理，如焚烧、作工业原料等），不许食用。对即将出栏屠宰的猪用此药时，严格按停药期规定执行。

预防：①大力宣传卫生科学知识，改变吃生肉的习惯；②猪圈和人厕分开，不让猪吃人的粪便；③加强肉品检验；④加强人的猪带绦虫普查和驱虫；⑤做好圈舍和环境卫生。

十三、猪弓形虫病（弓形体病）

此病为人和动物共患病之一，本病的终末宿主是猫、鼠、人及 40 多种哺乳动物，70 多种鸟类，5 种冷血动物都可以成为中间宿主；食粪虫、蟑螂、蝇、蜂都可以机械传播。本病在 5～10 月发病较多，3～5 月龄的猪发病率、死亡率较高。本病常呈地方性散发。

（一）主要临床症状

发热、高温（40～42℃）、咳嗽、呼吸困难、眼结膜发绀、皮肤出现紫斑，有的猪还有神经症状、腹泻等，母猪出现早产、死胎或产发育不全的胎儿。全身淋巴结肿大，脾脏肿大，肝灰红色有坏死小点。

（二）防治措施

治疗：以磺胺类药物为主，如乙胺嘧啶、磺胺嘧啶、磺胺间甲氧嘧啶等。

预防：加强卫生管理，场内不许"野"猫出入，消灭老鼠，定期开展监测，注意圈舍消毒，加强肉品卫生检验，防止人的感染，保护人类健康。

十四、猪附红细胞体病

附红细胞体属于一种立克次氏体，发生于人和动物红细胞表面或寄生于血浆骨髓中，属人畜共患病之一，主要由蜱等吸血昆虫叮咬传播。中国和四川省不少地方已证实有此病发生。

（一）主要临床症状

病初两耳发红、鼻镜发红、身体皮肤发红，以后出现高热（体温 40℃以上），进而皮肤发白、贫血、黄疸（可视黏膜发黄），食欲减退、尿黄粪干。

（二）防治措施

常选用贝尼尔、黄色素、强力霉素、血虫净、磷酸伯氨喹等，并加强营养（补液）等。

十五、猪亚硝酸盐中毒

主要由于一些富含硝酸盐类物质的青绿饲料在处置不当、氧化分解不够充分的情况下，使硝酸盐游离出来变成亚硝酸盐，猪吃了这类含有亚硝酸盐的饲料引起中毒。

含有硝酸盐类多的青绿饲料，四川常见的有牛皮菜、白菜、玉米苗、鲜红薯藤、油菜、甜菜等。这些青绿饲料切碎后堆积过久或煮了之后长期闷在锅里不烧开和搅动，游离出的硝酸盐就会变成亚硝酸盐，猪吃了这类饲料就会引起中毒（亚硝酸盐夺去血中的氧，使血红蛋白变性，失去携氧功能，猪缺氧而死）。

亚硝酸盐中毒的简易检测方法：取胃内容物或残余饲料的液汁一滴，滴于滤纸上，加10%联苯胺液1～2滴，再加10%的冰醋酸液1～2滴，如有亚硝酸盐存在，滤纸即变成棕色，否则不变色。

（一）主要临床症状

突然发病、呼吸困难、全身发绀、尖叫、痉挛、跳几下就倒地死亡，死后血色紫黑，血液凝固性差，身体越健壮、吃食越多的猪，发病和死亡率越高。

（二）防治措施

1.改熟喂为生喂。

2.切碎的青绿饲料不要堆积过久，吃时充分搅动，使已游离出的亚硝酸盐与空气广泛接触。

3.发现中毒时，马上静脉注射5%的甲苯胺蓝（按每千克体重0.5毫升计算注射量）或1%～2%美蓝（亚甲蓝）溶液，可配合维生素C和葡萄糖静脉注射。

十六、副猪嗜血杆菌病

副猪嗜血杆菌病又称"格拉泽氏病"、多发性纤维素性浆膜炎和关节炎。本病在全世界广泛存在，目前在我国也相当普遍。尤其是在圆环病毒病（PCV）、繁殖与呼吸综合征病（PRRS）存在的地方，特别是一些规模化养猪场，危害严重。

（一）病原

副猪嗜血杆菌（HPs）属于巴氏杆菌科嗜血杆菌属的一种短杆菌。有荚膜、厌氧、不运动、革兰氏阴性，形态多样。在显微镜下有时可见球杆状、长杆状或丝状。HPs有15种血清型，各血清型的毒力差别大，交互免疫力低，其中1、15、10、12、13、14型的毒力大、高致病；血清型2、4、15为中等毒力；3、5、7、8、9、11为低毒力型，不引起临床感染。我国主要为4、5型。

（二）流行病学

此菌属于条件性致病菌，受多种应激因素作用而激发，在体内和环境中普遍存在。饲养太密集、卫生差、通风不良、氨气浓度高以及运输转群都可诱发。该病主要发生在断奶后和保育阶段4～8周龄（10%～15%），发病后的死亡率也高（严重时可达50%）。

患猪和带菌猪是主要传染源，往往通过鼻液、飞沫传播。猪感染PRRS和PCV时，发病加重，症状突出。该病无明显季节性，但以春、秋多发。

（三）主要临床症状

发热、精神抑郁、食欲不振、厌食、咳嗽、呼吸困难、皮肤黏膜发绀、眼睑皮下水肿、腕关节和膝关节发炎（跛行、肿胀、站立困难），临死前出现脑膜炎，抽搐共济失调。倒地四肢呈划水样，因此发生流产、死胎或木乃伊胎。

（四）防治措施

常规推荐使用头孢噻肟钠、甲砜霉素、林可霉素、经氨苄青霉素、大环内酯类、喹诺酮类药物。HPs对许多抗生素产生很强的抗性，大多数对红霉素、氨基糖苷类、林可霉素有抵抗力。可以应用有效的抗生素结合中草药对症治疗。

预防：目前，已有副猪嗜血杆菌疫苗可以预防免疫。国内已有三种疫苗，但多用单列的灭活疫苗，一般建议母猪每年普防三次，每次2毫升或产前3～4周免疫一次，仔猪3周龄及以上免疫一次。

十七、立百病

（一）概况

立百病（又译为"立帕病""尼帕病""尼巴病"），是一种急性、高度接触性且危害家畜和人的一种人兽共患传染病。因该病有明显的呼吸障碍和神经症状，并突然发病，该病的发源国马来西亚首先发现是猪，故将此病称为"猪呼吸障碍综合征"。该病毒1995年就已感染了猪，并逐步适应了猪和人，1997年开始在马来西亚流行。当时，马来西亚的几名猪场工人发病，并有一人死亡，症状与日本脑炎患者相似，因而最先疑为日本脑炎。马来西亚政府即号召用乙脑疫苗在疫区普遍给人注射，疏散居民、捕杀疫区猪只，杀灭蚊虫，但这些措施并未控制本病，到1998年9月底，疫情逐步扩大到多个州，700多人感染发病，190多人死亡，感染死亡率达40%；邻国新加坡也因进口马来西亚的猪而于1999年3月发现4个屠场的8名工人染上此病，死亡1人。1999年10月，马来西亚宣布控制住本病，但1999年底到2000年8月该病再度袭击整个"北马"地区及沙劳越州。1998—2000年全国共捕杀了116万多头猪，造成了严重的经济损失，一些当初从马来西亚进口猪肉的国家和地区也不再从马来西亚进口了。

（二）病原和病名来源

1998年，马来西亚大学医学微生物博士Chua从林美兰州几个猪场的猪和5位病死人的脑液中分离出除了脑炎病毒外，还发现一种新的病毒。1999年2

月请了美国亚特兰大疾病控制和预防中心（CdC）的虫媒病研究中心与澳大利亚联邦科学与工业研究组织（CSIR）的专家协助诊断发现新病毒与1994年引起澳大利亚昆士兰州布里班镇一个"亨德拉"的地方的马匹和驯马师死亡的"亨德拉病毒（Hendra）"相似，但在核苷酸序列和氨基酸序列上有21%和11%的差别，是副黏病毒的新成员，故命名此病为"亨德拉病毒病"（Hendra-lideviis），又因此病毒是在一个叫"尼帕村"（SungaiNipah）的地方分离的，故又将此病称作"尼帕病"（Nipah disease）。该病1997年后在新加坡和孟加拉国发生过，2001—2005年在孟加拉国暴发导致22人死亡，感染死亡率高达74%。近年我国也从蝙蝠体内发现了尼帕病毒。

（三）传播途径

在动物中猪、马、山羊、犬、猫、蝙蝠、鼠、八哥均可感染，家畜中猪是主要感染者和传播者。该病的传播途径主要是接触传染，如接触猪的尿液、粪便、唾液、血液、分泌物；蛇、蜱叮咬也可传播此病毒（也有学者说不通过蚊和血吸虫传播）。

（四）主要临床症状

人的潜伏期一般为4~21天，有的病人血清学阳性，但没有临床症状。发病者主要表现为发热、头痛，持续3~14天，有明显的呼吸障碍，50%的病人有疲倦、嗜睡、方向障碍、高血压、意识不清等症状，后期病人昏迷不醒。人的发病率约为40%，猪的发病率可达100%，死亡率不高（一般5%以下）；猪发病后常出现咳嗽、种猪呼吸困难、抽搐、呼吸失调，最后导致死亡；有少数病例有肺炎，分泌黏液性鼻液，小猪、奶猪常出现肺炎症状和脑炎症状，断奶猪和育肥猪常出现急性高热，体温在39℃以上，呼吸急促。有些猪，特别是种猪突然死亡。解剖见支气管切面有渗出液，肾表面及皮质充血，少数病例有脑出血、瘀血。

（五）防治措施

目前还没有有效的预防和治疗药物，有效的疫苗还在研究之中。临床上有使用三氮唑核苷（Ribavirin，又称病毒唑）对早期感染的人进行治疗的报道。但对感染发病的猪没有治疗意义。

我国现为非疫区，没有此病。防控主要是引种问题，不从疫区国引进种猪和大小猪与易感动物，以及生鲜产品（包括旅客携带产品）；加强从疫区来的人员、运输工具的检疫检验工作，严防病毒入侵；同时做好灭蚊、灭蜱等工作；对猪群加强监测，一旦发现立即报告，并采取封锁、捕杀、销毁、环境消毒等措施，防止疫情扩散和蔓延。

十八、猪丹毒

猪丹毒（SE）是由猪丹毒杆菌引起的急性、发热性传染病，民间俗称"打火印"，主要侵害猪，人也可感染，人的感染称为"类丹毒"。牛、羊、马、犬、禽都可感染。欧美各国和世界各地都有此病。我国最早于四川发现，至今并未消灭。

（一）病原

病原为猪丹毒杆菌，又称红斑丹毒丝菌，革兰氏阳性，无鞭毛、不运动、无荚膜、不产生芽孢，兼性厌氧。对一般消毒药均敏感。

（二）临床症状

潜伏期平均为2～5天，一年四季都可发生，南方以冬春季节多见。其症状临床可分三型。

1.急性型（败血型）

少数猪无可见症状突然死亡，大多数病例有发高烧（42～43℃）、寒战、步态僵硬、食欲不振、结膜充血、黏膜发绀、粪干硬（后期腹泻）、呼吸困难、耳尖、鼻端、腹下、四肢皮内侧皮肤出现红色充血疹块，疹块有方形、菱形、圆形多样，用指压摁褪色；后期这些疹块变为出血性暗紫色，指压不褪色；随着疹块的出现体温下降，病程2～4天。病死率达80%～90%。哺乳的猪和断奶不久的仔猪往往突然死亡，病程不超过1天。

2.亚急性型（疹块型）

通常发病2～3天后在胸、腹、背、脊、四肢皮肤出现比较规则的疹块，少食、口渴、便秘、有时呕吐、体温升高41℃以上。初期疹块充血、指压褪色，后期变为出血性，疹块紫红色，指压不褪色，病程1～2周。

3.慢性型

通常为1、2型转变而来，特征为慢性关节炎、慢性心内膜炎、喜卧厌走、生长缓慢、消瘦、体温一般正常或稍偏高，呼吸困难，听诊心脏有杂音，局部皮肤变黑坏死。屠宰猪只的工人很易感染此类病毒。

（三）防治措施

猪丹毒病的特点之一是健康带菌率高。此病的预防免疫已有多种疫苗，有弱毒活菌苗、灭活苗、二联苗、三联苗等。

治疗：以青霉素效果最好（从1949年报道用青霉素治疗猪丹毒以来至今还没有发现SE菌株对青霉素的抗药性），也有报道用林可霉素、泰乐菌毒有效的。红霉素在体外试验有效，但体内应用基本无效。为了增强猪只的抗病力，也可以用解毒、杀菌、增强免疫力的中草药水剂让猪自饮。

十九、猪萎缩性鼻炎（传染性萎缩性鼻炎）

本病是由支气管败血波氏杆菌（Bb）和产毒素多杀巴氏杆菌（Pm）引起的猪的慢性呼吸道传染病。20世纪70年代因引种从欧美等国家多渠道传入我国。

（一）病原

根据毒力和生产特性、抗原性，支气管败血波氏杆菌有3个菌相，Ⅰ相菌有荚膜，具有K抗原和强坏死毒素，具有红细胞凝集性；Ⅱ、Ⅲ相无荚膜和菌毛，毒力较弱。Ⅱ、Ⅲ相往往由Ⅰ相变异而来。Bb为革兰氏阴性棒状杆菌，两极着色，不产生芽孢，但有鞭毛，能运动，常单在或成双存在，最适应温度为35～37℃。Pm和Bb对外界抵抗力仍强，在液体中加热到58℃，15分钟可将其杀死，对一般消毒剂都敏感。

（二）流行特征

自然条件下，一般只见猪发病，任何年龄的猪均可感染，特别以2～5月猪多见；病猪和带菌猪是主要传染源，其他带菌动物也能作为传染源使猪发病，鼠类可成为本病的自然宿主。昆虫、感染物品、饲养管理人员也能成为带菌传播者。病菌主要存在于上呼吸道，主要通过呼吸、飞沫传播。鼻漏，因鼻不舒服，猪往往出现不安、摇头、拱地、搔抓、擦鼻症状。发病3～4周后一些猪出现鼻甲骨萎缩、鼻腔堵塞、明显的鼻变形，鼻面部皮肤形成皱纹，这是 AR 的特征性表现。同时，出现整个新陈代谢障碍，生长停滞。如同时感染支原体或副猪嗜血杆菌或 PRRS，可加重病情或导致死亡。

（三）防治措施

1.预防免疫可用支气管败血波氏杆菌（Ⅰ型菌）灭活苗和支气管败血波氏杆菌及 D 型产毒多杀巴氏杆菌二联苗，于产仔前2个月和1个月时颈部皮下注射母猪，以保护仔猪生后几周内不受感染；对没有注射疫苗的母猪所产仔猪可于1～3周龄注射一次，间隔一周再注射一次。

2.加强监测。

3.健康猪场坚持自繁自养。

4.淘汰病猪，净化猪群。

5.改善饲养管理。

6.治疗方面，磺胺类药物为首选。如增效磺胺、磺胺二甲基嘧啶；再者是土霉素、青霉素等。

总之，要制定和实施　整套预防控制本病的综合卫生措施，加强饲养管理。

第三节 禽 病

一、鸡新城疫

鸡新城疫又称"亚洲鸡瘟"，在四川农村，一般就叫"鸡瘟"。鸡、火鸡、鸭、鹅、鸽、鹌鹑及多种鸟类都可以感染此病。病鸡和带毒鸡是主要传染源，鸟类和水禽传播此病也不可忽视。人也可以感染此病，呈现眼角膜结膜炎，有的人感染后还出现发热、寒战、咽炎等类似感冒的症状，人感染后也可以把新城疫病毒从一个鸡场带往另一个鸡场，并引起发病。目前，新城疫仍是鸡的重要传染病，是引起鸡死亡的主要传染病之一，其发病率可达90%以上，病死率可达50%。本病一年四季均可发生，以春、秋季较多。

（一）主要临床症状

最急性型往往突然发病和死亡，看不到典型症状。急性型体温升至43～44℃，精神沉郁、羽毛松乱无光泽、垂头缩颈、翅下垂、冠和肉髯发绀、咳嗽、呼吸困难、摇头、口流黏液、严重下痢，有的病鸡还出现腿麻痹，做圆圈运动，头颈扭曲等神经症状。

（二）防治措施

使用疫苗接种，是目前预防此病的最有效方法。疫苗Ⅰ、Ⅱ、Ⅲ、Ⅳ系苗，也有联苗，但现在大多不主张用Ⅰ系苗（毒力较强），多采用Ⅲ系。各鸡场要根据自己的特点选定适合的疫苗，制定合理的免疫程序，并加强抗体监测，在抗体水平低下时适时强化免疫。同时，加强消毒，包括禽舍、孵化室、种蛋、工用具的消毒。如从外引进鸡要加强检疫。总之，要全面贯彻实施《中华人民共和国动物防疫法》和《新城疫防治技术规范》等法律法规，实施综合防治。如发生此病按一类病处理。

二、鸡传染性法氏囊病

此病是法氏囊病毒引起的鸡的一种急性接触性传染病，是鸡的重要传染病之一。

（一）主要临床症状

主要病变是法氏囊和肾的病变，法氏囊肿大、水肿，表面覆盖胶冻样物，当有出血和干酪样物时，法氏囊变硬，病鸡拉白色稀粪、寒战、脱水、极度虚弱而死亡。在自然条件下，2～15 周龄鸡较易感染，3～6 周龄鸡最易感染，成年鸡患病多呈隐性经过；该病发病率较高，传播快，死亡率一般为 20%～30%，如在一个鸡场，初次暴发危害较严重。由于受损器官——法氏囊是免疫器官，所以该病造成整个机体免疫抑制，使之对其他一些病的疫苗免疫也造成严重干扰或免疫失败，特别是新城疫，所以当患法氏囊病时，鸡群往往混合或继发感染新城疫、马立克氏病、大肠杆菌病及其他一些传染病，使死亡率增高，损失增大。

（二）防治措施

对此病的预防目前已有弱毒苗和灭活苗，各地各场可根据自己的情况和抗体监测情况制定合理的免疫程序，进行适时免疫。同时，加强饲养管理，补充维生素 A、B、d、E 族及多维等，降低鸡群密度，实行全进全出制。在发病初期，对同群未病鸡全部进行传染性法氏囊卵黄抗体或高免血清注射，也有一些关于使用中草药制剂作为饲料添加剂以防治该病的报道，可以结合当地实际选用。还可在注射疫苗后，应用中草药加干扰素进行防治。

三、鸡马立克氏病

此病是马立克氏病毒引起的鸡的一种肿瘤性传染病，除鸡感染外，火鸡、鹌鹑、山鸡也可能感染，但不发病。鸭、鹅、鸽、雁等都未见感染发病的报道。

病鸡是主要的自然宿主和传染源。各种哺乳动物和人类对此病毒没有感受性。病毒可以随羽毛和皮屑脱散在周围环境中，又经呼吸道而传播。马立克氏病毒随其血清型不同而毒力也有较大差异。有的有致瘤作用，有的则无。马立克氏病的发病率差异也很大，从少数几只到50%～60%都有，这与病毒毒力、鸡的品种、感染时间、感染强度等都有关系。有些品种的鸡高度易感，有的品种的鸡则有较强的抵抗力，但鸡一旦感染则持续终身。

（一）主要临床症状

由于此病病毒也是破坏法氏囊、胸腺、脾脏等免疫器官及其功能，使受害鸡群对新城疫、白痢、球虫和其他一些传染病的敏感性、感染性也增高，对一些疫苗的应答能力降低。因此，有马立克氏病的鸡群往往也呈现多种疾病的混合感染。对马立克氏病本身来讲，临床上可以分为三型：即神经型、内脏型和眼型。有时三者也存在同一鸡群。神经型也随病毒侵害部位的不同而表现有差异，一般侵害坐骨神经者最常见，病鸡步态不稳，发生不全麻痹，不能站立，有的一腿伸前一腿伸后；侵害臂神经时则两翅下垂；侵害颈神经时则头下垂颈歪斜；侵害腹神经时则拉稀，病鸡采食困难、脱水、消瘦，后衰竭而死；侵害眼部时则出现双眼视力减退，虹膜失去正常色素，呈灰白色、瞳孔边缘不齐，严重者瞳孔变得很小。

（二）防治措施

目前有效的措施仍是免疫接种疫苗，可以选用火鸡疱疹病毒或Ⅱ价、Ⅲ价苗，同时加强孵化环节的消毒，也很重要。加强鸡群的监测和检疫淘汰制度，可以减轻该病的危害。发病早期可试用抗毒素、干扰素等进行治疗。

四、鸡白血病

鸡白血病是由禽白血病/肉瘤病毒所致，是禽类多种瘤性疾病的总称，在自然条件下，以淋巴细胞白血病最为常见。其他的如成红细胞白血病、成髓细胞白血病、骨髓细胞病、肾母细胞病、骨石病、血管病、肉瘤和皮瘤等，但较少见。

成年鸡的淋巴细胞白血病病毒有四种血清型：无病毒血症，无抗体；无病毒血症，有抗体；有病毒血症，有抗体；有病毒血症，无抗体。

白血病/肉瘤病毒对外界环境的抵抗力不强。37℃时的半衰期从100分钟到540分钟不等，在50℃时半衰期为8.5分钟，在60℃时为7分钟，在高温情况下很快失活。常用消毒剂消毒也有效。

有资料介绍，白血病/肉瘤病毒感染鸡后首先在法氏囊中出现，随后才在其他器官中出现，因此提出使用二甲诺酮给1～49日龄鸡或给2～8周龄鸡接种，有一定毒力的法氏囊病毒疫苗预防白血病，可以在临床中试用。

五、鸡的传染性支气管炎

此病由传染性支气管炎病毒所致（病毒属于冠状病毒），是鸡的一种急性、高度接触传染性的呼吸道疾病。

（一）主要临床症状

其主要特征是气管啰音、咳嗽、呼吸困难、喷嚏、流涕、产蛋量显著下降和蛋质变差（蛋白稀薄甚至呈水样，蛋黄与蛋白分离）。

在病鸡胚液中，病毒可存活20年，4℃时存活3个月，在一般室温条件下可抗1%盐酸（pH值为2）4小时（新城疫、传染性喉气管炎、鸡瘟病毒则不能耐受）。污染场地中的病毒可存活4周左右。

康复鸡可以带毒49天，35天内有传染性。病鸡主要通过呼吸道排毒，通过空气飞沫传播，又经呼吸道感染；病鸡的分泌物、排泄物也带毒，其污染的环境、饲料、水、用具都可以经消化道引起传染。

各种年龄的鸡都可以发病，2日龄至4周龄雏鸡发病较严重，过热、寒冷、通风不良、营养缺乏，气雾、运输等应激因素都可以刺激发病。此病也常与大肠杆菌病、霉形体病、弯曲杆菌病等混合感染，使诊断和防治变得复杂困难，损失也更严重。

（二）防治措施

目前已有多种疫苗（有针对腺胃型传染性支气管炎的，有针对肾性传染性支气管炎的，也有弱毒的、灭活的，还有联苗）可以选用。目前还没有特效药物可以治疗，一些广谱抗生素只能抑制某些病的继发。加强卫生管理，严格隔离、消毒等措施，可以减少发病。有条件的地方可淘汰发病鸡群，彻底净化，重新建立健康鸡群。

六、鸡减蛋综合征

此病由鸡减蛋综合征病毒引起，以产蛋量突然下降，大量出现软壳蛋、脆壳蛋、畸形蛋、薄壳蛋、蛋壳颜色变浅等为特征。

目前，已有鸡减蛋综合征的疫苗，用于开产前 2～4 周进行免疫。

七、鸡支原体病

（一）病原

鸡的支原体病又称为鸡的霉形体病。一般分为三种：第一种叫鸡败血霉形体病（有的又叫败血支原体病、脓毒支原体病、慢性呼吸道病等）；第二种是火鸡支原体病；第三种是滑液囊支原体病（又称传染性滑液囊炎、滑液膜支原体病等）。

败血支原体病以 4～8 周龄雏鸡和火鸡最易感，纯种鸡、杂交鸡更易感，鹌鹑、鸽、孔雀、鹧鸪也可感染发病。病鸡和带菌鸡是主要传染源，也可通过蛋和精液传播，一年四季均可发生（冬天和早春较多）。

（二）主要临床症状

患败血支原体病的鸡发病初期鼻腔及邻近黏膜发炎，后炎症蔓延引起支气管炎，有明显湿啰音，后期眼睑肿胀，视觉减退或失明。咳嗽、呼吸困难等。传染性滑液囊炎的特征为关节肿大，滑液囊发炎，此型主要感染鸡、火鸡和珍珠鸡，且以幼雏为主。火鸡支原体病主要为气囊感染，常有鼻窦、腋下窦发炎，孵化率下降，骨骼异常，生长发育迟缓等。一个鸡场一旦感染了支原体病很难清除干净。

败血霉形体病以4～8周龄雏鸡和火鸡最易感染，纯外种鸡比杂交鸡、火鸡易感。一年四季均可发生，但以早春和冬季最严重，一般呈慢性经过。发病早期主要表现为鼻腔及临近黏膜发炎，中期蔓延支气管，出现咳嗽、眼睑肿胀、鼻腔积聚分泌物、视力减退到盲眼等症状。

滑液囊支原体病可以经蛋和呼吸道传染，也可通过吸血昆虫传播。临床上关节肿大、滑液囊及肌腱发炎，腱鞘肿胀，并有黏稠的乳白色或灰白色渗出物。

败血霉形体病应与前几种呼吸道病相区别；滑液囊支原体病应与病毒性关节炎区别；准确诊断都要靠实验来检测。

（三）防治措施

饲养管理和环境对本病影响很大。此病一旦在一个场流行，很难根除净化，只有加强饲料管理，多开窗，保持空气流通。种蛋要认真消毒，孵化和饲养场地也要严格消毒，饲料中可添加泰乐菌素。红霉素、恩诺沙星等治疗此病有效。

八、禽曲霉菌病

曲霉菌病为禽类、哺乳动物及人的一种曲霉菌感染性疾病。幼禽易感性最高，常呈急性暴发，成禽和哺乳动物多为散发。

（一）病原

该病的主要病原为曲霉菌，如烟曲霉、黄曲霉、构巢曲霉、黑曲霉和土曲霉等。这些曲霉菌在机体内产生的毒素（内毒素和代谢产物），是一种血液毒、神经毒和组织毒，可引起动物痉挛、麻痹和死亡。曲霉菌广泛存在土壤、饲料、垫料、孵化和育雏器具上，只要温度、湿度适宜便可生长繁殖，产生大量菌丝和孢子，散布于空气中，通过呼吸道传播，发霉的饲料也可以通过消化道传播。

（二）主要临床症状

急性：病雏精神不振、喜饮、卧伏、呼吸困难、伸颈张口、口腔黏膜和面部发绀、下痢。有的头颈歪曲，不能采食，脊柱变形，两腿麻痹不能站立；有的出现眼炎，结膜肿胀。

（三）防治措施

目前，没有治疗此病的特效药物，发病时可用制霉菌素治疗有一定效果，同时在无霉菌饲料中添加多维，口服葡萄糖溶液等。对有曲霉病菌的饲料进行无害化处理，对垫草进行翻晒或更换，育雏室应注意通风和卫生，加强消毒，特别是长期被曲霉菌污染的要彻底清扫、清洗和消毒（包括熏蒸消毒）。饲料要保存在清洁、干燥的容器中，发霉饲料一定不要饲喂。

九、鸡传染性喉气管炎

此病是内疱疹病毒科、疱疹病毒亚科的禽疱疹病毒引起的一种急性高度接触性呼吸道传染病。该病毒仅有一个血清型。

（一）病原

此病毒对外界抵抗力不强。在55℃下10～15分钟，37℃下可存活22～24小时。煮沸可立即灭活；在生理盐水中置37～55℃很快灭活。病毒对一般消毒剂敏感。5%石炭酸、3%的来苏儿、1%的氢氧化钠溶液可较快灭活该病毒；甲醛、过氧乙酸等消毒液杀灭效果也很好。

（二）主要临床症状

其临床特征是以呼吸困难、咳嗽、喷出血样渗出物、喉头和气管黏膜肿胀、出血、糜烂、传播快、死亡率高为特征。

（三）流行特征

四川省不少鸡场都有此病发生，国内很多鸡场也有此病，不分品种的鸡场易发此病，但以成年鸡为主，野鸡、孔雀、幼龄火鸡、鹌鹑也能感染发病。鸭、鸽不易感染。有的鸡感染后带毒但不显临床症状。病鸡、带毒鸡、无临床症状的带毒鸡是主要传染源。本病一年四季均可发生，但以秋、冬、春季为多。鸡舍通风不好、鸡群密度过大、营养缺乏等可成为诱因。

（四）防治措施

现已有疫苗预防，鸡首免 15 日龄左右、二免在 70～90 日龄进行，肉鸡可稍提前进行，接种方法以滴鼻眼最好。在免疫同时，加用白细胞介素-4、转移因子或黄芪多糖，可以提高免疫力度，防止和减少疫苗副反应。

治疗可用干扰素、免疫球蛋白、免疫核糖核酸等，中草药"喉症丸""枇杷露""六神丸""祛痰解毒散"。饮水治疗除中草药外，还可用泰乐菌素、硫氰酸、红霉素等。

同时，加强饲养管理，严格贯彻卫生防疫制度，合理控制养殖密度。冬天，在注意保暖的同时，还要适当通风。

十、鸡传染性鼻炎

此病是由嗜血杆菌引起的一种急性或慢性传染病，雏鸡对此特别敏感，发病较多，症状较突出。

（一）主要临床症状

主要特征是鼻腔、咽喉、鼻窦的黏膜呈卡他性炎症，黏膜水肿、充血，从鼻腔流出浆液性或黏液性脓性分泌物。潜伏期为 1～2 天。除上述典型症状外，精神沉郁、羽毛蓬松、两翅下垂、呼吸困难、食欲大减或不食、黏膜发炎、鼻窦肿大、结膜发炎，雏鸡 3～4 天即死亡。

（二）防治措施

此病可选用多价灭活疫苗预防免疫，可用中草药防治传染性支气管炎、喉气管炎，消毒、检疫工作也应加强。西药中抗生素和磺胺类药有效。复方新诺明也有效，但复方新诺明和磺胺类药不得用于产蛋鸡，一是引起产蛋量下降，二是存在磺胺类的残留问题。

十一、鸭瘟

鸭瘟是鸭瘟病毒引起的一种急性、发热性败血性传染病。鸭、鹅及其他雁形目禽类均可感染发病。在自然条件下，鸭瘟不感染鸡、火鸡、鸽和哺乳动物。在鸭中，番鸭、泥鸭、麻鸭最易感染，自然感染则多见于大鸭，尤其以产蛋母鸭为多。鹅的感染发病率也较高，鸭瘟病毒对外界环境的抵抗力较强，可以在-20～-10℃低温下保存一年对鸭仍有致病力，50℃经90～120分钟才能灭活，夏季阳光直射9小时则毒力消失。对常用消毒药特别是碱制剂比较敏感，复合酚制剂、碘制剂、醛制剂和氯制剂都有效。

（一）主要临床症状

其主要临床特征为体温升高，两脚发软，拉绿色稀粪，由于多数病鸭头部肿胀，民间又有"大头瘟""肿头瘟"的称呼。除前述症状外，泄殖腔黏膜充血、出血、水肿，严重者外翻，并见有坏死病灶。体温升高到42～44℃并稽留，后期体温下降。急性经过一般为2～5天，亚急性为6～10天，病死率可达90%以上。鹅的症状与鸭大致相同，只是体温稍低，肿头、眼炎和下痢不像鸭那么严重而明显。

（二）防治措施

用疫苗进行接种，是预防本病的有效办法。现有弱毒苗和灭活苗，还有联苗，常用的是弱毒苗。同时，加强卫生管理，重视环境和圈舍消毒，对病鸭要严格按规定捕杀并作无害化处理，病鸭羽毛也要严格消毒。要强化检疫，防止外来鸭带病。

十二、鸭病毒性肝炎

鸭病毒性肝炎（dVH）是鸭肝炎病毒引起的一种急性、接触性、高致死性传染病。目前已知 dVH 三种血清型，各型之间不能交叉免疫，其中第 I 型流行最广。本病主要发于 1～3 周龄的雏鸭，也有极少数 2～3 日龄就发病的，故又称为"小鸭病毒性肝炎"。雏鸭病毒性肝炎的传播主要是通过与病鸭、污染的工用具、带毒粪便和垫料、带病毒的饲料和水等的直接接触而感染。

（一）主要临床症状

此病发病突然，病程进展快，开初厌食、精神呆滞、垂翅、闭眼、不愿行动，有时出现腹泻，一天左右即出现全身抽搐、仰脖、头弯向背、身体偏向一侧等症状。

（二）防治措施

已有弱毒苗和联苗可以预防，也可用鸭肝炎卵黄抗体和高免血清紧急预防，还可以用清热解毒的中草药，如青苗、茵陈、板蓝根、土茯苓、连翘、赶黄草等煎水饮服，或用超微粉拌料服，对防治本病有作用。

十三、鸭传染性浆膜炎

鸭传染性浆膜炎是由鸭疫默里氏杆菌引起的一种接触性、败血性传染病，主要侵害 1～8 周龄小鸭，尤以 2～3 周龄的小鸭最易感染，冬、春季节发病最多，死亡严重。该菌在全球至少有 21 个血清型，在四川至少有三个以上的血清型。

（一）主要临床症状

最急性病则常见不到明显症状便突然死亡。急性病例的主要表现为缩颈、嗜睡、嘴抵地、腿脚软弱不愿站立和行走，走起来蹒跚不定，摇摇摆摆，减食或不食，眼、鼻孔流浆液或黏液性分泌物；拉稀便呈绿色或黄绿色，部分小鸭腹部鼓胀。临死前出现痉挛、角弓反张等神经症状。日龄稍大些的小鸭多呈慢性经过，病程可达1周以上，精神沉郁、困倦、不愿走动、伏卧、共济失调、痉挛性点头或摇头摆尾、前仰后翻。解剖后在心包膜、肝表面、气囊等的浆膜表面可见不少纤维素性渗出物。此病往往与雏鸭的大肠杆菌混合感染，临床症状也与之极其相似。

（二）防治措施

1.预防免疫。由于鸭疫里默氏杆菌有多个血清型，疫苗一定要选择与当地发生或流行的鸭里默氏杆菌的血清型一致的疫苗。目前正式批准的已有二价苗（如Ⅰ型Rat63株+2型Rat34株）和一价苗。

2.药物治疗。环丙沙星、利高霉素、庆大霉素、青（链）霉素、土霉素类和磺胺类药都有一定的治疗效果；一些抗菌消炎、清热止痢的中草药如马齿苋、苍术、藿香、黄连、大蒜、白头翁、地榆等也有一定的治疗作用。

3.加强饲养管理，改善孵抱和饲养的卫生条件，实行"全进全出"的饲养。

4.加强孵抱、饲养环节的消毒工作。

十四、鸭坦布苏病毒病

鸭坦布苏病毒病是鸭黄病毒科黄病毒属的恩塔亚病毒群中的一种病毒引起的，该病是2010年首先在我国福建、浙江、江苏等东南沿海地区发现的一种新病。然后逐步在全国大部分地区有报道。2013年上半年在广西流行较多，贵州及四川省鸭场也发现有可疑病症。

（一）主要临床症状

该病主要感染鸭、鸡、鹅。被感染鸭最典型的症状是产蛋量严重下降，2～5天内即可从产蛋高峰骤降30%～50%，故有些学者称之为"鸭的产蛋下降综合征"。除产蛋量下降外，部分鸭出现拉绿色稀粪、瘫痪、神经症状，解剖可见出血性卵巢炎、卵巢出血、萎缩、破裂、卵道膜充血出血，坏死或液化，卵黄性腹膜炎；部分鸭肝肿大，表面有针尖大小的白色坏死点，脾脏呈大理石状，胰脏出血、坏死，内膜出血；脑组织水肿、树枝状出血。

（二）流行特征

黄病毒基本上都属于虫媒病毒，即靠某些昆虫，如蚊、蝇、虱、蚤等传播。日本脑炎病毒、登革热病毒、西尼罗河热病毒等均属此类。但坦布苏病毒不通过虫媒传播而可水平传播。

（三）防治措施

据报道，中国农业科学院上海兽医研究所已研究出有效活疫苗，肌肉注射效果很好。安徽农业大学动物科技学院等开发研制的灭活疫苗也有较好效果。

目前，还无特效药物治疗。主要防治措施是加强监测、调查和检疫，不到疫区引种，不引入带病者，不到疫区放牧。舍内加强消毒，保持圈舍卫生。同时积极开展免疫工作。

十五、小鹅瘟

小鹅瘟是小鹅瘟病毒引起的雏鹅的一种急性或亚急性败血性传染病。本病只感染鹅，各品种的鹅均易感染，主要发生于3日至1月龄的雏鹅，尤以5～15天的雏鹅发病率最高。成年鹅未见发病。

（一）主要临床症状

最急性型多见于流行初期往往无任何前期症状，突然倒地死亡。急性者往往出现于最急性病例或日龄较大一点的雏鹅，表现为头低颈缩，离群呆立，渴欲大增，逐渐拉稀，粪便呈灰白或黄色并带气泡和假膜，鼻有分泌物，摇头，少数病例有抽搐、头扭转、麻痹等症状，亚急性病例主要为消化不良、下痢、消瘦、生长迟缓。

（二）防治措施

目前无特效的治疗药物。未感染的鹅群可以用疫苗在母鹅产蛋前一个月注射，也可直接注射 1 日龄雏鹅，对已感染的雏鹅群可以用卵黄抗体或高免血清注射。对孵抱房、工具、环境和种蛋都应严格消毒。

第四节　牛羊病

一、牛鼻气管炎

牛鼻气管炎又称牛病毒性鼻气管炎，牛传染性鼻气管炎，有的地方又称"红鼻病"，是牛的一种急性接触性传染的上呼吸道疾病。

（一）主要临床症状

临床特征为呼吸困难，发热、鼻炎、鼻窦炎、喉炎和气管炎，还能引起角膜结膜炎、阴门阴道炎、龟头包皮炎、子宫内膜炎、乳腺炎、流产、不孕、脑膜炎、胸膜炎等。其病原体（病毒）在 22～37℃ 下贮藏 20～50 天仍有活力；50℃ 下 20 分钟即可灭活；酸性液体（pH4.5～pH5）、0.5%的氢氧化钠半分钟、5%的福尔马林 1 分钟，1%的石炭酸 5 分钟都可灭活。

（二）防治措施

防止继发感染可用抗生素和磺胺类药治疗，可减轻症状。可以选用疫苗预防（健康牛）。

二、牛病毒性腹泻—黏膜病

牛病毒性腹泻　黏膜病是由牛病毒性腹泻病毒（BVdV）引起的牛的接触性传染病。BVdV 属于黄病毒科，瘟病毒属，主要感染黄牛、奶牛，也可感染牦牛、羊、猪等。在四川省历史上以奶牛、牦牛多见。在 20 世纪 90 年代初的全省疫病普查中，查出甘孜、阿坝、红原、色达、若尔盖、松潘、德格、白玉、新龙、理塘、稻城、乡城、炉霍、雅江等县的牦牛和成都、自贡、南充、攀枝花的部分奶牛有此病。本病往往呈地方性流行，各种年龄的牛及四季均易感，尤以 6～18 月龄的幼龄牛发病比例高。该病在封闭式牛群中或新的环境中及新区，易出现暴发，牛犊发病率可达 25%，病死率可达 90%～100%。妊娠母牛怀孕早期的感染可导致胎儿死亡、流产、先天畸形等。

（一）主要临床症状

自然感染的潜伏期为 7～10 天，临床分急性型和慢性型。青年牛易急性感染发病，发病急，体温达 40～42℃，持续 2～3 天，精神沉郁、厌食、心率加快、呼吸加速或剧烈干咳。水样腹泻，粪恶臭，粪中常带有黏液或血液。口腔黏膜糜烂，大片坏死，重症病例整个口腔呈被煮样，内覆白色坏死上皮，大量流涎，鼻镜也有同样病变。黏膜损害一般于 10～14 天痊愈。

慢性病毒性腹泻（BVd）和黏膜病（Md）是持续感染的继续。妊娠母牛在怀孕早期经胎盘直接感染胎儿，造成新生牛犊持续性感染，主要表现为突然发作，重度腹泻，或间歇性腹泻，肠壁水肿增厚，脱水、厌食、白细胞减少、流泪流涎、口腔黏膜溃疡糜烂，慢性者发病率低，但死亡率仍高（可达 90%）。

该病诊断要与牛瘟、牛恶性卡他热、牛传染性鼻气管炎、蓝舌病、丘疹性口炎等区别开。准确的诊断要进行血清学诊断，动物试验或病毒分离鉴定。

（二）防治措施

1.免疫预防。现在有弱毒活疫苗和灭活苗，也有二联苗或三联苗，均可应用，通常在 6～10 月龄、初乳免疫力消失时接种。

2.严格控制感染牛群的持续发病，防止垂直感染。

3.及时捕杀、清除持续性感染者。

4.强化进场检疫，防止传入清静场。

5.治疗可用干扰素，免疫球蛋白或中草药。

6.止泻、补液，调整酸碱平衡和电解质紊乱。

三、牛传染性角膜结膜炎

本病又称红眼病，是牛羊的一种急性传染病，此病是一种多病原体性疾病，牛摩拉氏杆菌、嗜血杆菌、霉形体、衣原体、某些病毒都可以导致本病。

（一）主要临床症状

主要临床特征为眼结膜和角膜发生明显炎症变化，伴有大量流泪，畏光，后期角膜变浑浊或呈乳白色，最后引起失明。病畜和带菌畜是本病暴发的传染源。可以通过直接接触或蝇类机械传播。奶牛、肉牛、黄牛、水牛、山羊、绵羊、骆驼都有发生，不论年龄大小和性别皆可感染发病，但以 2 岁以下幼牛多见。

（二）防治措施

青霉素、链霉素、泰乐菌素等抗生素治疗有效。清热解毒、杀菌的中草药如菊花、红花、夏枯草、栀子、黄花地丁、柴胡、金钱草、金银花、薄荷等有较好的治疗或辅助治疗作用。

四、牛气肿疽

牛气肿疽又称黑腿病。

（一）主要临床症状

主要临床特征为在股、臀、腰、肩和胸部肌肉丰满处发生气性肿胀，按压有捻发音。伴有精神不佳、体温升高到 40～42℃、跛行、局部淋巴结肿大、呼吸困难等症状。黄牛、水牛、山羊、绵羊、犬等均易感，本病常为散发，有一定的季节性和地区性。春秋多发，天气闷热潮湿及洪水泛滥季节也易发。

（二）防治措施

气肿疽疫苗预防有很好效果。初期用大剂量青霉素治疗有效。

五、牛结核病

结核病是由结核分枝杆菌引起的人、畜、禽共患的一种慢性传染病。据 2003

年统计,全球人群中结核分枝杆菌感染者 17 亿～20 亿人,仅肺结核病人约 2000 万,至少每年有 3000 万人感染结核病,约有 800 万新结核病患者,200 余万人死于结核病;肺结核病人与艾滋病混合感染日趋严重,每年约有 15%的艾滋病患者死于结核病。结核分枝杆菌在外界环境中生存力强,对干燥和湿冷的抵抗力也很强;对热的抵抗力较差,在 100℃开水中立即死亡,60℃的温度下 30 分钟可死亡。在干燥痰中可存活 10 个月,在常温水中可存活 5 个月;在土壤中可存活 6～7 个月,在常温鲜奶中可存活 90 天;在 70%的酒精和 10%的漂白粉中很快死亡,在 5%的来苏儿中 48 小时可被杀死,在 3%～5%的甲醛中 12 个小时可被杀死。

（一）主要临床症状

肺结核主要表现为消瘦、干咳、听诊肺部有摩擦音。后期呼吸困难、喘气、心悸、衰竭而死。

（二）防治措施

对结核病的防治在人类公共卫生学上意义重大。据称,我国现有 450 多万结核病人,婴幼儿的结核病不少来自牛奶。因此,要做好人的结核病防治,首先要控制好传染源,搞好动物结核病的防治。食用牛奶一定要做好消毒。目前,治疗结核病的药物主要有链霉素、对氨基水杨酸钠、卡那霉素等,但不能根治。因此,国家对奶牛结核病防治主要是检疫、捕杀、淘汰的政策,国家适当补偿。通过监测、检疫、淘汰和加强卫生管理、切断传播途径等,逐步培养健康牛群。

六、牛炭疽

炭疽是一种人畜共患病,也是多种动物共患的一种病。是由炭疽杆菌引起的一种发热性、急性、败血性传染病,世界动物卫生组织和我国都列为一类病。本菌对外界抵抗力并不强,夏季在未解剖的尸体内经 24～96 小时因尸体腐败而死亡;加热 60℃经 30～60 分钟,75℃经 5～15 分钟,煮沸后 2～5 分钟均可死亡。一般浓度常用消毒药在短时间内也可将其杀死。但炭疽杆菌暴露在空气中很容易形成芽孢菌,炭疽芽孢对外界有很强的抵抗力,煮沸需 15 分钟才能杀死。临床可用 20%的漂白粉,0.1%的碘溶液,0.5%的过氧乙酸作消毒剂。现在一些酚制剂、醛制剂、碘制剂、氯制剂在一定浓度下也能起到消毒作用。炭疽芽孢在自然界中,尤其在土壤中可存活多年,成为一种长久性的疫源地,还有因炭疽死亡的家畜坟地几十年后挖开仍引起炭疽感染流行的报道。炭疽主要通过消化道传播,如吃了未煮透的炭疽病畜肉等,也可以通过呼吸道、皮肤伤口、眼鼻黏膜等传播。由于这些原因,一旦诊断为炭疽病的动物,不许解剖、剥皮和作肉食,也不主张掩埋,而要求焚烧、场地需严格消毒。

（一）主要临床症状

炭疽病有多型,如皮肤型、肺炭疽、肠炭疽等。牛的炭疽多呈急性,体温高达 41～42℃,有的嚎叫、兴奋,可视网膜发紫并有出血点,呼吸困难,肌肉震颤,舌肿大,呈暗红色。亚急性者在颈、胸等处出现炭疽痈。病牛下痢带血,死亡牛只尸僵不全,鼻孔等天然孔内流出暗紫色血液且不易凝固。羊多呈急性经过,猪常呈慢性经过,有的生前无症状,死后检验才发现尸僵不全,脾脏肿大,淋巴结肿并有出血。人的炭疽以皮肤型居多,就是人们常称的"疔疮""红丝疔"。

（二）防治措施

现在已有较好的炭疽疫苗,在疫区或疫点周围应用效果很好。常用抗生素、磺胺类药和血清治疗都有较好效果。为防止制革人员的感染,搞好牛皮的检疫和消毒也很重要（可用环氧乙烷消毒）。

七、牛血吸虫病

血吸虫病也是牛、羊、马、犬、猫、猪、兔等多种哺乳动物和人类共患的寄生虫病,主要寄生于肠系膜静脉血管和肝脏之中。我国血吸虫病曾在湖南、湖北、江西、安徽、江苏、四川、云南、广东、上海、广西、福建、浙江等 12个省（市、区）流行。四川、云南是属于山丘型血吸虫病流行区,四川曾在成都、德阳、绵阳、眉山、乐山、凉山、攀枝花、资阳等 8 个市（州）的 62 个县（市、区）流行，主要危害牛（特别是耕牛）和人。

（一）主要临床症状和传播途径

牛只生长缓慢、拉稀、肝脾肿大。

血吸虫本身不能直接感染人，牛与牛、羊与羊、猪与猪之间也不会直接感染，必须通过中间宿主—钉螺，才能感染人和动物。所以，曾把消灭钉螺作为消灭血吸虫病的一项重要措施。对人来说，动物（特别是牛）是血吸虫病的传染源。

（二）防治措施

搞好源头控制，消灭动物的血吸虫病，是消灭整个血吸虫病保护人类健康的重要措施和基础。近些年来，动物血防和农业血防部门先后提出与实施了突破传统的种植习惯、突破传统的养殖习惯、突破传统的生活习惯和突破传统的管理方式（简称"四个突破"）的防治策略。实施了"以控制传染源为主"，重疫区综合治理，以机耕代牛耕、沼气工程灭螺、改造钉螺滋生地环境等综合防治措施，在防控血吸虫病的进程中发挥了非常重要的作用。到 2008 年，四川省 62 个疫区县（市、区）已全部达到国家规定的传播控制标准以上（其中有 28 个达到传播阻断标准）。对血吸虫病的治疗，先后使用过敌百虫、锑-273、血防 86、硝硫氰胺、硝硫氰醚等。现在，无论是人或牛，都用砒喹酮治疗，效果很好也很安全。一般以 30 毫克/千克体重一次口服。目前，四川血防工作已进入巩固成果、加强监测、继续实施、综合防治的血防新阶段，力争早日实现全部达到传播阻断标准，进而彻底送走"瘟神"，为人类健康创造良好的环境。

八、奶牛乳腺炎

引起奶牛乳腺炎的原因较多，有物理、化学原因；有病原微生物感染；有因为挤奶损伤或挤奶未净等。

（一）主要临床症状

临床上有"临床型"和慢性（隐性）乳腺炎两种。临床型主要表现为乳房红、肿、热、痛、乳汁异常等。隐性乳腺炎无肉眼可见变化，但乳汁中的白细胞增多，氯化物含量偏高。

（二）防治措施

加强饲养管理，注意环境卫生和牛舍卫生，保持栏舍通风，环境和牛舍、工用具要经常消毒，减少微生物侵袭；加强营养；挤奶时要先用温水或温盐水清洗乳房、奶头，然后轻轻按摩，再挤奶；挤奶时不要过猛，防止乳房受伤；挤奶要挤干净。

治疗乳腺炎以消炎、杀菌、通络、活血、通乳为主。中草药以红花、赤芍、白芍、益母草、王不留行、蒲公英、夏枯草、柴胡、瓜蒌、丝瓜络、乳香、黄柏等为主。使用抗生素、化学药品期间的奶不作食用。采用腰侧神经封闭的办法加上述一些药物对症治疗，效果很好。

九、牛瘤胃鼓气（气胀）

主要因为过食易发酵产气的饲料如青草、红苕藤、红薯、糖渣、苜蓿等，加之脾胃虚弱、消化不良所致。

（一）主要临床症状

瘤胃鼓气、左肷窝突起、腹围加大，敲击有鼓音，牛只吃食减少、站立不安。

（二）治疗措施

1.可以及时放气，在左肷窝上部鼓气处用套管针慢慢放气。

2.在放气后，可将某些制酵剂（如福尔马林或稀醋酸）、健胃剂直接注入胃内。

3.可口服（灌服）健胃消食、促进消化的中草药，如山楂、谷芽、厚朴、陈皮、莱菔子、枳实、白术等（煎水灌服）。

4.如牛仍有反刍现象，可用牛自己的反刍食团喂牛。

十、百叶干（三胃阻塞）

牛的第三胃叫瓣胃（俗名千层肚、百叶肚）。由于长期饲喂干草料，加之营养不足或劳役过度，饮水不够等原因，造成瓣胃干燥，津液不足，形成阻塞。

（一）主要临床症状

症见精神萎顿，食欲反刍减少（后期停止）。卧多立少，小便浑浊、大便干结，瓣胃阻塞。

（二）防治措施

治疗以清热、增液、润燥、导滞、通便为主。可于第三胃直接注入清油或蓖麻油；也可灌服大黄、芒硝、枳实、麻仁等中草药（煎剂）。牛体太虚弱者在中草药中可增加黄芪、麻油、陈皮、厚朴、白术等（煎服）。

十一、牛霉烂稻草中毒

主要由于收获水稻季节阴雨潮湿，稻草霉烂（特别是稻草下半部分最易霉烂），牛食后引起中毒。

（一）主要临床症状

症见后躯、两后肢等处肿胀，有的甚至裂口、流血，以青壮年牛，食欲好的牛发病最多（因吃得多）。病牛精神不好。

（二）防治措施

预防主要是稻草多翻晒，或切除稻草下半部分再喂牛，冬天、初春等季节多喂青绿饲料，补充营养；治疗以解毒、消肿、补充营养等对症疗法为主。

十二、绵羊和山羊痘

该病由痘病毒引起，是一种发热性、接触性传染病。

（一）主要临床症状及传播途径

其特征是在皮肤和黏膜上发生特异性痘疹。本病传播主要通过呼吸道传播，也可通过损伤的皮肤或黏膜传播。但此病要注意与传染性脓疱病、口疮、水疱性口炎、口蹄疫等病相区别。

（二）防治措施

对此病的预防主要依靠疫苗免疫，能产生坚强的免疫力。引种注意检疫，平时注意监测、观察，一旦发现有病畜，要按《动物防疫法》等有关规定处理。

十三、牛传染性海绵状脑病

（一）概念

该病有多种名称，目前世界上广泛采用的病名是"传染性海绵状脑病"，简称"牛海绵状脑病"（BSE），由于它是由比病毒还小的"致病朊粒"引起，所以又叫"朊粒病"。除此之外，曾有"传染性变性脑病（TdE）""传染性脑淀粉样变性（TCA）""亚急性海绵状脑病（SSE）""亚急性海绵状病毒性脑病（SSVE）""朊病毒病""可传递性海绵状脑病"等。由于病牛症状有共济失调、烦躁不安、狂躁和有攻击性等特点，人们又称为"疯牛病"。该病是一种人兽共患传染病。

（二）病原

20世纪50年代前一般认为是由"慢病毒"引起的"慢病毒病"。后来发现"慢病毒病"中有两种类型，称为"寻常病毒"和"非寻常病毒"，如人类的亚急性硬化性全脑炎的缺损性麻疹病毒、进行性多灶性全脑炎的多空病毒等30多种人类病毒、水貂的阿留申病毒等属于"寻常病毒"；绵羊痒病、人类的库鲁病、克罗依茨费尔德—雅各布二氏病（简称"克雅二氏症"）和格施谢三氏症、阿尔茨海默氏病、克斯特曼综合征等，因性质不清、情况不明，被划为"非寻常病毒"。

20世纪70年代后，人们又把"慢病毒"（特别是其中的"寻常病毒"）纳入了反转录病毒科慢病毒属，但"非寻常病毒"在病毒分类学上的地位一直未予明确。

美国旧金山加利福尼亚大学的生理学医学教授普努西纳于20世纪80年代开始对绵羊痒病进行研究，经过15年的努力，证明了克雅二氏症（新型克雅氏病）、库鲁病、绵羊痒病、格施谢三氏症、牛的海绵状脑病等的病原不是一般所称的"病毒"，而是一种蛋白质，（有的又叫"毒蛋白""变异普里昂蛋白"），无核酸，所以叫"Prion"，叫"朊病毒"或者准确地叫"朊粒"或"致病朊粒"或称"朊毒体"。由于普努西纳教授的重大贡献，他于1997年10月6日获得了诺贝尔生理学医学奖。现在不少学者仍称为"朊病毒病"。

该病原对高温抵抗力很强，一般蒸煮不能杀灭，360℃干热条件下可存活1小时，134～138℃高压蒸汽下18分钟可使大部分病原灭活；处于干燥有机物保护之下或处于福尔马林固定的组织中的病原均不能灭活；宰后组织中的致病因子，经提炼油脂后病原仍能存活；紫外线、放射线、乙醇、双氧水、苯酚等均不能灭活；氯仿、甲醛可灭活10%～12%的病原；最有效的消毒剂为2%的次氯酸钠和20摩尔/升的氢氧化钠，20℃下作用1小时即可杀灭。该病毒在土壤中可存活3年。

（三）"朊粒病"的种类

目前所知，人的库鲁病：克服二氏症及新型克雅氏病、格施谢三氏症、致死性家族失眠症（FFI）、阿尔茨海默氏病、绵羊痒病、牛的海绵状脑病（BSE）、貂传染性脑病（TME）、长耳黑尾鹿及羚羊的慢性消损病（CWd）、猫的海绵状脑病（FSE）、长毛羚羊及角羚等的脑病、非洲大羚羊和阿拉伯大羚羊、弯角大羚羊、野牛、印度豹、美洲豹、狮子以及鸵鸟等的海绵状脑病等，都是由该致病朊粒引起的中枢神经系统变性疾病。

此外，有实验证实，家牛、非洲白羚、金角羚、变月角羚、美洲野牛、虎猫、虎、猪、鼠、长尾和短尾猴，都可感染此病并成为宿主和传播者。

（四）传播途径和方式

一般认为有垂直传播、水平传播、医源性传播等形式。试验证明：健羊摄入病羊的胎盘或脱落的感染皮肤、肌肉可以被感染；病健羊同居、混牧也可以被感染；20 世纪 40 年代英国曾报道发生一起注射由绵羊痒病病原传染的脑组织作疫苗引起的感染，注射 18000 头羊，两年后发病 1500 头；近年来有关于痒病等的朊粒可以通过蠓、螨等昆虫叮咬传播的报道，有因角膜移植引起传染的报道；而疯牛病传播中以饲喂有此病原的肉骨粉引起的传播居多。患痒病的羊的肉骨粉喂牛也可引起牛的疯牛病。苏格兰科学家发现疯牛病的牛粪中有病原，一旦这种牛粪污染草场，会使后来的放牧牛染上疯牛病；以色列专家发现病牛尿中有病原，提醒人们注意防止尿液传播。人食用了被疯牛病原污染的食品即可患一种新变异克雅氏病，人的新型变异克雅氏病（Ovcjd）也可以通过食入病原污染物传播。

（五）主要临床症状及病理变化

英国发病率一直较低，散发感染牛群中最大年发病率为 3%，该病潜伏期数月至数十年不等（平均 5 年）。一般 2 岁左右开始感染，4 岁左右开始发病。

临床主要表现为共济失调、烦躁不安、步态不稳、震颤、痴呆或知觉过敏，对声音和触摸很敏感，行为反常，有的则出现狂躁和攻击性。单纯的该病不发热、不产生炎症、无特异免疫应答。

组织病理学变化主要表现为神经元空泡性变化、神经元丧失、脑皮质海绵性状病变、神经胶质呈星状增生。通常两侧脑的变化对称。英国 2000 年 10 月 26 日发表的《牛海绵状脑病调查报告》中还说，实验室研究证实羊痒病的致病朊粒仓鼠传代株接种普通小鼠时，"朊粒"在其脑内复制有着相当高的水平，但临床上不发病，而这种复制的朊粒对小鼠和仓鼠都有致病力，这一现象说明朊粒病也有"亚临床感染"。

（六）发病和流行情况

作为朊病毒病或朊粒病的原型最早是绵羊痒病，于 1730 年在英格兰发现，至今已有280余年历史，以后曾在苏格兰、德国、法国、西班牙、瑞典、澳大利亚、新西兰、肯尼亚、南非、美国、挪威、冰岛、加拿大、印度、也门、巴西、塞浦路斯、日本等国发生。四川省凉山彝族自治州（以下简称"凉山州"）20世纪80年代初因从疫区引进种羊带入的痒病（已消灭）。担任我国国家总兽医师的贾幼陵2001年曾通报，疯牛病于"1985年4月首次在英国发现，1986年开始在英国首先发现牛的海绵状脑病，后迅速流行，至今已有18万多头牛发病，并有近百人因吃了有疯牛病的牛肉而染上新型克雅氏病。除英国外，法国、德国、西班牙、意大利、比利时、卢森堡、荷兰、葡萄牙、爱尔兰、瑞士、丹麦等国家和地区在当地牛群中已发现此病"。据新华社、CCTV及有关杂志等先后报道，奥地利、塔吉克斯坦、阿根廷、捷克、韩国、泰国、希腊、日本等也有发生。另据英国《卫报》报道："英国卫生部发现英国3名克雅氏病患者以前所献血制成的血液制品已被销售到国外。这3名患者在1996—2000年间曾数次献血（这三名患者当时并未发病），几年来，用他们所献的血液制成的血液制品已被英国生物制品实验室售给了阿拉伯联合酋长国、印度、土耳其、文莱、埃及、摩洛哥、阿曼等11个国家，估计这些国家中的上千人以及为数不少的英国国内的血友病患者已使用了这些血液制品。"报道还说，英国"发现90多名克雅氏病患者中有13人曾献过血，这些血液被直接输给了23名病人，并被制成了其他血液制品销往国外"。1998年，香港医院称有两批从英国进口、作为代替病人进行肺和胃部检查的X光制剂被怀疑有克雅二氏病病原，注射108人中有7人死亡。我国至今没有发现有此病发生，并长期进行有效监测。

（七）诊断方法

目前世界动物卫生组织推荐和我国采用的都是采脑组织作病理变化观察诊断。此法的优点是目前最准确的办法，缺点是必须捕杀牛只，对真有此病者，待查出脑组织变化，牛肉等早已被食用。已开展的一些免疫组织化学方法、组织印记法、ELISA方法等也都存在这一缺点，仍不利于早发现和及时控制本病。据有关资料记载，以色列哈达隆医院神经系统病理科学家研究发明了一种"尿检法"用于活动物检测，试验中用从英国送去的50例已感染疯牛病的尿样，混在健康牛的尿液样品中，事前检验人员并不知道，结果50例全部查出，健康牛没有阳性，重复试验相同。证明此法是一种方便、价廉、准确、特异的检验方法。主要是查一种酶，只有疯牛病才有这种酶，非常特异。俄罗斯也采用了一种方法，与以色列的方法大体相同，也是尿检法。这两种方法均可在活体牛发病之前很早就可以查出，具有很强的实用性，用于监测、普查、诊断均可。欧盟农业委员会已确认此法。现在，我国和其他一些国家都在研究和试验活体牛只的检验、诊断新的方法。

（八）防治措施

目前国内外均无防免疫的办法，也没有公认的有效治疗药物。世界上通用的办法是非疫区不从疫区引进易感动物，不从疫区国家和地区进口牛羊等动物肉骨粉，禁止使用同种动物源性蛋白饲料喂同种动物，特别是严禁使用反刍动物源性蛋白饲料喂反刍动物。我国农业部已发布的《关于加强肉骨粉等动物性饲料产品管理的通知》《关于加强疯牛病防治工作的通知》和《疯牛病监测方案》等规定要坚决全面执行。发现有可疑情况要立即上报，并严格就地捕杀、销毁、消毒，严防扩散。

另据报道，英国和瑞士的两个研究小组报道了一种推迟发病的方法，美国圣费朗西斯科市州立大学的专家发现一种叫"奎纳克林"的药物能在老鼠身上杀死受疯牛病病原感染的细胞，并开始在人身上试验，美国北卡罗来纳州立大学罗利分校华人科学家、教授石家兴发现一种角蛋白酶能够破坏疯牛病的"毒蛋白"，使其丧失传染能力。但这些都还在研究之中，并未用于临床。

十四、牛白血病

牛白血病（BL）是由白血病毒（BLV）引起的牛、绵羊等动物的一种慢性肿瘤性传染病。其特征为淋巴细胞恶性增生，进行性恶病质和发病后的高死亡率。

（一）流行特征

所有品种的牛场易感，奶牛的发病率高于肉牛，四川省也是在奶牛中发现的。水牛也可感染，呈现血清学阳性，但临床症状很少。吸血昆虫是主要媒介。

牛与牛接触也可以感染，还可通过输血、胎儿传播。除牛之外，绵羊、山羊、黑猩猩、猪、兔都可感染此病。

此病全球分布广泛，几乎遍及世界各养牛国家。

（二）主要临床症状

此病潜伏期长（1 年至数年），发病后呈现临床型和亚临床型。

亚临床型无瘤的形成，其特点是淋巴细胞增生，大多数牛只不出现白细胞增多。

临床型以在特定的牛群中顽固发病，以肿瘤性淋巴细胞增生为特征，肿瘤性淋巴增生的真胃、心、脑、子宫、腹膜等部位为多。贫血、生长缓慢、食欲不振、体瘦、产奶量下降、呼吸急迫、后躯麻痹等为主要症状。出现这些临床症状的牛往往会死亡。

（三）防治措施

已出现临床症状的牛药物治疗意义不大。

初期奶牛可用氮芥类化合物、30～40 毫升 1 次静脉注射；盐酸阿糖胞苷，用 5‰盐水稀释注射。目前还没有有效疫苗。

防控方面注意以下几点：

1.加强引种检疫和当地牛只监测。监测中发现的病牛或血清学阳性牛坚决淘汰。

2.做好各方面的消毒工作。

3.驱除或消灭吸血昆虫。

4.培养健康牛群。

5.加强职工教育，提高防控意识。

十五、牛流行热

牛流行热（BEF）又称"三日热""暂时热"。20 世纪 70 年代前，我国曾将此病误称为"牛流行性感冒"。1976 年，北京农业大学从北京红星农场病牛中分离出牛流行热病毒后，证实我国有牛流行热。我国《动物防疫法》将此病划为三类动物疫病之一。

（一）病原

牛流行热病毒（BEFV）属于弹状病毒科、牛暂时热病毒属，原归于"水疱性口炎病毒属"的成员。此病毒耐寒不耐热，4℃冻干毒和-70℃保存几年仍有活性，冻干140℃下可保存958天仍有致病力，对酸、碱和紫外线敏感，一般消毒药均能杀死该病毒。加热到25℃经120小时、37℃下经78小时、56℃经10分钟即可将其杀死。

（二）流行病学

亚洲、非洲、大洋洲的不少国家均有此病流行，我国多省（含广东、广西、贵州、江西、江苏、湖南、四川等）有此病流行，该病主要侵害奶牛、黄牛、水牛。以3～5岁的牛多发，产奶量高的牛多发，肥胖的牛病情较严重。病牛是主要传染源，吸血昆虫是重要的传播媒介。此病发生流行有明显季节性，以夏末秋初为多。发病率高，死亡率低。

（三）主要临床症状

此病潜伏期为3～7天。病牛初期体温突然升高过42℃，维持2～3天。

在发热期间病牛精神极度委顿，体表温度不均，特别是角根、耳、肢端有冷感，有的突然倒地不能站立，眼结膜充血、眼睑水肿、畏光流泪；鼻干而热；呼吸加快，可达40～50次/分钟，呼吸困难时张口、伸舌、伸颈；脉细弱而快，可达70～110次/分钟、口吐白沫、大量流涎；发病初期粪干而少，并带大量黏液或带血、尿少而黄；步态不稳，甚至不能站立。奶牛奶量大减，孕牛可能发生流产或死胎。病程一周左右，体温下降后牛逐步恢复，大量病牛呈良性经过。急性病牛多见于流行初期在发病20小时后死亡。病理变化主要在肺部及呼吸系统，黏膜明显充血、出血、肺气肿、局部性肝变。脚下、肾、脾等器官肿大，有小灶性坏死点；全身淋巴结有浆液性炎症；浆液性、多发性滑膜炎、关节周围炎，有出血，这也是一个显著的病理变化。

（四）防治措施

目前没有特效的西药和抗生素治疗。我国有疫苗免疫，但用量大。澳大利亚、日本有好一些的疫苗。可根据情况对症使用降热药、强心药，补充生理盐水、葡萄糖水加四环素注射。中草药可以对症治疗，如防风、荆芥、羌活、秦艽、葛根、牛膝、独活等，发热期间可加用板蓝根、黄芩、知母、生地、丹皮等，也可静脉注射水杨酸钠（10%）100～200毫升，病程长的加维生素 B、维生素 C、乌洛托品静脉注射。

预防：注意清洁卫生，消灭蚊、蠓，可用过氧乙酸对圈舍、食槽进行消毒。同时加强监测。

十六、副结核病

该病是由副结核分枝杆菌引起的一种以反刍动物为主的消耗性疾病。其临床以持续性腹泻和慢性消瘦为特征，被认为是对养牛业威胁最大的疾病之一。

（一）病原

此病原为需氧性革兰阳性、无运动性的小杆菌，具有抗酸染色的特性。该病主要存在肠道内和肠系膜淋巴结，临床病例和亚临床带菌者的粪便或被污染的食物可以传染引起健畜发病，经子宫感染是传播的一种重要途径，有临床症状的奶牛其子宫感染率为 50%，亚临床症状的子宫感染率为 9% 左右。人工培养病原很慢，1～2 月才能长出小菌落。

该菌对自然环境的抵抗力较强，在一般河水中可存活 163 天，在粪便和土壤中可存活 11 个月，在牛奶和甘油盐水中可存活 10 个月。对热较敏感，63℃温度下经 30 分钟、70℃温度下经 20 分钟、80℃温度下经 5 分钟可被杀死。抗强酸强碱，在 5% 的草酸、5% 硫酸、15% 的安替福民、4% 苛性钠溶液中 30 分钟仍有活力，但 5% 的来苏儿、5% 福尔马林、碳酸（1:40）10 分钟可将其灭活。

（二）主要临床症状

该菌主要引起牛（特别是奶牛）发病，幼年牛最易感，绵羊、山羊、鹿、骆驼、马、驴、猪也可以感染发病，野生动物的野牛、犬科动物、鸟类也可自然感染。

（三）防治措施

目前仍无有效的治病药物，以淘汰阳性畜为主。严格消毒环境。

十七、山羊传染性胸膜肺炎

此病是由山羊霉形体引起的山羊的接触性传染病，通过呼吸道传播。其特征是出现纤维素性肺炎和胸膜炎。山羊霉形体对理化因素的抵抗力弱，在腐败的病料中保存期不超过 3 天。在阳光照射的干粪中可存活 8 天，0.25%福尔马林或 0.5%碳酸中 48 小时可杀死此菌，50℃温度下经 40 分钟可杀死，在 16℃的温室中可存活 20 天，2～3℃下可存活 120 天。

此病在自然条件下只发生于山羊，3 岁以下最易感。当出现缺草料、气候突变、连绵阴雨、寒冷潮湿、圈舍拥挤等情况时更易发，死亡率也增高。

（一）主要临床特征

急性型常发于新区，体温升高达 41～42℃，呆立、食减头低、呼吸加快，每分钟达 40～80 次以上，心跳每分钟达 110 次以上，咳嗽，有浆液性鼻漏，后期呼吸困难、呻吟、血痢，触摸胸部有痛感。

（二）防治措施

目前已有疫苗预防，包括菌皮下或肌肉注射，成年羊 5 毫升/次，6 月龄以下的 3 毫升/次。治疗上常用红霉素、磺胺类、泰乐菌素、土霉素等；还可用新肿凡纳明（914）0.2 克，用 5%葡萄糖生理盐水稀释为 5%的溶液静注，效果较好。对青霉素、链霉素不敏感。另可对症治疗。清热理肺消炎的中草药如柴胡、百部、桑白皮、紫菀、瓜蒌、苇茎等也可应用。

十八、羊梭菌性疾病

羊梭菌性疾病是由梭状芽孢杆菌属中的梭菌引起的一类急性传染病，多发于绵羊（山羊少见），它包括了常称的羊快疫、羊肠毒血症、羊猝狙、羔羊痢疾和羊黑疫等。这类病在临床上有不少相同、相似之处，不易区别诊断。常急性发病，病程短，真胃呈出血性炎性损伤，病羊急性死亡。

（一）羊快疫

1.病原学

腐败梭菌，革兰阳性，厌氧，体内可产生芽孢，能产生溶血性毒素和致死性毒素，一般消毒药能杀死病菌，但芽孢抵抗力强。

2.主要临床特征

发病急，往往未出现症状即死亡；病程稍缓的运动失调、腹部肿胀；有的体温升高（41.5℃以上），最后衰竭昏迷死亡，很少有痊愈者。

3.流行病学

绵羊特易感，山羊和鹿也有少数感染。

（二）羊肠毒血症

1.病原学

产气荚膜梭菌，革兰阳性，无鞭毛，厌氧、体内可形成芽孢，3%的甲醛溶液可杀死芽孢，本菌能产生强毒力的外毒素。

2.主要临床特征

发病急、死亡快，往往在2～4小时死亡，生前诊断困难，心脏积液、心室扩大，肺、脾、肝、胰、胸腺、肠黏膜、肾出血。

3.流行病学

绵羊多见，各种年龄均有发生，散发为主。

（三）羊猝疽

1.病原学

C 型产气荚膜梭菌，革兰阳性、多数能形成荚膜，能产生强毒素。

2.主要临床特征

本病分最急性型和急性型，常与羊快疫混合感染。

（四）羔羊痢疾

1.病原学

B 型产气荚膜梭菌又称 B 型魏氏梭菌，革兰阳性、厌氧、在体内能形成芽孢，多数能形成荚膜，产生很强的毒素，一般消毒前可冻死菌体。

2.主要临床特征

潜伏期为 1～2 天，初期精神萎顿、饮食废绝，后腹泻恶臭、便血，1～2 天死亡；有些羔羊不拉稀、粪便稀薄呈糊以神经症状为主，后期卧地不起，数个小时内昏迷死亡。

3.流行病学

以初生羔羊为主。

（五）羊黑疫（又称羊传染性坏死性肝炎）

1.病原学

病原为水肿梭菌，能产生芽孢，不产生荚膜，周身有边毛，能运动、革兰氏阳性、两端钝圆粗大。

2.主要临床特征

春、夏多发，膘情好的羊多发，潮湿地区多发。病羊体温升高，临床表现与羊快疫和肠毒血症相似，病程短、不吃、反应停止、呼吸加快、流涎。

3.流行病学

发病与肝片形吸虫感染相关，治疗时先驱肝片形吸虫，用联苗可预防。

上述五种病的防治措施如下：

这几个病的病程都很短，往往来不及治疗。现已有快疫、猝疽、肠毒血症三联（四防）疫苗，对上述四种病都有较好效果。每只羊皮下或肌肉注射 5 毫升/次。近年，我国还研制有厌氧菌七联干粉苗，可随需配合使用。平时注意防寒保暖和营养，注意一些寄生虫病（如肝片形吸虫、肠道寄生虫等）的防治。

十九、蓝舌病

蓝舌病（BT）是由蓝舌病病毒（BTV）引起的反刍动物的非接触性传染病，也是一种虫媒病毒病。虫媒中以库蠓为主。绵羊为主要的易感动物。该病被世界动物卫生组织列为必须报告的疫病，也是国内外动物防疫和出入境检疫检验机构重点监测检疫的重点对象，是牛源、羊源原料或制品病毒安全性检测必检的主要疫病之一。病毒至少有 24 个血清型，各型之间无交互免疫力。

（一）流行特征

此病广泛存在于热带、亚热带和温带国家与地区。目前已有 50 多个国家证明有此病，并随气候变暖，该病有向北发展扩大之势。我国于 1979 年首先在云南发现，后逐步在四川、重庆、甘肃、陕西、新疆等 29 个省（市、自治区）检出阳性动物。凉山州的雷波也报告有可疑病例，血清学检测有阳性，后在疫病普查中，用琼脂扩散法查出全省有 70 个县、23 个场的 14451 头（只）牛、羊、鹿中有血清学阳性。

各品种、性别和年龄的绵羊均可感染本病，主要由库蠓和绵羊虱的叮咬传播，也可通过交配传播。早夏和初秋发病率高；1 岁左右的羊发病和死亡率最高；初发地发病率和死亡率高；一种新的血清型病毒入侵时发病率和死亡率也高，野生动物中鹿的易感性最高。

（二）主要临床症状

绵羊蓝舌病的典型症状是体温升高和白细胞显著减少，体温高达 40～42℃，稽留 2～6 天，有的长达 11 天，高热稽留后体温下降，白细胞也开始回升到正常范围，病羊厌食，精神沉郁，流涎，嘴唇水肿并逐步发展至面部、眼睑、耳，颈部也出现水肿，口腔黏膜及舌头充血、糜烂，舌头发绀溃疡，呼吸吞咽都困难，鼻黏膜和鼻糜烂出血，鼻分泌物常带血，孕病羊可发生流产，胎儿脑积水或先天畸形。发病率 30%～40%，病死率 20%～30%，多因肺炎、胃炎死亡。病理变化以整个消化道发炎、黏膜脱落、出血、淋巴出血水肿、皮下出血等为主。最后诊断凭实验室检验结果，一般可用荧光抗体技术和病毒接种动物试验。其他还有一些血清学技术、PCR 技术都可以用。

（三）防治措施

1.免疫。目前只有已商品化的弱毒活疫苗，且应用的国家不多。其他疫苗在研制之中。

2.加强饲养管理，提高群体免疫力。

3.消灭传播者—库蠓。

4.坚决隔离或淘汰病畜。

5.严格消毒制度并实施。

二十、羊的梅迪—维士纳病

此病主要是绵羊和山羊的慢性接触性传染病，特别是绵羊多发。主要特征为潜伏期长、间质性肺炎或脑膜炎。病羊消瘦、衰竭、死亡。其中"梅迪"以慢性进行性间质肺炎为主；"维士纳"则是以慢性进行性脑膜炎或脑脊髓白质炎为特征。

"Maedi（梅迪）"和"Visna（维士纳）"都是冰岛语。"Maedi"是呼吸困难的意思；"Visna"是损耗的意思，是以神经临床为主要特征的脑脊髓炎。

（一）病原

梅迪—维士纳病毒（MVV）属于反转录病毒科慢病毒属的一种 RNA 病毒，本病毒各毒株间的抗原性差异微小，无红细胞吸附和凝集特性，病毒也可在牛、猪和人的脉络丛细胞以及牛、羊的某些传代细胞和驴胎皮肤细胞内适应并增殖。

（二）流行特征

此病可通过多种途径传播，可在羊与羊之间接触传播，可以通过接触的飞沫、污染的饲料和水传播，昆虫也可叮咬传播。病羊的脑脊髓、肺、唾液、粪便、鼻液中带毒，病羊可终身带毒。2岁以上绵羊多发。

本病流行无季节性，但有一定的地理条件和气候条件性。世界上不少国家有此病发生，如冰岛、英国、美国、德国、法国、印度、荷兰和南非等。我国也有，1977年首先在新疆报道，四川也曾发现可疑病例。

（三）主要临床症状

此病潜伏期通常为两年或更长，临床上通常表现为两种型：梅迪型（呼吸道型）和维士纳型（神经型）。

梅迪型常呈现进行性加剧的慢性咳嗽、呼吸困难、行动迟缓，叩诊时肺部、腹侧有实音。病羊初期白细胞持续增多，体温不高，妊娠母羊可能流产或产弱仔。

维士纳型早期症状是步态不稳，后肢易失足发软，体重减轻，逐步后肢轻瘫，关节伸不直，行走困难；有时唇、眼睑震颤，头微偏向一侧，然后出现偏瘫或完全麻痹。

（四）防治措施

目前无疫苗可防，无有效药物治疗。主要措施是淘汰病羊和密切接触的羊，严格消毒栏舍，污染的草场停止1个月以上不放牧。消毒药可用2%的氢氧化钠和4%的碳酸钠。

严禁从疫区引种，加强进口检疫，引入羊按要求隔离观察。

二十一、山羊关节炎—脑炎

山羊关节炎—脑炎（CAE）是由山羊关节炎—脑炎病毒（CAEV）引起的一种慢性传染病，成年羊呈慢性多发性关节炎或伴随间质性肺炎，羔羊则以脑脊髓炎为主要症状。

（一）病原

该病毒属于反转录病毒科中的慢病毒属，形态与梅迪—维士纳病毒相似，病毒可在关节滑膜细胞、胎儿脾细胞、眼结膜细胞、睾丸细胞、肺细胞、小神经胶质细胞上增殖。本病毒在 56℃下经 30 分钟可灭活。

（二）流行特征

在自然条件下，各种山羊均易感，无年龄、性别和品种差异，但成年山羊发病较多，病羊的分泌物、排泄物、污染饲料、饲草、饮水都可引起此病的传播，带病羊的乳汁也可引起羔羊感染。感染的母羊所生羊羔当年发病率为 16%～19%，病死率可达 100%，自然感染的本地羊常呈隐性感染或症状很轻微，在血清学监测时才发现。

瑞士、德国、美国、日本、澳大利亚、加拿大等多个国家有此病，我国陕西、甘肃、贵州、黑龙江、辽宁曾查出有此病，并发生流行。四川凉山州也曾发现过此病，当时就及时进行了淘汰。

（三）主要临床症状

一般分为四个型，即脑脊髓炎型、关节炎型、间质肺炎型和间质乳腺炎型。

1.脑脊髓炎型

潜伏期为 53～131 天，主要发生于 2～4 月龄的羔羊，个别的也发生于成年羊。大多数在春季产羔季节到羔育肥时节感染。被感染的羔羊发病初期表现为跛行，进而四肢强直或共济失调，一股或四肢麻痹，横卧不起，做游泳状，有的羊有惊厥症状，头脑歪斜，角弓反张，进而神经麻痹、吞咽困难，渐进性衰竭而死。

2.关节炎

主见于 1 岁以上成年羊，关节肿大、跛行，逐步出现关节僵硬，活动受限。关节液呈黄色或粉红色，病程长到 1～3 年。

3.肺炎型

少见。无年龄区分，病程 3～6 个月，病羊表现为慢性间质性肺炎，出现消瘦、咳嗽、呼吸困难。

4.间质性乳腺炎型

母羊分娩后乳房坚硬、肿胀、无乳或产奶处于低水平。

（四）防治措施

现无有效治疗办法和疫苗预防。主要为加强饲料管理，改善饲料条件，减少应激，提高机体抗病力。禁止从疫区购进羊，种羊场坚持自繁自养，分群管理。做好监测工作，发现该病立即淘汰病羊。

对有临床症状的可以用相对应的中草药治疗，如钩藤、蒿本、羌活、独活、牛膝、川芎之类。

二十二、绵羊肺炎支原体病

该病为绵羊的一种慢性呼吸道传染病，以咳嗽、喘气、流鼻涕、消瘦、贫血，生长迟缓为主要症状。

（一）病原

此病原为支原体属的绵羊肺炎支原体。

（二）流行特征

四川省凉山州一些羊场曾发此病，感染发病以绵羊为主，山羊也有感染，但较轻，多品种羊、大小羊均易感染，但边菜羊及 5～10 周龄的羊最易感染。本畜常与绵羊梅迪病共感。

（三）防治措施

现无疫苗预防，一般药治疗效果并不理想。四环素、土霉素治疗无效。用支原净治疗有效。初生羔羊按每千克体重 11～12 毫克/日口服，每月 1 个疗程

（7 天），发病成年羊按每千克体重 22～23 毫克/日口服，每月 1 个疗程（7 天）。能治疗其他畜禽支原体病的药也可应用，止咳、平喘、清肺的中草药如黄芩、黄柏、紫菀、杏仁、马兜铃等。

二十三、小反刍兽疫

小反刍兽疫（PPR）是由副黏病毒科麻疹病毒引起的一种急性接触性传染病，世界动物卫生组织将此病定为 A 类病，我国也定为 I 类病。主要感染小反刍兽，特别是山羊高度易感。因该病毒与牛瘟病毒的抗原有相关性，临床症状与牛瘟相似，故一些地方又称为"羊瘟""小反刍兽假牛瘟""山羊假牛瘟""小反刍兽伪牛瘟"等。

（一）主要临床症状

该病常呈急性发作，并以眼和鼻大量排出分泌物为特征。持续高热 3～5 天后，出现口腔糜烂、腹泻和肺炎。尸体解剖可见大肠出现斑马样条纹（特征性病变）；肺部主要表现为支气管肺炎。

本病潜伏期为 4～6 天，也有的为 3～10 天，世界动物卫生组织将此病定为 21 天。自然病例仅见于山羊和绵羊，山羊为重，绵羊症状较轻，急性发作，高温 41℃以上，并持续 3～5 天，精神沉郁或烦躁不安，食欲减退，鼻腔干燥，发热 4 天后齿龈出血，进而口腔黏膜弥漫性溃疡并大量流涎。后期常见血样稀便、肺炎咳嗽、腹式呼吸、呼吸气味恶臭，发病率高达 100%，严重暴发期（特别是新流行区）死亡率也可达 100%；中等暴发区死亡率不超过 50%。

解剖可见糜烂性损伤从嘴角一直延伸到瘤胃与网胃父接处；淋巴结肿大，盲肠和结肠结合处出现线状出血，犹如斑马样条纹；脾脏坏死，肺尖部炎症严重。

实验室诊断可用琼脂凝胶免疫扩散试验（AGId）、免疫捕获酶联免疫吸附试验、核酸识别、对流免疫电脉（CIEP）、组织培养和病毒分离等方法。血清学试验可用病毒中和试验（VN）、竞争 ELISA 试验等。

（二）流行特征

20世纪40年代就有报道。大多数非洲国家、阿拉伯半岛、以色列、叙利亚、伊拉克、约旦、土耳其等中东地区的国家有此病流行。我国周边的印度、尼泊尔、巴基斯坦先后有暴发。我国2007年7月首次报道西藏发生此病。据资料反映，近年我国某些地方曾有发生，均为从外地引入羊造成。

小反刍兽疫病毒（PPRV）只有一个血清型，不感染人类，不属于人畜共患病。该病毒对外界环境的抵抗力较低，50℃经60分钟即可灭活；在pH值<4.0或pH值>11的条件下也很快失活，在冷藏或冷冻组织中能活较长时间。醇、醚、普通清洁剂均可杀灭该病毒；苯酚、2%的氢氧化钠溶液都是有效的消毒剂。

（三）防治措施

预防免疫可用冻干活疫苗，我国已有生产，每只羊颈部皮下注射1头份，免疫保护期达36个月；-20℃下保存期可达2年。

从外地引入羊一定要加强检疫，购回后按规定隔离观察证明无病才合群饲养。

二十四、包虫病（棘球蚴病）

此病是寄生于猪、牛、羊、马、骆驼、犬、狼、狐狸等多种动物小肠内的棘球蚴虫中绦期而引起的一种人畜共感共患的寄生虫病，对人主要寄生于肝脏、肺脏和其他器官内。由于该寄生虫蚴体体型大、生长力强，不但压缩周边组织使之萎缩和出现功能障碍，还易造成可发感染。如果蚴体包囊破裂，可引起过敏性反应，给人畜造成继发感染甚至死亡。动物中对绵羊危害最为严重。包虫病也是一种严重危害人类健康和畜牧业安全发展的人畜共患病，已成为全球性公共卫生问题，也是我国重点防治的寄生虫病之一。四川是全国重疫区之一。

（一）病原

棘球蚴虫属于圆叶目、带科、棘球属。目前公认的有四种：细粒棘球蚴虫、多房棘球蚴虫、少节棘球蚴虫和福昆棘球蚴虫。我国只有前两种，并以细粒棘球蚴虫多见。

（二）流行特征

细粒棘球蚴病呈世界性分布，我国以放牧牛羊的地区为多，如西北地区、内蒙古、西藏等，四川以甘孜、阿坝和凉山三个自治州多见。

（三）诊断

可用变态反应法、间接血球凝集试验（IMA）、酶联免疫吸附试验（ELISA）进行诊断，解剖动物在肝、肺等处发现虫体便可确诊。

（四）防治措施

治疗：力争早期用药。丙硫咪唑90毫克/千克体重，连服2次；吡喹酮25～30毫克/千克体重，每天服1次，连用5天（总剂量为125～150毫克/千克体重）。

预防：①禁用感染动物的肝、肺等组织喂犬；②加强犬只（含野犬）的管理，对犬定期驱虫，用吡喹酮按5毫克/千克体重，甲苯咪唑8毫克/千克体重，1次口服；③对牧场上的野犬、狼、狐狸等可定期在他们聚居地方投药；④保持畜舍、饲草、饲料和饮水卫生，防止犬粪、尿污染；⑤牲畜定点屠宰，加强检疫，防止带虫动物组织、肉品等流入市场；⑥加强科普宣传和健康知识教育，注意公共卫生和个人卫生；⑦我国现已有疫苗正式投放市场，用于羊的免疫。

第六章　畜禽疾病防治实用技术

第一节　注射法

一、注射前准备及操作注意事项

（一）注射部位准备

局部剪毛，用碘酊消毒后，以 75%的酒精脱碘。对供观赏用的犬、猫，剪毛会影响外貌美观，最好将注射部位的被毛向四周分开后消毒。

（二）器械和药品的准备

注射器必须筒、塞配套，吻合良好，清洁畅通，并要严格消毒。对注射药液要仔细查看药品名称、用途、剂量、性状以及是否过期等；如同时注入两种以上药品时，应注意有无配伍禁忌。静脉注射大量药液时，药液应加温至接近体温，注射前要排净输液管或注射器内的气泡。

（三）静脉注射时要防止药液漏于血管外

对有强烈刺激性的药液外漏，应立即采取措施清除漏出的药液，如用注射器从外漏部位将药液抽回一部分，也可用 5%硫酸镁溶液热敷，以加速漏出液的吸收消散，如果大量药液外漏，应尽早切开并用高渗液冲洗或引流。

二、常用的几种注射方法

（一）皮内注射法

该方法是用于牛、羊、犬结核菌素变态反应试验、绵羊痘预防接种及马鼻疽菌素皮内试验等。

1.注射部位

在肩胛部或颈侧中部 1/3 处。大耳朵犬也可在耳背部；绵羊痘接种在尾根、腋下或股内侧；马鼻疽菌素皮内反应在眼睑皮内。

2.注射方法

注射部剃毛，用 75%酒精消毒后，左手食指和拇指绷紧注射部皮肤，右手持注射器将注射针头刺入真皮内，推动针栓，注入药液，使局部呈现圆形隆起，拔出针头。此时切忌按压注射部位。

（二）皮下注射法

将药液注射皮下结缔组织内。注药后经 5～10min 呈现作用。凡是易溶解、无刺激性的药品、疫苗均可做皮下注射。

1.注射部位

选取皮下组织发达的部位，家畜多在颈侧，犬、猫在肩和臀部的背面，禽类在颈中部。

2.注射方法

局部剪毛、消毒后，左手食指、中指和拇指将注射部皮肤掐起形成一皱褶，右手持注射器将针头刺入皱褶处皮卜，深约 1.5～2cm，左手拇指和食指在注射部将皮肤和针头一起捏住，右手将注射器内药液注入皮下，注药完毕，拔出针头，局部用碘酊消毒。

（三）肌肉注射法

肌肉内血管多，药液注入后吸收较快，仅次于静脉注射；又因感觉神经较皮下少，疼痛较轻。一般刺激性较强的和较难吸收的药液，如水剂青霉素、维生素 B₁，均可肌肉注射。但刺激性很强的药液，如氯化钙、水合氯醛、浓盐水等，都不能做肌肉注射。

1.注射部位

大家畜及猪、羊等动物选择臀部和颈侧。犬、猫等小动物选择腰部肌肉，即脊柱两边的肌肉。但注射疫苗时，规定的注射部位为后肢肌肉。禽在胸部肌肉和腿部肌肉进行注射。

2.注射方法

大家畜及猪、羊等动物经确实保定后，注射部位剪毛、消毒，宠物可将注射部被毛分开后消毒。右手持连接针头的注射器，将针头刺入肌肉内，回抽注射器针栓，针头无回血时，将药液注入肌肉内。

（四）静脉内注射法

将药液直接注射到静脉血管内的方法，称为静脉注射法。

1.注射部位

大家畜牛、羊、马在颈部 1/3 与中 1/3 交界处的颈静脉上，马、牛也可用胸外静脉及母牛的乳静脉；猪、兔采用耳静脉注射；禽类在肱窝处的翼根静脉，鸭为肱静脉。

2.注射方法

大家畜静脉注射时，先压迫静脉的近心端，阻断血液回流，使静脉怒张；耳静脉注射时压迫耳根部；乳静脉注射时压迫远离乳房的一端血管；手持注射针头顺血管方向与皮肤呈 45 度角，刺入血管内，刺入正确时可见到回血，调整针头与血管的角度，继续将注射针头送入血管内，解除对静脉近心端的压迫或松去弹力结扎带，打开连接输液瓶上的控制开关，即可点滴输液，用胶布或夹子固定针头，以防针头从血管内移出。在注射过程中，要经常观察是否漏针，若发现漏针，应立即停止注射，重新调整针头，待正确刺入血管后再继续注入药液。注药完毕，拔下针头，用酒精棉球压迫片刻后可松解保定。

（五）腹腔内注射法

腹膜是一层光滑的浆膜，分为壁层和脏层，两层之间是一个密闭的空腔，即腹膜腔。腹膜面积很大，大约等于体表皮肤的总面积；腹膜毛细血管和淋巴管多，吸收力强。当腹膜腔内有少量积液、积气时，可被完全吸收。利用腹膜这一特性，将药液注入腹膜腔内，经腹膜吸收进入血液循环，其药物作用的速度仅次于静脉注射。

1.注射部位

小动物可在脐和骨盆前缘连线的中点，旁开腹白线一侧为注射部位。大动物可在左肷部或右肷部为注射部位。

2.注射方法

术部剪毛、消毒后，用 16～18 号针头（小动物用 $7\frac{1}{2}$ 号针头）皮肤垂直刺入，依次穿透腹肌和腹膜，当针头透过腹膜后，其阻力降低，有落空感。针头内不出现气泡及血液，也无空腔脏器内容物溢出，经针头注入生理盐水无阻力，说明刺入正确。此时可连接注射器或连接输液吊瓶上的输液管接头向腹腔内注入药液，注药完毕，拔下针头，局部消毒后松解保定。

注意事项：向腹膜腔内注入药液应加温至 37～38℃，药液过凉，会引起胃肠痉挛，产生腹痛。注入的药液应为等渗溶液且无刺激性；当膀胱积尿时，应轻轻压迫腹部，强迫排尿，待膀胱排空后再进行腹腔注射；注射过程中应防止针头退出腹腔外，必要时用胶布粘贴固定针头，一次注药量为 200～1500mL。

第二节　畜禽投药法

一、水剂投药法

（一）大动物水剂投药法

将动物牵至六柱栏内，确实保定好动物头部，投药者抓住大动物的鼻翼，另一只手涂上滑润油的胃导管，将胃导管端沿动物下鼻道缓缓插入，当管端到达咽部时感觉有抵抗，此时不要强行推进，待动物有吞咽动作时，趁机向食管内插入。当动物无吞咽动作时，可揉捏咽部或用胃导管端轻轻刺激咽部而诱发吞咽动作。

当胃导管进入食管后要判断是否正确插入。其判断方法有：向胃导管内打气，在打气的同时可观察左侧颈静脉沟处出现波动；用橡皮球紧密连接胃导管端向导管内打气，球压扁后不再臌气，若无橡皮球，也可用上唇吸管口，管端可吸在上唇上。上述两种判断方法，都证明胃导管已正确地插入食管内。

胃导管端连接漏斗把药液倒入漏斗内，举高漏斗，使超过动物头部，将药液灌入胃内。药液灌完后去掉漏斗，用橡皮球再向胃导管内打气，以排净残留在胃管内的药液，然后将胃导管端折叠，缓缓抽出胃导管。

牛的胃管投药也可经口插入，经口插入时应先给牛装上木质开口器，胃导管端由开口器中央的小孔插入，到咽部时自然吞下而进入食管内。

（二）中、小动物水剂投药

对猪可先进行侧卧保定，装上开口器；对犬、猫先进行安全保定后装上开口器。用较细的投药管经舌背面缓缓向咽腔插入，然后慢慢向深部插入，即可顺利进入食管内，连接漏斗灌入药液。

（三）插胃管的注意事项

插入胃导管灌药前，必须判断胃导管正确插入后方可灌入药液，若胃导管误插入气管内灌入药液，将导致动物窒息或形成异物性肺炎。经鼻插入胃导管，插入动作要轻，严防损伤鼻道黏膜。若黏膜损伤出血时，应拔出胃导管，将动物头部抬高，并用冷水浇头，可自然止血。

二、片剂、丸剂投药法

（一）大动物片剂、丸剂投药法

投药人员一手抓笼头，另一只手从动物一侧口角齿间隙内插入手指，用手指向上推顶硬腭，即可打开口腔。顺机用手抓住舌头，用手或丸剂投药器将药片、药丸送至舌根部，立即松开舌头，抬高动物头，即可咽下。

（二）犬、猫等小动物的片剂、丸剂投药

令犬、猫采取坐立姿势，对性情温和的犬、猫，以左手拇指、食指在两侧口裂后方，隔着皮肤向犬的齿间隙压迫，即可打开口腔。投药人员用镊子夹持药片、药丸，送入犬、猫的舌根部，迅速将犬、猫嘴合拢，防止张嘴。当犬、猫的舌尖伸出在牙齿之间出现吞咽动作，或用舌舔鼻端时，说明已将药咽下。某些犬、猫，药片、药丸不往下咽，投药人员应抓住其上下颌，严防犬口张开，并用手指轻轻叩打犬的下颌，促使犬突然咽下药丸，以减少吐出的机会。

三、糊剂投药法

此种投药法多用于大动物、碾压粉碎的中药糊剂或某些西药用面粉调成的糊剂。将动物保定在单桩或六柱栏内，抬高动物头部，用灌药瓶或灌角装上需投入的糊剂药物，自口角齿间隙处插入灌药瓶嘴，并向舌背面舌根部灌入，待动物咽下后，再向口腔内灌入第二口。灌药时严禁牵拉动物舌头，以防影响吞咽而造成误咽；每一次灌入口腔的药量不可过大，灌入量过大，容易从口腔中吐出而造成浪费。灌药过程中若发现动物咳嗽，应立即放低动物头部，待转入正常后再灌入。

四、导胃法与洗胃法

（一）适应证

用于治疗胃扩张和排除胃内容物；反刍动物的导胃用于前胃炎的治疗和清除食入的毒物。

（二）方法

反刍动物导胃法：牛在六柱栏内站立保定，口腔内装置开口器，通过口腔向胃内插入胃导管，当导管进入胃内，瘤胃内液体和气体会自行涌流而出。插入胃导管后要压低牛头，以利液体外流，压低牛头也可避免胃内流出的液体和草渣呛入气管和肺。在向体外导出胃内液体和草渣时，速度不要太快。当有草团堵塞胃导管时，可向胃导管内注入清水，然后前后抽动胃导管，并将胃导管另一端放低，以利排出胃内容物；也可经胃导管灌入温水疏通后，再向外导出胃内容物。

洗胃法：按导胃法插入胃导管后，用0.1%高锰酸钾溶液、淡盐水等灌入胃内，每次灌入量为5～15kg水，然后放低牛头，使药液再自胃导管放出。如此反复进行，直至洗净胃内的有害液体和物质为止。

五、灌肠法

（一）适应证

通过灌肠清除直肠内的积粪，治疗肠便秘。

（二）保定

大家畜站立或柱栏内保定，将尾巴拉向体侧或用绳子吊起尾巴，小动物采取站立保定或侧卧保定。

（三）方法

为治疗大家畜的肠便秘，常需要深部灌肠法，为排除直肠内蓄粪则进行浅部灌肠。

1.深部灌肠

首先装上塞肠器，采用木质塞肠器和球胆塞肠器。木质塞肠器呈圆锥形，长12～15cm，中央有一直径2cm的圆孔，塞肠器前端直径8cm，后端直径10cm，将塞肠器前端经肛门塞入直肠后，用直径1～2cm的橡胶管经塞肠器的中央孔插入直肠内，胶管另一端连接漏头缓慢灌入1%温盐水10000～15000mL，这种灌肠法可治疗结肠的便秘。

当犬、猫及仔猪等动物发生肠套叠，而套叠时间又不长者，可通过深部灌肠整复套叠肠段。将胶管插入直肠内10～20cm，另一端连接漏斗并举高漏斗超过动物体1m以上，漏斗内加入温水1000～5000mL，使液体向肠深部流动。在灌肠过程中用手将胶管和肛门一起捏住，防止灌入的液体流出。当动物努责时，不可将胶管向深部用力推送，以防损伤肠黏膜。

2.浅部灌肠法

用于清除直肠内蓄粪，其方法是将胶管经肛门插入直肠内10～15cm，胶管另一端连接漏斗，灌入温水500～2000mL，要用手把胶管和肛门一起捏住，以防水流出。温水在直肠内停流片刻后，松解对肛门和胶管的压迫，此时直肠内蓄粪和水一起流出体外，如此反复进行数次，可将直肠内蓄粪全部排出。

六、禽类给药方法

（一）饮水给药法

是禽类疾病防治中经常使用的给药方法，主要优点是省工、经济、简便易行、安全有效。

1.使用时机

在禽类因病不能食料而能饮水的情况下给药；也适用短期投药和紧急治疗投药；饮水给药法是家禽免疫接种中最常用又最易用的群体免疫方法，它不但比逐只进行免疫接种省时省力，少骚扰禽群，而且还可在短时间内达到全群免疫。

2.操作方法及注意事项

对易于溶水的药物可直接将药物加入水中混合均匀即可。对较难溶于水的药物，可先将药物加入少量水中加热、搅拌或加助溶剂，待达到全溶后再混入全量水中；也可将其做成悬液再混入饮水中。

注意事项：一般选择易溶于水的或可溶于水的药物做混水给药；在水中不易破坏的药物，可让家禽全天自由饮用；在水中，一定时间内可被破坏的药物，应计算好时间和药量，让禽在规定时间内饮完，用于稀释疫苗的饮水要十分洁净，必要时用蒸馏水，或加入0.1%脱脂奶粉。

（二）混饲给药法

是通过消化道的给药方法。将药物均匀地混入饲料中，让禽在吃料时同时将药吃进去。

1.用药时机

一般需用药几天、几周甚至几个月的长期性投药。

2.操作方法及注意事项

一般将药物混合在饲料中搅拌均匀即可。拌料时一定要做到均匀，如果搅拌不匀，会造成有的没有吃够药量，有的则因药量过大而中毒。注意饲料中其他添加成分同药物的颉颃关系，如长期服用磺胺类药物，则应补充维生素 B_1 和维生素 K。应用氨丙啉时则应减少维生素 B_1。

（三）注射法

是将药物用注射器直接注入禽类的皮下、肌肉、静脉内，其具体操作见本章第一节注射法。

第三节　穿刺术与导尿法

一、腹膜腔穿刺术

腹腔穿刺术用于诊断胃肠破裂、内脏出血、肠变位、膀胱破裂；利用穿刺液的检查判断是渗出液还是漏出液；经穿刺放出腹水或向腹腔内注入药液治疗某些疾病。

（一）穿刺部位

小动物在耻骨前缘与脐之间的正中线左（右）侧 3～5cm 处；反刍动物在右侧膝与最后肋骨之间连线的中点处；马属动物在胸骨的剑状软骨后方 10～15cm、腹白线左侧 3～5cm 处。

（二）方法

穿刺部剪毛、消毒，用 14～20 号针头皮肤垂直刺入，当针透过皮肤后，应慢慢向腹腔内推进针头，当针头出现阻力骤然减退时，说明针已进入腹腔，腹水经针头流出。用于诊断性穿刺，当腹水流出后立即用注射器抽吸。如果用于放出腹水时，使用针体上有 2～3 个侧孔的针头穿刺，可防止大网膜堵塞针孔。术毕，拔下针头用碘酊消毒术部。

二、瘤胃穿刺术

用于治疗急性瘤胃臌气和向瘤胃内注入药液。

（一）术部

牛在左侧肷窝部，即左侧髋结节向最后肋骨所引的水平线的中点，距腰椎横突 10～12cm 处。严重的瘤胃臌气可在肷窝臌胀明显处进行穿刺。

（二）方法

穿刺部剪毛、消毒，用手术刀在穿刺部的皮肤上做 0.5cm 的小切口，然后用穿刺针经小切口，向右侧肘头方向迅速刺入 10～12cm，固定针头，气体可经针头放出来，直至将瘤胃内过多气体排净。为防止复发，可向瘤胃内注入 5% 克辽林 200mL 或 15%～20% 的鱼石脂酒精 150～200mL。穿刺过程中，如果穿刺针发生阻塞，可用套管针芯插入疏通。穿刺完毕，拔针时紧压穿刺处皮肤，迅速拔针。间隔一定时间需第二次穿刺时，不可在第一次穿刺孔中进行。

三、瓣胃穿刺术

用于瓣胃秘结（百叶干）时的注药治疗。

（一）部位

在右侧第 9～11 肋骨前缘与肩端水平线交点的上方或下方 2cm 范围内，一般以第 9 肋间为好。

（二）方法

站立保定，术部剪毛、消毒。用长 15～20cm 的瓣胃穿刺针，与皮肤垂直并稍向前下方刺入 10～12cm（针头透过肋间后再向左侧肘头的方向刺入），刺入瓣胃后有硬、实的感觉，连接注射器，先注入 30～50mL 生理盐水，并迅速回抽，如回抽的液体混浊并带有草渣，证明刺入正确，即可在瓣胃内注射下列药物：25%～30% 硫酸钠溶液 300～500mL，或 10% 温盐水 2000mL，注药完毕，用注射器将针体内液体全部打入瓣胃后迅速拔针，术部用碘酊消毒。

四、血肿、脓肿、淋巴外渗的穿刺诊断

（一）血肿的穿刺诊断

血肿是因皮下组织、肌肉组织内血管破裂所形成，而且形成得很快，肿胀

迅速增大，呈现明显的波动感或饱满有弹性，4～5 天后，肿胀周围呈坚实感且有捻发音，中央有波动，局部增湿，穿刺可排出血液，在穿刺前局部剪毛、消毒，用 14～16 号穿刺针于血肿肿胀最明显处刺入血肿深部，针头内可流出血液，新发生的血肿可流出鲜红色新鲜血液，4～5 天后，血肿流出污黑色血液，陈旧性血肿穿刺仅能流出淡黄色血清或抽不出液体。

（二）脓肿的穿刺诊断

穿刺之前对术部剪毛、消毒，用灭菌 14～16 号注射针头，于脓肿肿胀最明显处穿刺，已成熟的脓肿于波动最明显处穿刺，深在性脓肿于皮肤最紧张、敏感处穿刺。已成熟的脓肿当针头进入脓腔后即可从针头内流出脓汁，当脓汁过分黏稠时穿刺排不出脓汁，此时应拔出穿刺针，观察针孔内有无脓汁附着。脓肿尚未成熟时应禁忌穿刺，以防感染扩散。

（三）淋巴外渗的穿刺诊断

穿刺部位为淋巴外渗隆起最明显处。局部剪毛、消毒后，用 14～16 号针头经皮肤刺入囊腔内，即可从针孔内流出橙黄色稍透明液体，或混有少量的血液，穿刺液内有时混有纤维素块。穿刺完毕，拔下针头消毒穿刺孔以防感染。

五、膀胱穿刺术

对因尿道阻塞引起的急性尿潴留，经膀胱穿刺可暂时缓解膀胱的内压，防止内压过大而继发膀胱破裂；膀胱穿刺采集尿液进行检验。

（一）穿刺部位

小动物在耻骨前缘 3～5cm 处腹白线一侧的腹底壁上；大动物在直肠内进行穿刺，首先温水灌肠排净直肠内蓄粪，使用 30～40cm 长胶管的针头进行穿刺。针头在膀胱体穿刺，而不在膀胱顶部穿刺。

（二）穿刺方法

小动物采取仰卧保定，大动物在六柱栏内站立保定，小动物的术部消毒后，用右手隔着腹壁固定膀胱，右手持 16～18 号针头，刺入皮肤，经肌肉、腹膜、膀胱壁刺入膀胱内，尿液即可从针头内流出。大动物膀胱穿刺，需在直肠内穿刺。术者右手持针头带入直肠内，手感觉膀胱的轮廓，于膀胱体部进行穿刺，穿刺针经直肠壁、膀胱壁进入膀胱内，手在直肠内固定针头，以防针头随肠蠕动而脱出，连接针头的胶管在肛门外，即可见到尿液排出，穿刺完毕拔下针头，消毒术部。

六、子宫冲洗法

子宫冲洗用于治疗子宫内膜炎、子宫积脓、牛胎衣不下、胎衣腐败等疾病。

（一）器械与药品

冲洗子宫的器械有子宫冲洗器或普通橡皮管、塑料管；药品有 0.05%～0.1% 的雷夫奴尔溶液、0.1%碘溶液、0.05%～0.1%高锰酸钾溶液、生理盐水、青霉素、链霉素等。

（二）冲洗方法

先清洗和消毒母畜的外阴部，术者持导管插入母畜阴道内，触摸到子宫颈后，将导管经子宫颈口插入子宫内，导管另一端连接漏斗或注射器向子宫内灌注消毒药液；然后放低导管，用虹吸法导出灌入的药液，如此反复几次的灌入和吸出，可使子宫内的积脓、胎衣碎片等物质清洗干净；最后用青霉素 160 万～320 万 IU、生理盐水溶液 150～200mL 灌入子宫内，不再放出，以控制和消除子宫的炎症。

第四节　畜禽寄生虫疾病病料检查

一、粪便内虫卵检查法

粪便内虫卵检查法分直接涂片检查法和集卵法。

（一）直接涂片检查法

是最简便和常用的方法。但是，当畜禽体内寄生虫数量不多而粪便中虫卵少时，有时不能查出虫卵。

本法是在载玻片上滴一些甘油和水的等量混合液，再用牙签挑取少量粪便加入其中，混匀，夹去较大的或过多的粪渣，最后使玻片上留有一层均匀的粪液，其浓度的要求是将此玻片放于报纸上，能通过粪便液膜模糊地辨认其下的字迹为合适。在粪膜上覆以盖玻片，置低倍显微镜下检查。检查时，应顺序地查遍盖玻片下的所有部分。

（二）集卵法

1.沉淀法

取粪便 5g，加清水 100mL 以上，搅匀成粪汁，通过 260～250μm（40～60目）铜筛过滤，滤液收集于三角烧瓶或烧杯中，静置沉淀 20～40min，倾去上层液，保留沉渣。再加水混匀，再沉淀，如此反复操作直到上层液体透明后，吸取沉渣检查。此法特别适用于检查吸虫卵。

2.漂浮法

取粪便 10g，加饱和食盐水 100mL，混合，通过 250μm（60 目）铜筛，滤入烧杯中，静置半小时，则虫卵上浮；用直径 5～10mm 的铁圈，与液面平行接触以沾取表面液膜，抖落于载玻片上检查。此法适用于线虫卵的检查。

也可取粪便 1g，加饱和食盐水 10mL，混匀，筛滤，滤液注入试管中，补加饱和盐水溶液使试管充满，管口覆以盖玻片，并使液体和盖玻片接触，其间不留气泡，直立半小时后，取下盖玻片镜检有无虫卵。

3.锦纶筛兜集卵法

取粪便 5～10g，加水搅匀，先通过 260μm（40 目）的铜丝筛过滤；滤下液再通过 58μm（260 目）锦纶筛兜过滤，并在锦纶筛兜中继续加水冲洗，直到洗出液体清澈为止；尔后取出兜内粪渣涂片检查。此法适用于宽度大于 60μm 的虫卵。

二、血液内原虫检查法

一般用消毒过的针头自耳静脉或颈静脉采取血液。此法适用于检查血液中的梨形虫、住白细胞虫等。

涂片染色标本检查：采血，滴于载玻片一端，按常规法推制成血片，晾干，甲醇固定，然后用姬氏液或瑞氏液染色。染后用油浸镜头检查。本法适用于各种血液原虫。

（一）姬式染色法

取姬氏染色粉 0.5g，中性纯甘油 25mL，无水中性甲醇 25mL。先将姬氏染色粉置研钵中，加少量甘油充分研磨，再加再磨，直到甘油全部加完为止。将其倒入 60～100mL 容量的棕色小口瓶中；在研钵中加少量的甲醇以冲洗甘油染液，冲洗液仍倾入上述瓶中；在研钵中加少量的甲醇以冲洗甘油染液，冲洗液仍倾入上述瓶中，再加再洗再倾入，直至 25mL 甲醇全部用完为止。塞紧瓶塞，充分摇匀，然后将瓶置 65℃温箱中 24h 或室温内 3～5 天，并不断摇动，此为原液。

染色时，将原液 2mL 加到中性蒸馏水 100mL 中，即为染液。染液加于血膜上染色 30min，然后用流水冲洗 2～5min，晾干，镜检。

染液应现用现配，染色效果最好。

（二）瑞氏染色法

取瑞氏染色粉 0.2g，置棕色小口瓶中，加入无水中性甲醇 100mL，加塞，置室温内，每日摇 4～5min，一周后可用。如需急用，可将染色粉 0.2g，置研钵中，加中性甘油 3mL，充分摇匀，然后以 100mL 甲醇，分次冲洗研钵，冲洗液均倒入瓶内，摇匀即成。

本法染色时，血片不用先固定，可将染液 5～8 滴直接加到未固定的血膜上，静置 2min，其后加等量蒸馏水于染液上，摇匀，过 3～5min 后，流水冲洗，晾干，镜检。

三、组织内原虫检查法

有些原虫可以在动物身体不同组织中寄生。一般在死后剖检时，取一块组织，以其切面在载玻片上做成触片或抹片，染色后检查。抹片或触片可用姬氏染色法或瑞氏染色法。

泰勒虫病的病畜，常呈现局部的体表淋巴结肿大，采用淋巴结穿刺，抽取内容物，染色后，镜检。

家畜患弓形虫病时，生前诊断可取腹水，染色后，查找滋养体。

四、螨病检查法

（一）病料的采取

疥螨、痒螨等人多数寄生于动物的体表或皮内，因此应刮取皮屑，置显微镜下寻找虫体或虫卵。刮取皮屑的方法很重要，应选择患病皮肤与健康皮肤交界处，这里的螨较多。刮取时先剪毛，取凸刃小刀，在酒精灯上消毒，用手握刀，使刀刃与皮肤表面垂直。刮取皮屑时，应刮到皮肤轻微出血，此点对检查皮内寄生的疥螨尤为重要。

蠕形螨病，可用力挤压病变部，挤出脓液，将脓液涂于载玻片上供检查。

（二）检查方法

1.直接检查法

在没有显微镜的情况下，可将刮下的干燥皮屑放于培养皿内或黑纸上，在日光下暴晒、用热水或炉火等对皿底或黑纸底面给以 40～50℃的加温，经 20～40min 后，移去皮屑，用肉眼观察（如在培养中，在观察时则应在皿下衬以黑色背景），可见白色虫体在黑色背景上移动。此法仅适用体型较大螨，如痒螨。

2.显微镜直接检查法

将刮下的皮屑放于载玻片上，滴加 1 滴煤油，覆以另一张载玻片，两片搓压使病料散开，分开载玻片，覆以盖玻片，置显微镜下检查。煤油有透明皮屑的作用，使其中的虫体易被发现，但虫体在煤油中容易死亡。如观察活螨，可用 10%氢氧化钠溶液、液体石蜡或 50%甘油水溶液滴于病料上，在这些溶液中，虫体在短期内不会死亡。

第五节　畜禽疾病防治中的微生物学检验技术

一、需氧细菌分离培养

（一）平板分离培养法

平板分离培养法为常用的细菌分离培养法。平板划线培养的方法甚多，可按各人的习惯选择应用，其目的都是达到使被检材料适当的稀释，以求获得独立单在的菌落，防止发育成菌苔，以致不易鉴别其菌落性状。

（二）芽孢需氧菌分离培养法

若疑材料中有带芽孢的细菌，先将检查材料接种于一个管的液体培养基中，然后将它置于水浴箱中，加热到 80℃维持 15～20min，再行培养。材料中若有带芽孢的细菌仍可存活而发育生长，不耐热的细菌繁殖体则被杀灭。先做增菌培养，然后再按上述平板分离法分离培养。

（三）利用化学药品的分离培养法

1.抑菌作用

有些药品对某些细菌有极强的抑制作用，而对另一些细菌则无，故可利用此种特性来进行细菌的分离，例如，通常在培养基中加入结晶紫或青霉素抑制革兰氏阳性菌的生长，以分离革兰氏阴性菌。

2.杀菌作用

将病料如结核病料加入 15%硫酸溶液处理，其他杂菌均被杀死，结核菌因具有抗酸性而存活。

3.鉴别作用

根据细菌对某种糖的分解能力，通过培养基中指示剂的变化来鉴别某种细菌。例如，远藤氏培养基可以作为鉴别大肠杆菌与沙门氏菌。

（四）通过实验动物分离法

当分离某种病原菌时，可将被检材料注射于感受性强的实验动物体内，如将结核菌材料注射于豚鼠体内，杂菌不发育，而豚鼠最终必得慢性结核病而死。实验动物死后，取心血或脏器用以分离细菌。有时甚至可得到纯培养。

二、厌氧菌的分离培养

厌氧菌需有较低的氧化还原势能才能生长，在有氧的环境下，培养基的氧化还原电势较高，不适于厌氧菌的生长。为使培养基降低电势，降低培养环境的氧压是十分必要的。现有的厌氧培养法甚多，常用的主要是生物学和物理学方法，可根据各实验室的具体情况选用。

（一）生物学方法

培养基中含有植物组织（如马铃薯、燕麦、发芽谷物）或动物组织（新鲜无菌的小片组织或加热杀菌的肌肉、心、脑等），由于组织的呼吸作用或组织中的可氧化物质而消耗氧气，组织中所含的还原性化合物，如谷胱甘肽也可以使氧化还原电势下降。另外，将厌氧菌与需氧菌共同培养在一个平皿内，利用需氧菌的生长将氧气消耗后，使厌氧菌能生长。其方法是将培养皿的一半接种吸收氧气能力强的需氧菌，另一半接种厌氧菌，接种后将平皿倒扣在一块玻璃板上，并用石蜡密封，置37℃恒温箱中培养，2～3天后，即可观察到需氧菌和厌氧菌，均先后生长。

（二）物理学方法

利用加热密封、抽气等物理学方法，以驱除或隔绝环境或培养基中的氧气，形成厌氧状态，有利于厌氧菌的生长发育。

1.厌氧罐法

将接种好的厌氧菌培养皿依次放于厌氧罐中，先抽去部分空气，代以氢气至大气压。通电，使罐中残存的氧与氢经过铂或钯的催化而化合成水；使罐内氧气全部消失。将整个厌氧罐放入孵育箱培养。本法适用于大量的厌氧培养。

2.真空干燥器法

将培养的平皿或试管放入真空干燥器中，开动抽气机，抽至高度真空后，替代以氢、氮或二氧化碳气体。将整个干燥器放进孵育箱培养。

3.高层琼脂法

加热融化高层琼脂，冷至45℃左右接种厌氧菌，迅速混合均匀。冷凝后37℃孵育，厌氧菌在近管底处生长。

4.加热密封法

将液体培养基放在阿诺氏蒸锅内加热10min，驱除溶解于液体中的空气，取出，速置于冷水中冷却。接种厌氧菌后，在培养基液面被覆一层约0.5cm的无菌凡士林石蜡，置37℃孵育。

三、药敏试验

用抗生素和化学药物在治疗畜禽的细菌性传染病中占有举足轻重的地位，随着养殖业的发展，抗生素和化学药物应用越来越广泛，由于不合理的应用，耐药性菌株越来越多。因此，对从病畜禽体内分离出的致病性细菌做药敏试验，选择高敏药物治疗是育禽养殖生产中极其重要的实验室工作。药敏试验常用的方法为纸片法，具体操作方法如下：

（1）用在火焰上灭菌的接种环挑取待试细菌的纯培养物（量要适当多一点），以划线法涂布于普通肉汤琼脂或鲜血琼脂平板，尽可能涂布的密而匀。

（2）用灭菌尖头镊子夹取各种干燥抗菌药物纸片，分别紧贴在上述涂布的平板上。一般在中央贴一种纸片，四周等距离贴若干种纸片。平板上可同时贴5～8种抗菌药物纸片。

（3）将平板底部朝上置入温箱培养，取出观察结果。经培养后凡对该菌有抑制力的抗菌药物，在其纸片周围出现一个无细菌生长的圆圈，称为抑菌圈。抑菌圈越大，表示该菌对此药物敏感性越高，反之越低。若无抑菌圈，则说明该菌对此药具有耐药性。所以判定结果时，应按抑菌圈直径大小（以毫米为单位）来作为判定敏感度高低的标准。

经药物敏感试验后，应首选高敏药物进行治疗，也可选用两种药物协同应用，以减少耐药菌株的产生。

四、鸡新城疫红细胞凝集试验和红细胞凝集抑制试验

引起家禽传染病的某些病毒，例如，鸡新城疫病毒、A 型禽流感病毒，由于具有血凝素，可以使鸡或其他一些动物的红细胞发生凝集，称为红细胞凝集现象。如果在这些病毒悬液中先加入特异性的免疫血清，则病毒凝集红细胞的作用被抑制，称为红细胞凝集抑制现象。红细胞凝集试验常用于测定病毒的含量，例如，测定新城疫活毒疫苗的滴度及用于病毒的鉴定、流行病学调查和免疫接种效果的监测。具体操作方法如下：

（一）1%鸡红细胞制备

心脏采取未经新城疫疫苗免疫注射的健康鸡血 5～10mL，加入含抗凝集的试管中。平衡后，以 2500r/min 离心 10min，吸去上清液，注意要将血细脑泥表面的一层薄膜吸净。然后用血细胞泥 5～10 倍的生理盐水洗红细胞，离心 10min，弃上清，如此反复洗 3～5 次，末次用生理盐水将血细胞泥稀释成 1%浓度备用。

（二）红细胞凝集试验（HA）

1.取一块洁净的 96 孔 V 型微量血清反应板，用微量吸液器在一列孔中加生理盐水，每孔加 50μl。

2.取待检病毒液 50μl 加入第 1 孔中，充分混合后取 50μl 加入第 2 孔中，如此直至第 11 孔，混合后吸取 50μl 丢弃，第 12 孔不加病毒为对照孔。

3.更换吸液器前端的塑料吸头，每孔加 1%鸡红细胞各 5050μl。

4.将反应板置微型混合器上，振动混合 3min，取下置室温 15min 开始观察，每 5min 观察一次，直至 60min，判断并记录结果。红细胞全部凝集，均匀分布于孔底。"++"表示红细胞部分凝集，沉积于孔底呈小圆点状；"-"表示红细胞全不凝集，沉积于孔底呈圆点状。以上红细胞全部凝集的病毒最高稀释倍数为该病毒的凝集效价。

（三）血凝抑制试验（HI）

1.取清洁的 96 孔 V 型微量血清学反应板，在每孔中加生理盐水 50μl（每一份血清加一列）。

2.将被检血清 50μl 加入第 1 孔中，充分混合后，取 50μl 加入第 2 孔中，如此稀释直至第 11 孔，第 12 孔不加血清作为对照。

3.根据血凝试验测定的病毒（如新城疫 IV 系）效价，配制 4 个血凝单位的病毒稀释液。

4.将反应板置混合器上振荡 3min，取下放室温 10min。

5.在每孔中加入 1%鸡红细胞各 50μl。

6.置微型混合器上振荡 3min，取下放室温 15min 开始观察，至 60min 判定记录结果。以使红细胞凝集全部被抑制的血清最高稀释倍数为该血清的血凝抑制效价。

第六节　兽医临床常用外科技术

一、无菌术

无菌术是在外科范围内防止伤口发生感染的综合预防性技术。它包括的具体内容主要是指灭菌和抗菌，二者又称为消毒，目的是消除细菌，防止感染。习惯上所说的灭菌术是指用物理方法彻底杀灭一切微生物，如高压蒸汽灭菌。而使用各种化学消毒剂达到抗感染的目的称为抗菌术。在手术过程中通常把灭菌术和抗菌术配合起来应用，以达到抗感染的目的。

（一）物理性灭菌法

1.煮沸灭菌法

可广泛地应用于手术器械和常用物品的消毒。可用一般铝锅、铁锅或特制的煮沸消毒器，用前应刷洗干净，锅盖应严密。一般用清洁的清水加热，水沸后3～5min将金属器械放到煮锅内，待第二次水沸时计算时间，15min可将一般的细菌杀死，但不能杀灭芽孢。因此，对可疑污染细菌芽孢的器械或物品，必须煮沸60min以上，煮沸器的盖子必须严密。消毒玻璃注射器，应在冷水中加入，以防玻璃猛然遇热而破裂。

2.高压蒸汽灭菌法

高压蒸汽灭菌需用特制的灭菌器，如手提式、立式、卧式高压蒸汽灭菌器。灭菌的原理都是利用蒸汽在器内的积聚而产生压力。通常使用蒸汽压大约为0.1～0.137MPa左右，温度可达121.6～126.6℃，老式的高压蒸汽灭菌器的压力表以磅/英寸^{2}为单位，所需蒸汽压为15～20磅/英寸^2，温度在121.6～126.6℃范围内。维持30min左右，能杀灭所有的细菌，包括具有顽强抵抗力的细菌芽孢，是比较可靠的灭菌方法。

（二）化学药品消毒法

常用的化学消毒剂种类很多，大致有以下几种。

1.醛类消毒剂：甲醛最常用，此外还有戊二醛，应用少。

2.酚类消毒剂：苯酚、煤酚和复合酚。

3.酸类与碱类消毒剂：乳酸、醋酸、硼酸、氢氧化钠、生石灰、磷酸钠。

4.含氯消毒剂：漂白粉、次氯酸钠、氯胺等。

5.醇类消毒剂：乙醇、异丙醇、甲醇等。

6.过氧化物消毒剂：如过氧乙酸、过氧化氢以及臭氧等。

7.碘与含碘消毒剂：碘酊、强力碘、碘伏。

8.季胺盐类消毒剂：新洁尔灭、度米芬、洗必泰、消毒净等。

作为灭菌手段，化学药品消毒法并不理想，尤其是对细菌的芽孢往往难于杀灭。化学药品的消毒能力受到药物浓度、温度、作用时间等因素的影响，但应不失为一个有用的补充手段，特别是在紧急手术情况下更为方便。临床上常用以下几种：

（1）新洁尔灭

使用时配成0.1%的溶液，常用于消毒手臂和其他可以浸湿的用品。市售的为5%的水溶液，使用时50倍稀释即成0.1%溶液。这一类的药物还有灭菌王、洗必泰、度米芬和消毒净，其用法基本相同。

（2）酒精

一般采用70%的酒精，可用于浸泡器械，特别是有刃的器械，浸泡不少于30min，可达理想的消毒效果，70%酒精也可用于手臂的消毒，但消毒后需用灭菌生理盐水冲洗一下。

（3）煤酚皂溶液

又称来苏儿，5%溶液浸泡器械30min，使用前需用灭菌生理盐水冲洗干净后方可应用于手术区内，该药在手术消毒方面不是理想的消毒药品，而是多用于环境的消毒。

（4）甲醛溶液

10%甲醛溶液用于金属器械、塑料薄膜、橡胶制品及各种导管的消毒，一般浸泡 30min。40%甲醛溶液（福尔马林）可以作为熏蒸消毒剂。在任何抗腐蚀的密闭大容器里都可以进行熏蒸消毒，熏蒸过的消毒器物，在使用前须用灭菌生理盐水充分清洗后方可应用。

二、麻醉

目前兽医外科临床上较常应用的麻醉方法有两大类型，即局部麻醉与全身麻醉。

（一）局部麻醉

利用某些药物有选择性地暂时阻断神经末梢、神经纤维以及神经干的冲动传导，从而使其分布的或支配的相应局部组织暂时丧失痛觉的一种麻醉方法，称为局部麻醉。

1.常用的局部麻醉药

（1）盐酸普鲁卡因。注入组织后 1～3min 出现麻醉，一次量可维持 0.5～1h 左右。本品穿透黏膜力量弱，不宜做表面麻醉。临床上应用 0.5%～1%进行局部浸润麻醉；2%～5%进行传导麻醉；2%～3%进行脊髓麻醉；4%～5%进行关节内麻醉。

（2）盐酸利多卡因。本品局部麻醉强度和毒性在 1%浓度以下时，与普鲁卡因相似，在 2%浓度以上时，其麻醉强度增强至 2 倍，并有较强的穿透力和扩散性，作用出现的时间快，能持久，一次给药量可维持 1h 以上。所用浓度：局部浸润麻醉 0.25%～0.5%；神经传导麻醉 2%；表面麻醉 2%～5%；硬膜外麻醉为 2%。

（3）盐酸丁卡因。本品麻醉作用强，作用迅速，并具有较强的穿透力，常用于表面麻醉。毒性比普鲁卡因大 12～15 倍，麻醉强度大 10 倍，表面麻醉强度比利多卡因大 10 倍，点眼时不散大瞳孔，不妨碍角膜愈合，因此，该药常用于表面麻醉，可用 1%～2%溶液。

2.常用的局部麻醉方法

（1）表面麻醉。利用麻醉药的渗透作用，使其透过黏膜而阻滞浅在的神经末梢，称表面麻醉。麻醉部位及浓度：眼结膜及角膜用 0.5%丁卡因或 2%利多卡因；鼻、口、直肠黏膜用 1%～2%丁卡因或 2%～4%利多卡因，一般每隔 5min 用药一次，共用 2～3 次。使用方法是将该药滴入术部或填塞、喷雾术部。

（2）局部浸润麻醉。沿手术切口线皮下注射或深部分层注射，阻滞神经末梢，称局部浸润麻醉。常用浓度为 0.5%～1%盐酸普鲁卡因。麻醉方法是将针头插至皮下，边注药边推进针头至所需的深度及长度。分为直线浸润、菱形浸润、扇形浸润、基部浸润、分层浸润。

（3）传导麻醉（神经阻滞）。在神经干周围注射局部麻醉药，使其所支配的区域失去痛觉，称为传导麻醉。优点是使用少量麻醉药产生较大区域的麻醉。使用浓度为 2%盐酸利多卡因或 2%～5%盐酸普鲁卡因，所用浓度及用量与所麻醉的神经大小成正比。传导麻醉种类很多，要求掌握被麻醉神经干的位置、外部投影等局部解剖知识和熟悉操作的技术，才能正确做好传导麻醉。

（二）全身麻醉

动物在全身麻醉时，会形成特有的麻醉状态，表现为镇静、无痛、肌肉松弛、意识消失等。在全身麻醉下，对动物可以进行比较复杂的和难度较大的手术。临床上常用麻醉方法为非吸入性全身麻醉，该种麻醉方法操作简便，不需特殊的设备，不出现兴奋期，比较安全。缺点是需要严格掌握用药剂量，麻醉深度和麻醉持续时间不易灵活掌握。给药途径有多种：如静脉内注射、皮下注射、肌肉注射、腹腔内注射、口服及直肠内灌注等。

1.常用的非吸入性全身麻醉药

（1）隆朋。为中枢性镇静、镇痛和肌松作用，此药对反刍动物十分敏感，具有用量小、作用迅速、安全有效等特点，另外，对马属动物、犬科、猫科等小动物及野生动物也十分安全有效。目前我国兽医临床上隆朋类麻醉药有：静松灵、保定宁、麻保静、速眠新（846）等，以速眠新（846）为应用范围最广。

（2）氯胺酮。是一种较新的、快速作用的非巴比妥类麻醉药，对大脑中枢的丘脑-新皮质系统产生抑制，镇痛作用较强，但对中枢的某些部位产生兴奋。麻醉后显示镇静作用，但受惊扰仍能醒觉并表现有意识反应，这种特殊的麻醉状态叫做"分离麻醉"。本品已在兽医临床上对犬、猫、野生动物、鸵鸟等进行化学保定、基础麻醉和全身麻醉。

（3）水合氯醛。是马属动物全身麻醉的首选药物。静脉、口服及直肠给药都可对动物进行麻醉，具有使用方便、安全、价格便宜等特点。该药是良好的催眠剂，大剂量会抑制延髓呼吸中枢和血管运动中枢，可引起呼吸抑制、血压下降。麻醉剂量5～6g/50kg体重与中毒剂量10～15g/50kg体重相差不大，故麻醉不宜过深。

静脉注射的浓度为5%～10%，严防漏于皮下。本品内服或灌肠时应配成加有黏糊剂的1%～3%的溶液，以减少对胃肠黏膜的刺激。反刍动物用该药麻醉后常引起流涎或瘤胃内容物返流，故安全性差，应用时先注射硫酸阿托品，并多采用线麻醉剂量。

（4）巴比妥类麻醉药。临床所用巴比妥类药物根据其作用时限不同，可以分成四大类别，即长、中、短和超短时作用四种，而作为临床麻醉使用的为短时或超短时作用型。该类药可以少量多次给药作为维持麻醉之用。因其有较强的抑制呼吸中枢和抑制心肌作用，在临床应用时应严格计算用量，严防过量导致动物死亡。反刍兽和猪使用时可引起唾液腺及支气管腺的分泌，在麻醉前必须给予阿托品。常用的有硫贲妥钠、戊巴比妥钠、异戊巴比妥钠。

2.麻醉药的临床应用

（1）速眠新（846）麻醉注射液。广泛应用于犬科动物、猫科动物、反刍动物，也可用于马属动物。该药具有广泛的镇痛、诱导和苏醒平稳等特点。用药后经3～7min动物表现安静、嗜眠、头颈下垂、眼半闭、唇下垂，反刍动物开始流涎，站立不稳而自然卧地，全身肌肉松弛，痛觉消失。在犬种动物给药后4～7min内有呕吐表现，随之进入麻醉状态，一般维持1h以上。手术结束后需要动物苏醒时，可用速眠新的颉颃剂——速醒灵静脉注射，注射剂量应与速眠新的麻醉剂量相等，注射后1～1.5min动物苏醒。

（2）水合氯醛。一般采用静脉注射。用生理盐水或葡萄糖生理盐水配成5%～10%溶液进行静脉注射。开始静脉注射时在六柱栏内进行，待注入总量的1/3量后，将动物牵出六柱栏外，进入手术场地，继续注药，待动物倒地后继续注入剩余部分药量。

麻醉后的护理，手术结束后，若动物尚未醒觉，应安排工作人员妥善看守，并检查动物心跳、呼吸有无异常，若发现心跳变慢变弱，应尽早静脉注射含糖盐水和强心剂，动物在苏醒的初期，四肢站立不稳，应由工作人员扶助动物以防摔伤。麻醉后的动物体温降低，应注意保温。麻醉苏醒后 3～4h 内禁止饮水和吃草，以防造成误咽。

（3）硫贲妥钠。静脉注射应配成 5%溶液，牛的剂量 10～15mg/kg 体重，羊 15～20mg/kg 体重，猪 10～25mg/kg 体重，先以其总量的 1/2～2/3 于 20～30s 内静脉快速推注，然后观察 2～3min，观察麻醉体征的变化，如果麻醉深度不够，再将其余量静注，并随时观察麻醉表现，如果在注射中动物出现呼吸停止，一般经 15～20s 后可自行恢复，或有时稍加入工呼吸即可恢复正常。该麻醉方法常在吸入麻醉之前的气管插管过程中进行。

三、组织切开、止血与缝合

（一）常用手术器械及应用

1.手术刀

刀柄常用 4、6、8 号，可安装 19、20、21、22、23、24 号刀片。执刀的姿势有指压式、执笔式、全握式及反跳式（图 6-1）。手术中常用指压式和执笔式。

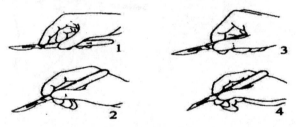

图 6-1　执手术刀的姿势
1.指压式　2.执笔式　3.全握式　4.反跳式

2.手术剪

用于分离和剪断组织，另一种用于剪线用。执手术剪姿势，如图 6-2。

图 6-2　执手术剪的姿势

3.止血钳

用于夹持手术中的出血血管或出血点，如图6-3。

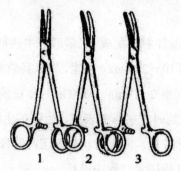

图6-3　止血钳

1.直止血钳　2.弯止血钳　3.有齿止血钳

4.手术镊

用于夹持、稳定或提起组织以利切开组织的缝合，有不同长度的手术镊，尖端分为有齿及无齿，又有长型、短型、尖头、钝头之分，应注意选择。用手术镊的姿势，如图6-4。

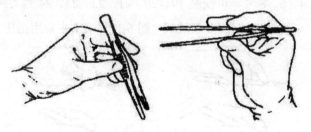

图6-4　执手术镊的姿势

5.持针钳

用于夹持缝针缝合组织，应夹住缝针针尾的1/3处。

6.缝合针

用于缝合组织或贯穿结扎。缝合针分为直型、1/2弧型、3/8弧型和半弯型，针尖端又分为圆锥形、三角形。直型圆针用于缝合胃肠、子宫、膀胱，弯圆锥形缝针用于缝合肌肉、腹膜等软组织，三角形针用于缝合皮肤、腱、筋膜等硬组织。

7.牵开器

又称拉钩，用于牵开或显露深部组织，以利于手术操作。

8.巾钳

固定手术巾。使用方法是连同手术巾一起夹住皮肤，防止手术巾移动，以避免手术器械与术部接触。

9.肠钳

用于肠管手术，阻断肠内容物的移动、溢出或肠壁出血，如图6-5。

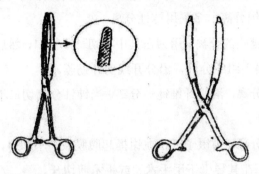

图6-5　肠钳

（二）组织切开与组织分离

组织切开是显露手术的重要步骤。浅表部位手术切口可直接位于病变部位或其附近，深部切口，应根据局部解剖特点，在尽量减少组织损伤的前提下做到充分显露术野。组织分离是显露深部组织和游离病变组织的重要步骤。分离的范围应根据手术需要进行。分离的操作方法分为锐性分离和钝性分离。锐性分离用刀或剪进行。用刀分离时，以刀沿组织间隙做垂直的切开。用剪刀时应将剪刀伸入组织间隙进行短距离的剪开。钝性分离是指用刀柄、止血钳、剥离器或手指等进行，通常用于肌肉、筋膜和良性肿瘤的分离。

1.软组织切开

（1）皮肤切开。分为紧张切开和皱襞切开。紧张切开：对皮肤活动性比较大，切皮时易造成皮肤切口和皮下组织切口不一致，为了防止上述现象的发生，较大的皮肤切口应由术者和助手用手在切口两边或上、下将皮肤固定，或由术者用拇指及食指在切口两旁将皮肤撑紧并固定，手术刀刃与皮肤垂直，用力均匀地一刀切开皮肤所需长度。切开时可以补充运刀，但要避免多次切割，重复刀痕，以免切口边缘参差不齐，影响切口缘对合和愈合。

皱襞切开：在切口的下面有大血管、大神经、分泌管和重要脏器，而皮下组织甚为疏松，为了使皮肤切口位置正确且不误伤其下部组织，术者与助手应在预定切开线两侧，用手指或镊子提拉皮肤呈垂直皱襞，并进行垂直切开。

在手术过程中，皮肤切口通常为直线形，但也可根据手术需要，做梭形切开、"∩"形或"U""T""十"形切开。

（2）皮下组织分离。多采用钝性分离。

（3）筋膜和腱膜的分离。用刀在其中央切一小切口，然后用弯止血钳在此切口上、下将筋膜下组织分开，沿分开线剪开筋膜。

（4）肌肉的分离。沿肌纤维钝性分离。当钝性分离切口不能充分显露时也可以进行锐性切开。

（5）腹膜的分离。用镊子或止血钳提起腹膜做一小切口，用食指和中指或镊子插入切口内，在其导引下用手术刀或手术剪切开。

（6）肠管切开。一般在肠管的纵带上或对肠系膜侧纵行切开。

2.硬组织切开

（1）骨组织。首先切开骨膜，然后再分离骨膜，尽可能完整地保存健康部分，以利骨组织愈合，骨膜切开可做成"十""I"形，骨膜分离后的骨组织可用骨剪或骨锯锯断。

（2）蹄和角质分离。可用蹄刀、蹄刮挖除；截断牛、羊的角时可用骨锯或断角器。

（三）止血

手术过程中的止血方法很多，常用以下几种：

1.压迫止血

用纱布或泡沫塑料压迫出血部位，以清除术部血液，辨清出血的出血点，以便进行止血。在毛细血管渗血和小血管出血时，经压迫片刻，出血即可停止。在压迫止血时，必须是按压，不可用擦拭，以免损伤组织或使血栓脱落。

2.钳夹止血

用止血钳夹住血管的断端，钳夹的方向应与血管垂直。夹的组织要少，切不可做大面积钳夹。

3.钳夹捻转止血

用止血钳夹住血管断端，扭转止血钳 1～2 周，松开止血钳，则断端血管闭合止血。

4.钳夹结扎止血

分为单纯结扎和贯穿结扎止血法。

5.创内留钳止血

用止血钳夹住创伤深部血管断端，并将止血钳留在创内一段时间，从几个小时到几十个小时。

6.填塞止血

本法适用于深部大血管出血，一时找不到血管断端，钳夹或结扎止血困难时，用灭菌纱布紧塞于出血的手术创腔内，压迫出血部以达止血目的。

（四）缝合

将已切开、切断或因外伤而分离的组织、器官进行对合或重建其通道，保证良好愈合的基本操作技术。愈合是否良好与缝合的方法及操作技术关系密切，因此应掌握缝合的基本知识。缝合时应掌握下列原则：应严格遵守无菌操作；缝合前必须彻底止血，清除凝血块、异物及无生机的组织；缝合针刺入与穿出应彼此相对，针距相等；无菌手术创应密闭缝合，化脓创不可缝合；打结时要适当收紧，创缘、创壁应互相均匀对合，皮肤创缘不得内翻，经缝合后的创内不得留有死腔。缝合后的创口若出现感染化脓应及时拆除部分缝线，以便排出创液。

1.打结

是外科手术基本操作之一，应熟练掌握。

（1）结的种类。常用的有方结、三叠结和外科结。

（2）打结方法。单手打结和器械打结。

2.缝合种类与方法

（1）单纯间断缝合或结节缝合。每缝合一针，打一个结，缝合要求创缘要密切对合。常用于皮肤及张力较大的肌肉或腱膜的缝合。

（2）单纯连续缝合。是用一条长的缝线自始至终连续地缝合一个切口，最后打结，常用于空腔脏器、腹膜及肌肉等缝合。

（3）内翻缝合。用于胃肠、子宫、膀胱等空腔器官的缝合。伦勃特氏缝合：是胃肠手术缝合的常用方法，分为间断和连续两种，常用间断伦勃特缝合。间断伦勃特缝合是缝线分别穿过切口两侧浆膜及肌层即行打结，使部分浆膜内翻对合，用于胃肠道外层缝合。连续伦勃特缝合于切口的一端开始，先做浆膜肌层间断内翻缝合，再用同一缝线做浆膜肌层连续缝合至切口另一端。适用胃、子宫浆膜肌层缝合。

康乃尔氏缝合：又称为全层连续水平（或垂直）褥式内翻缝合，针要穿透全层组织，当缝线拉紧时，则被缝合的组织切面翻向腔内，多用于胃、肠、子宫壁的缝合。

（4）荷包缝合。即做环状的浆膜肌层连续缝合，用于胃、肠壁小范围内翻缝合，还用于胃、肠、膀胱、胆囊造瘘插管的引流固定缝合。

（5）水平纽扣缝合。常用于腹壁疝疝轮的缝合，从创口一侧进针，创口另一侧出针，在出针旁 0.5～1.0cm 处进针，返回原进针侧创口外出针，拉紧打结后暴露于创外两边的缝线呈平行状态，创缘对合良好。

3.拆线

是指拆除皮肤缝线，续线拆除时间是在术后 7～8 天，凡营养不良、贫血、老龄家畜，缝合部位张力大、活动性大的部位可适当延长拆线时间，但时间不能太长，时间太长不拆线，缝线处可引起化脓感染，拆线方法是用碘酊消毒创口、缝线及创口周围皮肤，将线结用镊子轻轻提起，剪刀插入线结下，紧贴针眼将线剪断，随即拉出缝线，再次用碘酊消毒。

四、公畜阉割术

摘除公畜的睾丸或破坏睾丸的生殖机能，使其失去性欲和繁殖能力的一种方法叫去势术。

去势前检查和准备：对公畜应注意体温、脉搏、呼吸是否正常，有无影响去势效果的病理变化，在传染病流行时应暂缓去势；检查阴囊内睾丸是否正常，有无睾丸炎、阴囊疝，是否是隐睾等。去势时应选择好天气，不能在下雨天进行，去势场地应打扫干净，阴囊及会阴部按常规消毒。对贵重的公畜去势后应立即注射破伤风抗血清。

（一）公猪去势术

1.去势年龄

去势年龄2～4周龄最为适合，大公猪不受年龄的限制，对阴囊疝可结合去势治疗。

2.去势方法

一般不麻醉，左例横卧保定，猪背向术者，术者用左脚压住猪颈部，右脚踩住猪尾根。术者左手手臀部按压猪右后肢股部后方，使该后肢向上紧贴腹壁以充分显露睾丸。用左手中指、食指和拇指捏住阴囊颈部，把睾丸推挤入阴囊底部，使阴裹皮肤紧张，固定好睾丸。右手持刀，在阴囊缝际两侧1～1.5cm处平行缝际切开阴囊皮肤和总鞘膜，显露出睾丸。术者食指和拇指捏住阴囊韧带与附睾层连接部，剪开附睾尾韧带，向上撕开睾丸系膜，充分显露精索后，用捋断法去掉睾丸。大公猪对精索用绕线贯穿结扎后去掉睾丸。然后按同法去掉另一侧睾丸。切口用碘酊消毒后，切口不缝合，松解保定。

（二）公牛、公羊去势术

1.去势年龄

役用公牛在1～2岁去势，肉用牛则在3～6个月龄去势。公羊在4～6周龄去势，也有在2～3日龄去势的。

2.手术方法

分为无血去势法和开放式露睾去势法。

（1）无血去势法。采用无血去势钳去势，安全有效。牛在六柱栏内站立保定，将前后挡带系牢，防止牛前冲和后退，压好颈部带以防牛跳跃。保定人员一手抓牛鼻钳，另一人将牛尾拉向体侧。

术者用手抓住牛阴囊颈部，将睾丸挤到阴囊底部，将精索推挤到阴囊颈外侧，并用长柄精索固定钳夹在精索内侧皮肤上，以防精索在皮下滑动。助手将无血去势钳钳嘴张开，夹在精索固定钳固定点上方3～5cm处，助手缓缓合拢钳柄，术者确定精索确实在两钳嘴之间时，助手方可用力合拢钳柄，即可听到"咯吧"声，表明精索已被挫灭。钳柄合拢后停留 1～1.5min，再松开钳嘴，其下方 1.5～2.0cm 的精索上钳夹第二道。另侧的精索同样处理。钳夹部皮肤用碘酊消毒。术后不需要治疗和特殊护理。

（2）开放式露睾去势法。参考公猪去势法。

五、母猪阉割术

（一）小桃花（卵巢子宫切除术）

适用于 2 个月龄以内、体重 15kg 以下的小母猪，术前禁饲 8～12h。

1.保定

术者左手提起小母猪的左后肢，右手抓住猪左膝前皱襞，左右摆动猪体，将猪体呈右侧卧，猪头在术者右侧，尾在术者左侧，背向术者。术者右脚踩住猪的颈部，限制猪头活动，猪的左后肢向后伸直，肢背面朝上，左脚踩住猪左后肢跗部，使猪的头、颈、胸部侧卧，腹部呈仰卧姿势，猪从下颌到左后肢膝关节部构成一斜对直线。术者呈"骑马蹲档式"，使身体重心落在两脚上，小猪被脚牢固地固定。

2.切口定位

（1）左侧髋结节定位法。术者左手中指顶住左侧髋结节，然后以拇指压迫同侧腹壁，向中指顶住的左侧髋结节垂直方向用力下压，使左手拇指与中指顶住的左侧髋结节垂直方向用力下压，使左手拇指与中指所顶住的髋关节尽可能接近。此切口恰在髋结节向左列乳头方向引的一条垂线上。

（2）以左侧荐骨岬定位法。最后腰椎窝与荐椎结合处的左侧荐骨岬在椎体的腹侧面形成一个小"隆起"，它可作为定位标志。猪保定后，术者拇指将膝皱襞拉向术者，然后在膝皱襞向腹中线划的一条假想垂线上，距左侧乳头 2～3cm 处，术者左手拇指尽量沿腰肌向体轴的垂直方向下压，探摸"隆起"，俗称"内摸隆起"，拇指紧压在隆起上，此时拇指压迫点即为术部。

3.术式

术者左手拇指下压猪术部的同时，右手持小挑刀，切口与体轴平行，用刀垂直切开皮肤、腹肌和腹膜，小挑刀一旦切透腹膜，进刀的阻力则突然消失，并从切口内随之流出腹水，则应停止进刀。在退出小挑刀时，将刀旋转90°角，以开张腹壁切口，子宫角随即涌出切口外。术者右手拇指、食指捏住涌出的子宫角，并用手指背面下压腹壁，切忌左手拇指抬起。两手拇指、食指交替用力下压腹壁的同时，用手指向外拨动导游子宫角，直到两侧卵巢子宫角及子宫体都被导游出之后，一手抓住卵巢、子宫角，另一只手用小挑刀切断子宫体，然后两手用力将子宫体、子宫角及卵巢撕断，将卵巢、子宫全部摘除。用碘酊消毒切口，切口不缝合。术者提起猪的后肢使猪头下垂，并稍微摆动一下猪体后松解保定，让猪自由活动，即可转入正常饲喂。

（二）大桃花（单纯卵巢摘除术）

适用于 3 月龄以上、体重在 17kg 以上的母猪。在发情期不进行手术，术前禁饲 6h 以上，阉割用具为大挑刀。

1.保定

左侧卧，术者位于猪的背侧，用右脚踩住猪颈部，助手保定猪两后肢并向后下方伸直。

2.手术通路

（1）肷部三角区中央切口。适合较小或瘦弱的猪只。

（2）髋结节向腹下做垂线。将垂线分成三等分，下 1/3 与中 1/3 交界处稍前方为术部，适用于猪体较大或膘肥的猪只。

3.术式

术部按常规消毒，术者右手持刀在术部做半月形切口，长约 3～4cm。经皮肤切口内伸入左手食指，垂直地钝性刺透腹肌和腹膜。术者左手中指与无名指下压腹壁，食指在腹腔内探查卵巢。卵巢一般在第二腰椎下方骨盆腔入口处两旁，先探查上方卵巢，用食指端钩住卵巢固有韧带，将卵巢拉向切口处，右手持大挑刀柄伸入切口内，将钩端与左手食指指端相对应，钩取卵巢固有韧带，将卵巢拉出切口外。术者左手食指迅即伸入切口内堵住切口，以防卵巢回缩入腹腔内，并继续探查对侧的另一个卵巢，并用同法取出卵巢。两侧卵巢都引出切口后，对卵巢悬吊韧带用缝线结扎或止血钳捻转法去掉卵巢。两侧卵巢都摘除后，术者食指再伸入切口内将两侧子宫角还纳回腹腔内，然后全层缝合腹壁切口。

六、剖腹产术

（一）适应证

家畜分娩时，胎儿娩出受阻，经产道助产或药物催产都无效的情况下，应尽早进行剖腹产，无菌动物也需剖腹产取出胎儿。

（二）保定

牛、羊、猪采取侧卧保定，犬、猫采取仰卧保定。

（三）麻醉

速眠新（846）麻醉注射液全身麻醉，或局部浸润麻醉。

（四）手术方法

1.牛、羊的剖腹产术

左侧横卧保定，切口为右侧腹白线与乳静脉之间，自乳房基部前缘向前做平行腹白线的纵切口，切口长约25～30cm，切开皮肤、腹黄筋膜及腹斜肌腱膜、腹直肌及腹横肌和腹膜。术者手伸入腹腔，将肠管向肋弓前方推挤，并用生理盐水纱布隔离肠管，然后双手进入腹腔内，向腹壁切口外移动子宫，使其靠近腹壁切口。羊的妊娠子宫角可拉出腹壁切口外。用灭菌生理盐水纱布隔离子宫角与腹壁切口，以防羊水流入腹壁。

沿子宫角大弯做20～25cm左右（羊10～15cm）的切口，仅切开子宫壁而不切开胎膜。显露胎膜后使胎膜与子宫壁剥离，剥离范围应够大，以便切开胎膜后便于将胎膜外翻。切开胎膜，并迅速将胎膜向切口外方牵引和翻转，使胎水在胎膜的隔离保护下流到切口外。手在子宫腔内抓住胎儿的某一后肢或某一前肢，慢慢拉出胎儿。剥离胎衣，若剥离有困难，可保留胎衣。蘸干子宫内胎水，子宫内放入青霉素160万～320万IU，用7号丝线连续缝合子宫壁全层，再做连续伦贝特缝合。缝合腹壁切口，第一层腹膜、腹横肌连续缝合，第二层腹直肌连续缝合，第三层腹黄筋膜结节缝合，最后皮肤结节缝合。

2.猪的剖腹产术

切口在左腹壁，自膝皱襞向前下方的斜切口。长约 15～20cm，切开腹壁后，术者手伸入腹腔，手抓住子宫角及其内的胎儿，慢慢向切口外牵引，使子宫角显露于腹壁切口之外，用灭菌生理盐水纱布隔离子宫角，切开子宫、拉出两侧胎儿及胎衣，缝合子宫及腹壁切口的操作同牛、羊，不再赘述。

（五）术后护理

术后应用抗生素 3～5 天，以预防和治疗腹膜炎、子宫内膜炎。手术时未完全剥离下胎衣的牛、羊，术后应尽早采取措施使胎衣脱离。存活的胎儿应找保姆畜代养或人工哺乳。